경제적 소득을 위한 서양벌·사양

양봉·꿀벌과 벌통

한국양봉과학연구소장
서울대농대양봉학교수   崔承允 著

 오성출판사

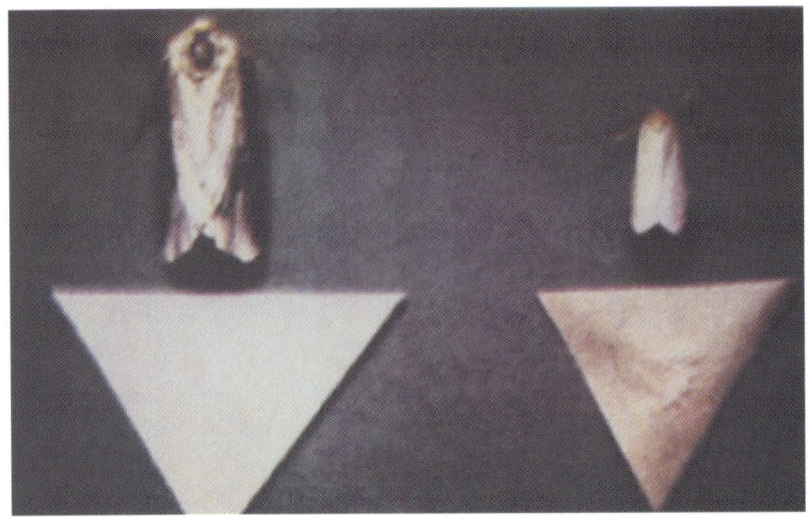

소충 / 우 : 애벌집나방 좌 : 벌집나방

소비의 벌집나방 피해

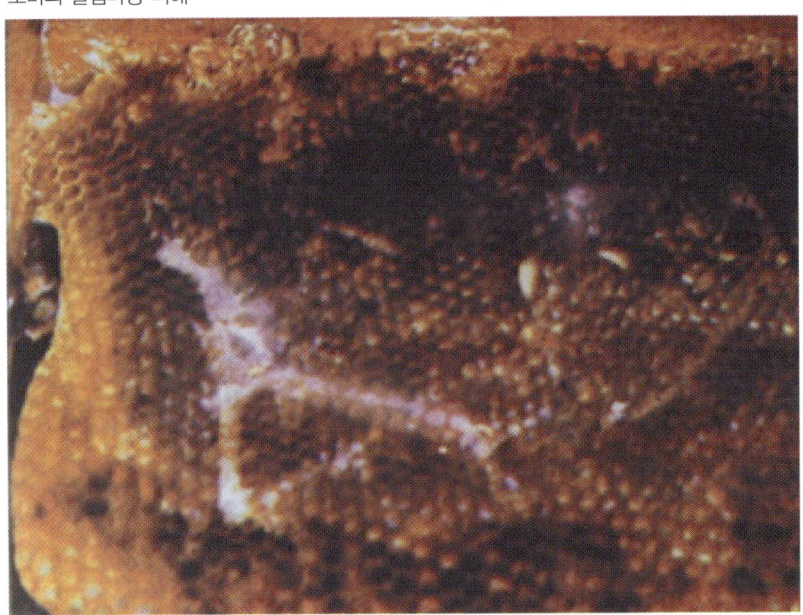

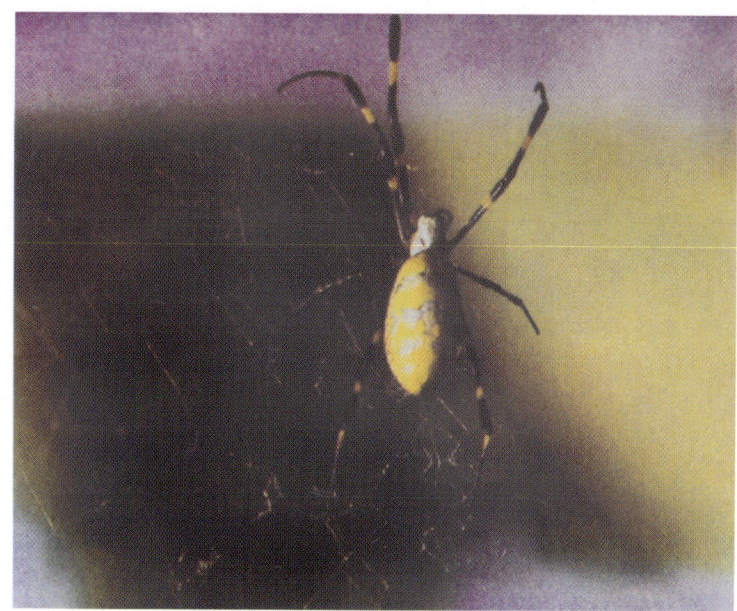

꿀벌의 해적 거미의 일종

거미의 꿀벌 포식모습(꽃에서)

꿀벌의 해적 말벌의 일종

말벌집의 일종(열대지방산)

저장화분의 화랑곡나방 피해

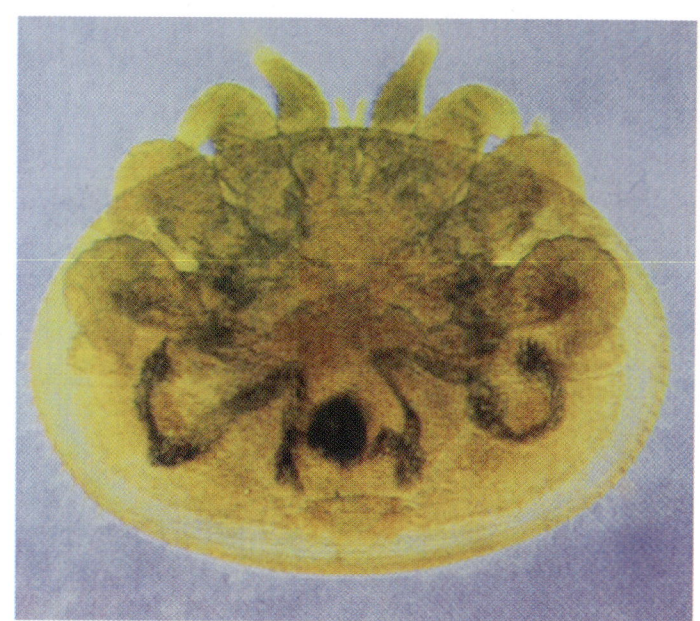

꿀벌응애의 암컷

꿀벌응애 수컷

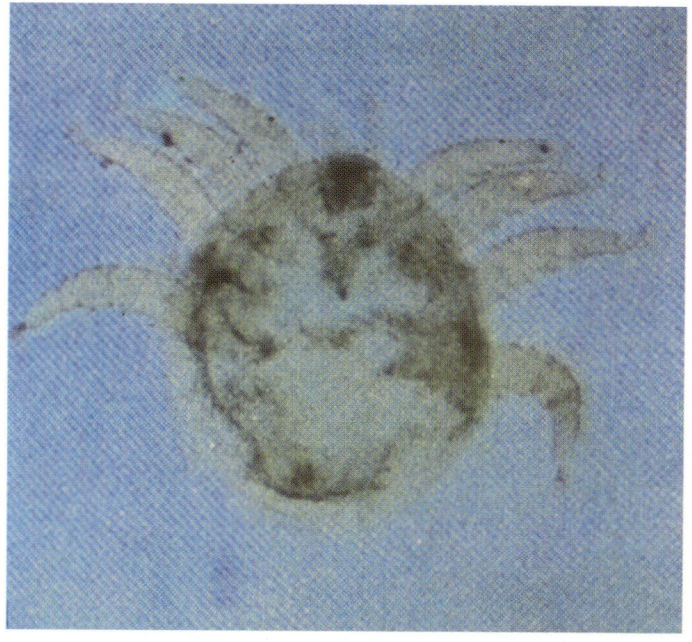

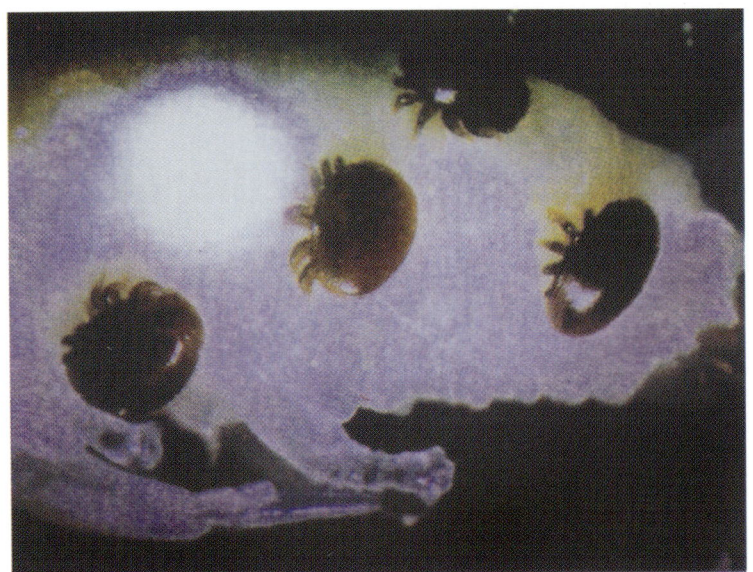

꿀벌응애의 기생 (꿀벌번데기에)

꿀벌응애의 피해증상(상단:건전한 꿀벌번데기 하단:피해 입은 꿀벌번대기)

일벌 배에 기생한 꿀벌응애

꿀벌 배마디에 기생한 꿀벌응애

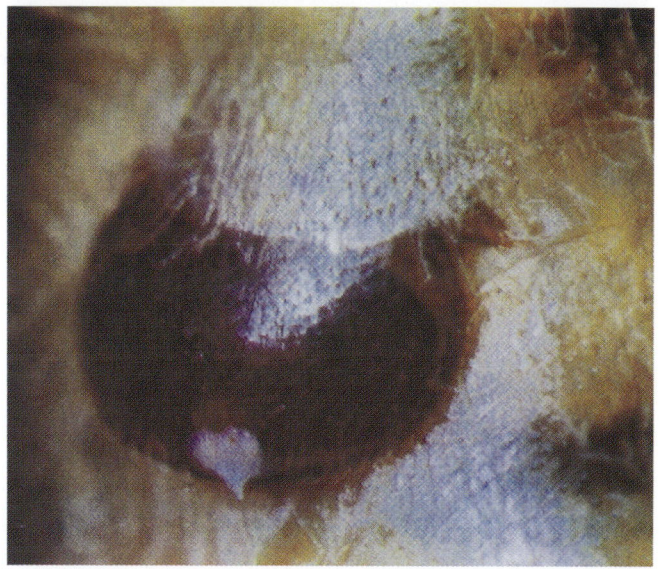

꿀벌의 수밀활동

해바라기꽃 밀원

파꽃 밀원

명자나무꽃 밀원

배꽃 밀원(화분원)

일벌의 방화모습

버들강아지꽃과 꿀벌

사과꽃과 꿀벌

사과꽃 밀원

참깨꽃 밀원

자운영꽃 밀원

레드클로바꽃 밀원

아카시아꽃 밀원

아카시아꽃(꽃) 밀원

화이트클로바 밀원

버드풋트 트레포일꽃(밀원식물)

꿀국화(밀원식물)

꿩종다리꽃(밀원식물)

까치수염꽃 (밀원식물)

때죽나무꽃 (밀원식물)

꿩의 비름 (밀원식물)

진달래꽃 (밀원식물)

쑥부쟁이(밀원식물)

꼬리조팝나무꽃(밀원식물)

무궁화꽃

작약꽃(밀원식물)

작약꽃에서의 일벌의 수밀활동

유채꽃(밀원식물)

자주달개비꽃(밀원식물)

오리나무꽃 밀원(화분원)

박태기나무꽃 밀원

산수유나무 밀원

피나무꽃 밀원

쥐똥나무꽃 밀원

밤나무꽃 밀원

튜립나무꽃 밀원

붉나무꽃

붉나무꽃 밀원

족제비 싸리꽃 밀원

광대싸리꽃 밀원

싸리꽃 밀원

바이텍스꽃 밀원

금밀초 밀원

인도 최소종 꿀벌　　　　　　　인도 최소종 꿀벌의 집단

나뭇가지의 인도 최소종 꿀벌의 집단　　인도 최소종 꿀벌(일벌방 · 숫벌방방 · 왕대)

인도 최대종 꿀벌의 집단

나뭇가지에 달린 인도 최대종 꿀벌집

인도 최대종 꿀벌집의 크기
(70cm X 120cm)

나뭇가지에 주렁주렁 달린 인도
최대종 꿀벌집

동양종 꿀벌(토종)의 여왕벌과 일벌　　동양종 꿀벌(토종)의 일벌무리

나무통식 토종벌꿀과 양봉장 모습　　토종벌통과 양봉장 모습

토종벌통의 모습(원시 환태식)　　　토종벌통 내부의 벌집

토종벌통의 일종(환태식)　　　토종벌통의 일종(환태식)

스티로폴 토종벌통

상자식 토종벌통의 내부모양

상자식 토종벌통 내부와 벌집

서양종의 단상식 벌통

서양종의 마천루식 벌통

서양종의 마천루식 양봉장

서양종의 계상식 벌통

서양종의 계상식 벌통배치광경

서양종의 단상식 양봉장

계상식 양봉장(미국)

마천루식 양봉장(캐나다)

서양종 꿀벌 (분봉떼의 모습)

서양종 여왕벌의 벌방확인 모습

서양종 황색계통 여왕벌

서양종 흑색계통 여왕벌

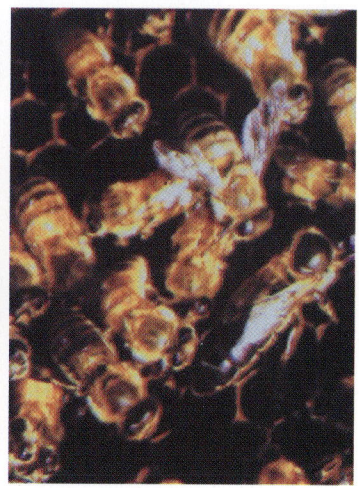

단상식 벌통의 소문

서양종 벌통의 내부

단상식 벌통과 봉군관리 작업광경

벌통내부와 일벌

서양종 봉군의 내검모습

서양종 소비모습

황색계통의 서양종

흑색계통의 서양종

단상식 양봉장의 차광모습

단상식 양봉장의 관리모습

계상양봉장의 내방과 상담광경

관찰용 유리벌통의 관찰모습

단상벌통의 배열모습

양봉장의 한 모습

여름철 무더위 시 소문에서의 일벌집단

무더위에 지쳐 집단한 일벌무리

인공화분 급여광경

일벌들이 인공화분을 물어들이는 광경

교미상의 일종

교미상의 일종

왕유를 분비하는 일벌

왕유생산용 채유광과 플라스틱 왕완

알타2호 여왕벌(캐나다산)

알타4호 여왕벌(캐나다산)

알타9호 여왕벌(캐나다산)

이탈리안 여왕벌(한국산)

동양종 벌통안의 벌집과 꿀벌 서양종의 자연분봉군

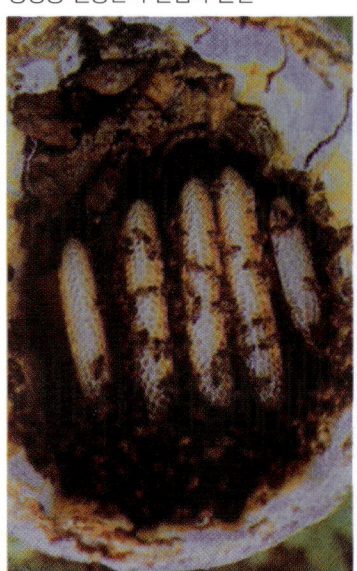 

가동소장을 이용한 동양종 벌집

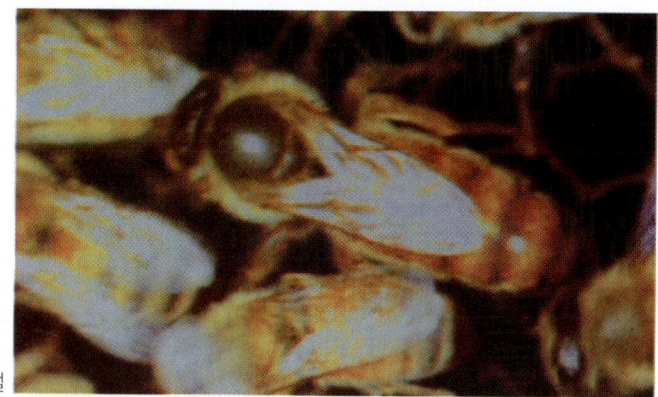

알타2호 여왕벌

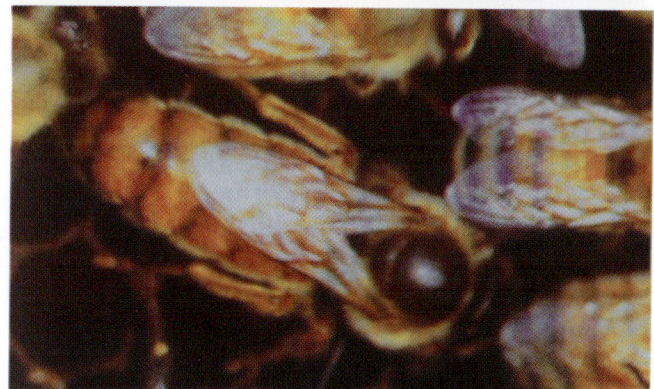

알타4호 여왕벌

알타9호 여왕벌

카니올란 여왕벌(미국산)   에취피 여왕벌(미국산)

유와이 여왕벌(미국산)   케이큐 여왕벌(하와이산)

서양종 벌집　　　　　일벌방의 알

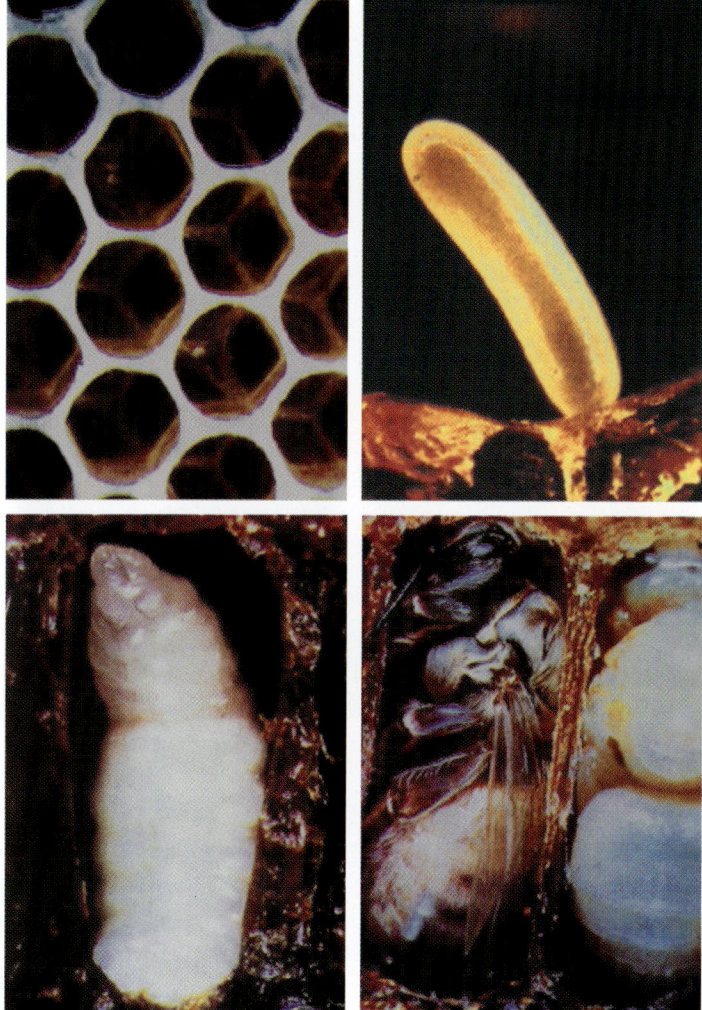

일벌유충　　　　　일벌 번데기

일벌의 선풍모습

일벌의 겹눈과 홑눈

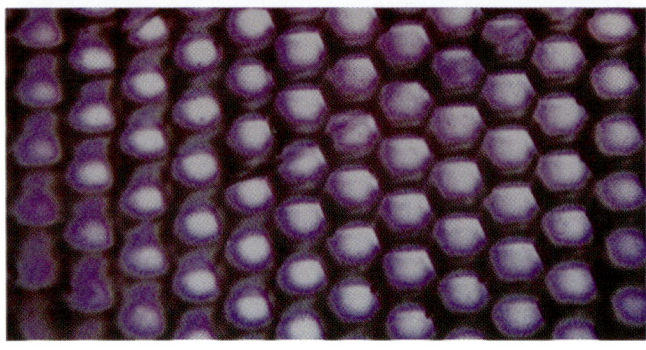

겹눈을 확대한 모양

꿀벌의 촉각(더듬이)

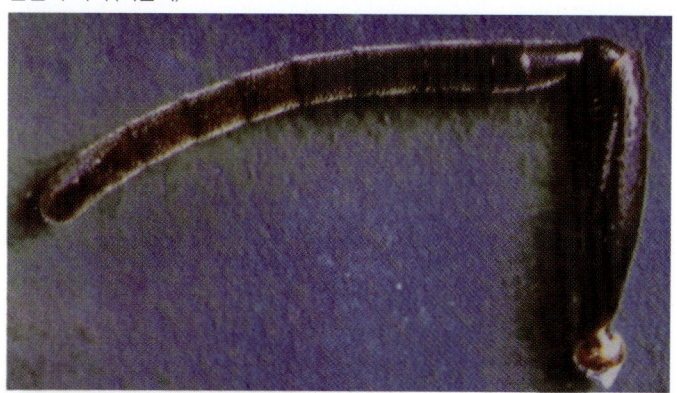

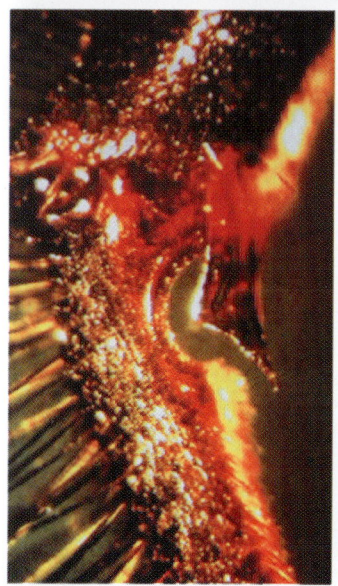

촉각소제기

화분바구니(화분롱)

일벌의 꿀주머니와 내장

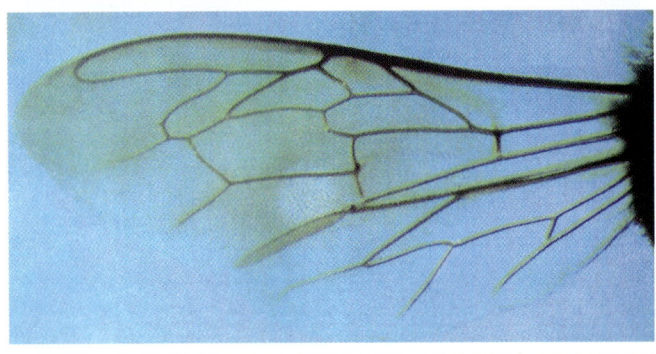

꿀벌의 앞날개와 뒷날개

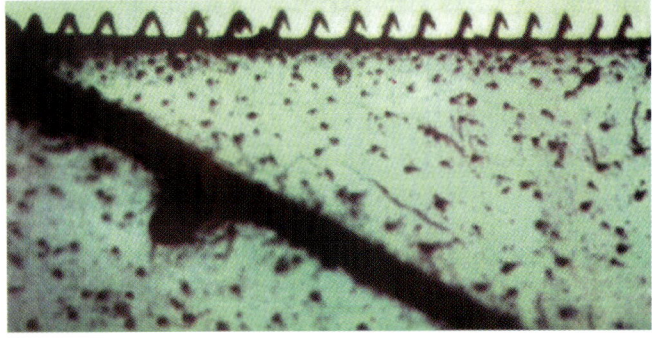

뒷날개 전연의 시구

배마디에서 밀납분비　　　　발끝의 밀납조각

배마디에서 밀납분비　　　　발끝의 밀납조각

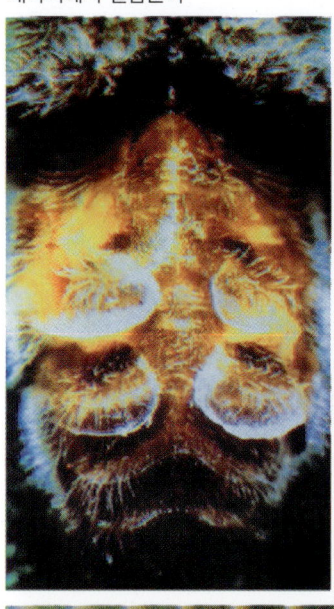

벌집과 꿀벌의 알

화분의 압착

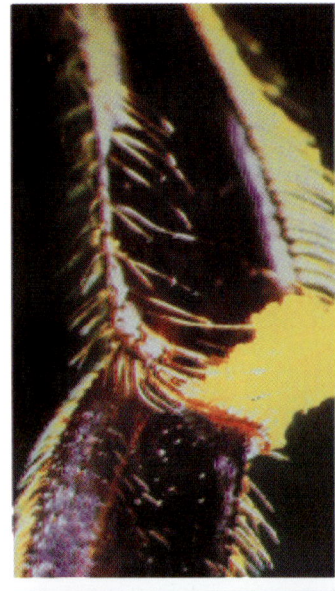

뒷다리 안쪽에서 본 화분하

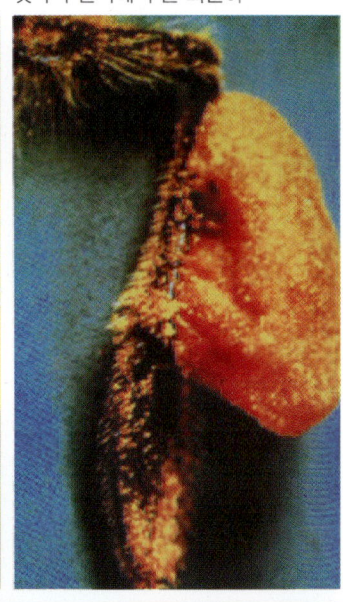

화분하가 만들어지는 순서

꿀벌의 침   꿀벌의 침조각

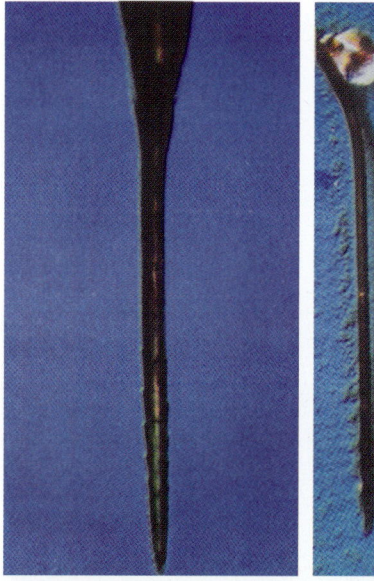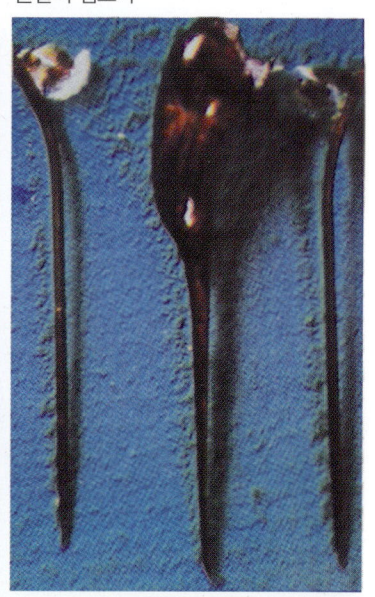

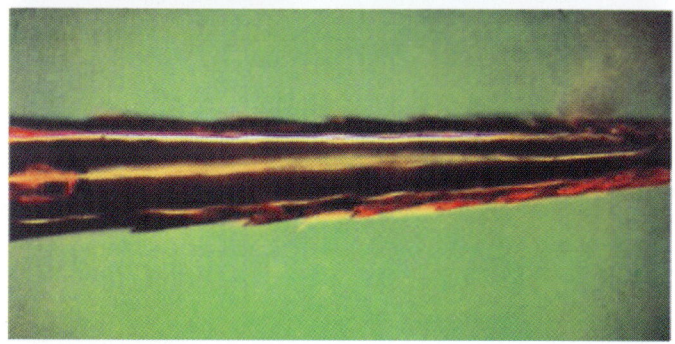

벌침가의 톱니모양

꿀벌의 해적 장수말벌

장수말벌집과 번데기방

장수말벌의 유충

장수말벌집의 모양

말벌의 일벌방과 숫벌방

동양종 벌통(열대지방)

말벌집(윗부분)

양봉 · 꿀벌과 벌통

五星出版社

머 리 말

양봉이란 꿀벌의 생태와 습성을 이해하고 그를 토대로 벌꿀·밀납·화분하·로얄제리(왕유)·봉독액·프로폴리스(봉교)·숫벌번데기를생산하여 경제적 소득을 추구하는 한편 꿀벌의 방화활동을 이용해서 각종 농작물의 화분매개를 증진시켜 농산물의 증산을 꾀함을 뜻하는데 이는 옛날양봉의 개념과는 다른 점이 많다. 이와 같은 생산양봉을 보다 과학적으로 수행하려면 꿀벌의 형태, 꿀벌의 영양생리, 꿀벌의 생태와 습성, 꿀벌의 보호 및 밀원식물들에 관한 기초지식이 필요하고 합리적인 양봉경영을 이룩하려면 주어진 환경조건에 알맞는 관리기술이 따라 주어야 한다. 또한 양질의 양봉산물을 생산하기 위해서는 최신의 생산양봉 기술을 습득해서 양질의 양봉산물의 생산능력을 키워야 하며 이를 위해서는 생산물의 종류에 따른 이화학적 성상에 관한 지식을 함양해서 품질상 어떠한 변화가 없도록 생산관리나 품질관리를 철저히 할 수 있어야 한다.

이에 부응하기 위해 이 책은 먼저 꿀벌에 관한 기초지식이 되는 내용을 서술하는데 역점을 두었고 다음은 생산양봉에 필요한 봉군의 관리 기술을 서술하는데 역점을 두었으며, 마지막으로 여러가지 양봉산물의 생산기술과 그들의 품질관리에 필요한 최신의 연구결과를 제시하는데 역점을 두었으므로 양봉의 초심자들이나 또는 양봉 경험자들이 읽어 이해하는데 별 무리가 없을 것으로 본다. 그러나 제한된 시간과 지면의 제약으로 내용설명이 부족하다든가, 많은 연구결과를 인용·제시하지 못하여 이해를 하기 어려운 점도 많이 있을 것으로 본다. 이 점은 앞으로 독자여러분의 솔직한 충고를 바라며 이 책이 전국 양봉인의 애호를 받으면서 많이 읽혀져 우리나라 양봉산업 발전에 조금이라도 도움이 되어 준다면 크나큰 보람과 무한한 영광으로 생각하겠다.

끝으로 본 책자의 출판을 계획하고 기회를 마련해 주신 오성출판사 김중영 사장님께 감사드리고, 아울러 원고정리, 삽화제작 및 여러가지 출판준비에 크게 도움을 준 서울대학교 농과대학 한국양봉과학연구소 김영득 연구관리 사무실장외 임직원 여러분께 깊은 감사를 드린다.

저자 **최 승 윤**

차 례

5. 꿀벌의 활동과 사회조직

6. 꿀벌의 의사전달과 언어행동

7. 양봉기구와 사용법

11. 꿀벌의 질병과 해적

12. 꿀벌의 영양과 사양관리법

13. 계절별 봉군관리

14. 양봉산물의 생산관리

15. 양봉산물의 품질관리

1. 근대양봉의 의의와 양봉의 전망

1) 근대양봉의 의의

(1) 근대양봉의 개념

사람이 꿀벌을 키우는 양봉은 거의 인류 역사와 함께 오랜 역사를 자랑하여 왔으며 꾸준히 개선, 발전해 왔다. 옛날의 양봉에서는 벌꿀과 밀납을 생산하여 경제적 소득을 추구하는 것으로만 여겨 왔으나, 근대 양봉에서는 벌꿀(honey)과 밀납(beeswax)뿐만 아니라 왕유(royal jelly) 화분하(pollen load), 봉교(proplis), 봉독액(bee venom), 숫벌번데기(drone pupae)를 생산하는 양봉 등 그 생산분야가 무척 다양해졌으며 게다가 각종 농작물의 화분매개(bee pollination)에 꿀벌을 이용하는 문제까지 다루게 되었으므로 옛 양봉과 근대 양봉과는 개념의 차이가 크다. 따라서 근대 양봉은 직접적으로는 각종 양봉산물의 생산을 통하여 경제적 소득을 크게 높일 수 있게 되었고 간접적으로는 각종 농작물의 화분매개를 통하여 농업 증산에 이바지할 수 있게 되었으며, 각종 양봉산물은 자연산 감미료로서의 역할, 보건식품으로서의 역할, 의약품으로서의 역할, 각종 공업재료로서의 역할 등을 통하여 사회적으로 지대한 공헌을 하고 있다.

양봉은 이와같이 사회적으로 큰 의의를 지닌 생산산업으로 인정을 받아 이미 세계 여러 선진국들에서는 양봉을 중요한 농업정책에 크게 반영하여 양봉산업의 진흥을 위한 각종 시책이 따르고 있으며 양봉경영의 규모는 소기업에서 대기업으로, 국내산업에서 수출산업으로 활발하게 발전을 거듭하고 있다.

(2) 양봉의 특수성

양봉은 농업의 한 분야이지만 다른 여러가지 농업에서는 찾아보기 어려운 특수성을 지니고 있다.

첫째 : 꿀벌은 각종 농작물의 꽃이나 그밖의 여러가지 식물의 꽃을 찾아다니면서 화밀(꽃꿀, nectar)과 화분(꽃가루, pollen)을 수집하는데 이들 화밀과 화분은 양봉을 통해서만 생산이 가능하며 양봉을 통하지 않으면 자연계에 있는 모든 화밀과 화분은 자연에서 그대로 소실되고 만다.

둘째 : 양봉을 통해서 생산되는 벌꿀, 왕유, 화분, 숫벌번데기는 자연계에서 얻을 수 있는 최고의 영양식품이 되며, 봉침액이나 각종 봉교는 의약품으로서 현대 의학에서 고전을 면치 못하고 있는 각종 질병에 대한 고도의 약리 작용을 발휘하고 벌꿀, 밀납, 봉교는 각종 공업 원료로서 활용된다.

셋째 : 양봉은 다른 분야에 비하여 경영비가 적게 들고 봉군관리에 노력이 적게 들며 자본의 회수가 빠르고 순 소득이 높다.

넷째 : 꿀벌은 자신들이 먹이를 수집, 저장하여 생활하기 때문에 별도로 사료비가 들지 않으며 봉군 관리에 노력이 크게 요구되지 않는다.

다섯째 : 봉군 관리에 많은 잔품을 요하지 않으므로 부업적으로도 양봉에 종사할 수 있다.

여섯째 : 벌꿀, 밀납, 봉교, 화분, 봉독액 등과 같은 양봉산물은 가치와 용도가 넓을 뿐만 아니라 저장성이 높다.

일곱째 : 꿀벌의 방화는 농작물의 결실율을 높이고 수량성을 높이는 효과가 있다.

여덟째 : 벌꿀은 설탕의 대용이 가능하여 감미료로서 활용하면 설탕의 수입을 절감하여 외화를 절약할 수 있다.

아홉째 : 하찮은 식물이라도 그 식물이 화밀과 화분을 생성하면 하나의 자원으로 활용하여 경제적 가치를 높일 수 있다.

열째 : 꿀벌의 질서정연한 사회생활과 근면성은 정서 교육에 가치가 높으며 양봉을 이해하면 자연보호 정신을 보다 높일 수 있다.

(3) 양봉과 농업

각종 농작물이나 대부분의 식물들은 종자나 과실을 맺으려면 반드시 수술에 있는 화분이 암술의 주두(柱頭)에 옮겨져 수정을 해야 한다. 식물은 종류에 **따라** 자화수분(self-fertilization), 또는 타화수분(cross-fertilization)을 하는데 자화수분을 하는 식물이라고 해서 꼭 화분매개체가 필요없는 것은 아니다. 식물의 종류에 따라서는 암술과 수술이 한 꽃에 있어도 타화수분을 요하는 예가 많다. 이와 같이 타화수분을 함으로써 결실율이 높아지고 종자나 과실이 더욱 충실하게 된다. 사과나무, 배나무와 같은 과수원에서 품종이 서로 다른 것을 섞어 심는 것은 바로 이 때문이다.

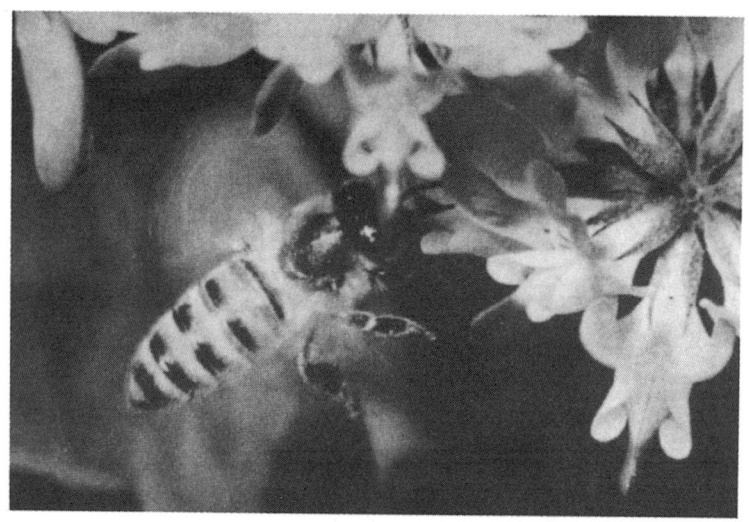

〈그림 1 - 1〉 꿀벌의 방화활동 모습

화분의 매개는 바람, 비, 곤충들을 들 수 있는데 곤충에 의한 매개가 가장 중요하며 농작물의 종류에 따라서는 곤충이 화분을 매개하지 않으면 화분이 옮겨지지 않는 것이 있다. 예를 들면 사과, 배, 복숭아, 감, 딸

기, 자두, 수박, 오이, 참외, 호박, 해바라기, 고추, 유채, 그 밖의 여
러가지 농작물에서는 곤충이 화분을 매개해야 된다.

꽃에 날아드는 곤충들을 방화곤충(訪花昆虫)이라 하는데 방화곤충
의 종류는 대단히 많다. 꿀벌을 제외한 방화곤충을 야생방화곤충이라 하
는데 이들 야생방화곤충의 수는 옛날에 비하여 계속 줄어가고 있다. 그
이유는 각종 환경 오염으로 인한 생태환경의 파괴인데 이들 중 가장 큰
원인은 각종 농작물 재배에서의 병해충,잡초나 산림 병해충의 방제를 목
적으로 뿌려지는 농약 사용에서 비롯된다. 여기에다 근대 농업의 경영형
태는 옛날의 농업에 비하여 훨씬 다양해졌기 때문에 곤충에 의한 화분매개
를 요하는 농작물의 종류나 품종은 계속 증가하고 있어 야생방화곤충 들
만으로는 위기에 처한 농작물의 화분매개를 극복하기 어렵게 되었다.

일반적으로 방화곤충은 그들 생활습성에 따라 네가지로 분류되는데 이
들의 생활습성을 요약하면 다음과 같다.

〈그림 1 - 2〉 나비의 방화활동

첫째 : 딱정벌레, 나비, 나방, 파리, 총채벌레 따위가 이에 속하는 방화곤충이다. 이들 방화곤충은 자손을 키우기 위해 먹이를 수집, 저장하지 않으며 자신의 허기를 면하면 방화활동을 하지 않으므로 이들에 의한 화분매개는 기회적이다. 또한 이들의 발생시기나 활동이 농작물의 개화시기와 일치하지 않는 일이 많으므로 실용성이 낮아 계획 수정이 어려우며 이들 곤충 따위의 애벌레는 농작물의 주요 해충으로 등장하기 때문에 해충을 보호하면서 방화곤충으로 이용해야 되는 결과가 되므로 방화곤충이기는 하지만 실용성이 없다.

둘째 : 고독생활하는 벌 따위가 이에 속하는데 자손을 키우기 위해 종류에 따라서는 먹이를 수집하기는 하나 먹이의 수집량이 극히 적어 방화하는 습관이 소극적이다. 알을 낳는 수가 적어 큰 집단을 구성하지 못하며 한 해 동안에 발생 횟수가 극히 제한되어 적기, 적소에서의 활용을 기대하기 어렵다. 화분매개를 요하는 주변에 대발생하지 않는 한 이들의 계획적 이용은 불가능하다.

〈그림 1 - 3〉 벌 따위의 방화활동

셋째 : 비교적 큰 집단으로 사회생활하는 땅벌 따위가 이에 속하는데 그 집단의 구성이 당년 늦게 구성되어 당년에 집단이 해산되는 결점이 있다. 후대의 양육을 위해 먹이를 수집하기는 하나 꽃의 종류에 관계 없이 이꽃 저꽃을 방화하는 습성이 있으므로 화분매개를 요하는 농작물의 꽃에 집중적인 방화를 기대할 수 없다. 뿐만 아니라 화분매개를 요하는 곳의 주변에 대발생하지 않는 한 그들의 이용성은 기대하기 어려우며 꿀벌에서와 같이 원하는 곳에 마음대로 옮길 수 없다.   게다가 우리나라에서는 땅벌류의 발생이 점차 격감되어 가고 있어 땅벌집을 찾아 보기는 무척 어렵게 되었다.

넷째 : 양봉에서 다루는 꿀벌이 여기에 속하는데 꿀벌은 방화곤충들 중 방화습성이 가장 강하고 날씨가 허락되는 한 화밀과 화분 수집을 계속 하는 습성이 있으므로 다른 방화곤충의 추종을 불허한다. 또한 꿀벌의 방화습성은 동일종의 꽃을 집중적으로 방화하는 습성이 있으므로 농작물의 화분매개는 보다 적극적이고 집중적으로 이루어질 수 있으며 벌

〈그림 1 - 4 〉 해바라기에서의 꿀벌의 수밀활동

통내에서 집단사회로만 존속되기 때문에 화분매개를 요하는 곳이나 시기에 봉군의 이동이 가능하며 원하는 봉군수를 임의로 조절할 수 있는 장점이 있다. 환경이 허락되는 한 여왕벌의 산란이 계속되고 낳는 알 수도 많으므로 대집단의 구성이 용이하며 꿀벌의 활동은 화분을 매개할 뿐만 아니라 각종 양봉 산물의 생산이 가능하므로 경제적 소득도 꾀할 수 있는 점에서 극히 유리하다.

세계적으로 양봉산업이 크게 발달한 나라들로서는 북미주의 여러 나라(미국, 캐나다 등), 남미의 여러 나라(멕시코, 브라질, 아르헨티나), 오세아니아주의 여러 나라(호주, 뉴질랜드), 구라파의 여러나라(영국, 독일, 소련, 프랑스, 헝가리, 유고 등), 일본과 중공을 들 수 있다. 이들 여러 나라들 중 농작물의 화분매개를 위한 임대양봉(賃貸養蜂)이 가장 잘 발달한 나라는 미국이다.

미국에 있어서 꿀벌을 이용한 농작물의 계획 수정은 미국을 번영케하는 최선의 길이라 인식되어 꿀벌을 이용한 농작물의 화분매개는 농업정책에서 큰 과제로 다루고 있다. 그래서 미국의 양봉의 주목적은 농작물의 화분매개이고 양봉산물의 생산은 부대적인 목적이라 평가하는 사람도 있다. 꿀벌을 이용해서 농작물의 화분매개를 촉진하려는 시도는 미국뿐만은 아니다. 양봉 선진을 자랑하는 세계 여러 나라에서 얼마든지 그 예를 찾아볼 수 있다.

그러나 우리나라에서는 꿀벌을 이용한 농작물의 계획 수정은 거의 이룩되고 있지 않아 필자는 기회 있을 때마다 이 문제를 촉구하고 있다.

최근 우리나라에서는 딸기의 하우스 재배에서 일부 농민들이 꿀벌을 이용한 딸기의 계획 수정을 시도하고는 있으나 아직 꿀벌의 이용기술이 정착되지 않은 탓으로 좋은 성과를 거두지 못하고 있다.

2) 양봉의 중요성

(1) 농작물의 화분매개 효과

미국 농무성은 꿀벌에 의한 화분매개가 필요한 농작물을 지정해 놓고 그들 농작물 재배에서는 개화기에 꿀벌을 이용한 계획 수정을 농민들에게 권장하고 있다(표 1 - 1 참고). 꿀벌에 의한 화분매개 효과는 농작물의 종류에 따라 크게 다르다.

미국의 레빈(Levin)은 미국에 있어서의 꿀벌에 의한 농작물의 화분매개 효과를 금액으로 환산하여 보고한 바 있다(표 1 - 2 참고).

그 결과에 의하면 양봉산물에서 얻는 직접적인 수익에 비하여 화분매개를 통해서 얻는 간접적인 수익이 143배나 크다고 한다.

우리나라에서 최(1974)에 의하여 꿀벌이 날아와 화분매개를 한 해바라기에서는 결실율이 93.3~97.7%인데 비하여 꿀벌이 날아 모이지 않은 차단구의 해바라기에는 그 결실율이 0.4~0.5%에 불과하였음을 보고한 바 있다. 꿀벌의 화분매개를 통하여 결실율 또는 수량이 크게 증대되었다는 보고는 외국의 예에서 얼마든지 찾아볼 수 있다.

참고로 꿀벌 비래구와 차단구에 있어서 농작물의 화분매개 효과를 요약해서 표시하면 〈표 1 - 3〉과 같다.

그 밖에 딸기나 각종 과수에서도 〈표 1 - 3〉 결과에 못지 않은 꿀벌의 화분매개 효과가 크게 나타나고 있다.

이와 같이 꿀벌의 방화는 각종 농작물의 결실율을 증대하고 농작물의 수량성을 크게 증대하고 있다는 사실이 밝혀졌음에도 불구하고 꿀벌이 농작물의 개화기에 날라 모이면 해충을 전파 하느니, 식물병을 옮기느니, 과실에 피해를 주느니, 꽃이 훼손되거나 기형과실을 생성하느니 하는 꿀벌의 유해설을 주장하는 농민이 있는 모양인데 그것은 모두 그릇된 생각이다.

〈표 1 - 1〉 꿀벌의 화분매개를 요하는 농작물명 (미국)

과실을 생산하는 농작물	종자를 생산하는 농작물
감 (persimmon)	고추 (pepper)
거위딸기 (gooseberry)	당근 (carrot)
검은 딸기 (blackberry)	둥글무 (parsnip)
딸기 (strawberry)	라디노클로바 (ladino clover)
덩굴딸기 (cranberry)	레드클로바 (red clover)
맹고 (mango)	루타바가 (rutabaga)
멧딸기 (raspberry)	마스크멜론 (muskmelon)
배 (pear)	무우 (radish)
복숭아 (peach)	목화 (cotton)
사과 (apple)	벳취 (vetch)
산딸기 (dewberry)	부라콜리 (bracoli)
살구 (apricot)	새끼양배추 (brusseles sprout)
수박 (watermelon)	서양무 (turnip)
아보카도 (avocado)	셀러리 (celery)
앵두 (cherry)	수박 (watermelon)
오이 (cucumber)	스위트클로바 (sweet clover)
유도 (nectarine)	아마 (flax)
자두 (plum)	아스파라가스 (asparagus)
참외 (muskmelon)	알사이크클로바 (alsike clover)
퉁구 (tung)	알팔파 (alfalfa)
편도 (almond)	양파 (onion)
포도 (grape)	오이 (cucumber)
허클딸기 (huckleberry)	유채 (rape)
	잔재자리 (trefoil)
	컬리플라워 (cauliflower)
	콜라비 (kohlrabi)
	콜라아드 (collards)
	크림손클로바 (crimson clover)
	해바라기 (sunflower)
	호박 (pumpkin)
	화이트클로바 (white clover)

〈표 1 - 2〉 꿀벌의 화분매개 효과(1980년) (Levin, 1983)

내 용	과 실	값 ($)	종 자	값 ($)
꿀벌의 화분매개 (직접적)	apples	757,027	alfalfa	114,652
	apricots	33,705	red clover	16,176
	avocados	121,293	ladino clover	3,941
	bush berries	62,263	crimson clover	1,433
	cherries(Tart)	43,648	lespedeza	2,628
	cherries(Sweet)	91,812	soybeans(1/10)	1,382,494
	citrus		sunflower	410,377
	lemons	61,319	cotton seed(1/10)	57,693
	tangerines	37,559	cotton lint(1/10)	407,831
	tangelos	26,816	lima beans	25,137
	temples	25,020	flax	59,054
	Cranberries	88,674	vegetable seeds	60,000
	eggplant	10,411	계	2,541,416
	nectarines	44,468		
	peaches	368,004		
	pears	174,876		
	pomegranates	3,516		
	prunes and Plums	13,777		
	strawberries	288,776		
	cantelopes	161,133		
	cucumbers-fresh	116,260		
	cucumbers-processed	100,933		
	honeydew	42,864		
	watermelons	149,757		
	almonds	473,340		
	macadamia	24,174		
	계	3,321,425		
꿀벌의 화분매개 결과에서 얻어진 결과	artichokes	27,473		
	asparagus	82,118		
	broccoli	55,286		
	brussel sprouts	15,706		
	cabbage	175,211		
	carrots	161,432		
	cauliflower	95,762		
	garlie	33,816		
	onions	346,539		
	alfalfa hay	4,981,394		
	계	5,974,737		
간접적	소와 송아지 생우유생산	5,435,974 1,688,340 7,124,314		
	총 계	$18,961,892,000		

〈표 1 - 3〉 꿀벌 비래구와 차단구에 있어서의 농작물의 증수효과(최, 1985)

농 작 물	꿀벌비래구	꿀벌차단구	증수효과
자 운 영	98ℓ/10a	9ℓ/10a	10.9 배
해 바 라 기	95.5%(결실율)	0.45%(결실율)	212.2 배
유 채	294kg/10a	180kg/10a	1.6 배
메 밀	54%(결실율)	5%(결실율)	10.8 배
호 박	82%(결실율)	0%(결실율)	절대적
오 이·수 박	147(지수)	100(지수)	1.47배
알 팔 파	2,000(지수)	100(지수)	20 배
레 드 클 로 바	128kg/에이카	5kg/에이카	25.6 배
배	168(지수)	100(지수)	1.68배
밀 감	9%(결실율)	4%(결실율)	2.25배
딸 기	160(지수)	100(지수)	1.6 배

(2) 자원의 증대효과

우리나라는 부존자원이 크게 부족한 나라이다. 국가의 경제 발전이 자원의 증대와 확보에 있다고 볼 때 하찮은 자연물이라도 소중히 여겨 자원으로 활용할 수 있는 길을 모색하는 일은 대단히 중요하다.

양봉은 꿀벌을 활용해서 각종 식물의 꽃으로부터 화밀과 화분을 생산함으로써 자연에서 그대로 버려질 화밀과 화분에 대하여 새로운 경제적 가치를 부여할 수 있다. 예를 들면 제주도에서 많이 재배되고 있는 유채(평지)는 종자를 생산해서 기름을 생산하고 나머지 찌꺼기는 비료로 사용하는데 그치지만 여기에 꿀벌을 투입해서 양봉을 하면 벌꿀과 화분을 생산할 수 있을 뿐만 아니라 화분매개를 통해서 종자의 증산을 꾀할 수 있으며 양봉을 통해서 여러가지 양봉산물을 생산하여 커다란 자원으로 활용할 수 있다.

다시 말해서 사과나무, 배나무, 오이, 해바라기, 호박과 같은 농작물은 물론 목장의 사료 작물이나 산이나 들 또는 산꼭대기에 피어있는 꽃이나, 연못에 떠 있는 꽃이나, 길가에 하찮게 피어있는 잡초의 꽃들은 모두 양봉을 통해서 훌륭한 자원의 가치를 부여할 수 있다.

일반적으로 농업은 먼저 땅을 개간하고, 가다듬어 여기에 씨를 뿌린다음 비배관리를 거쳐 비로서 생산물을 거두어 들인다. 양봉은 꿀벌을 활용해서 바로 꽃에서 화밀과 화분을 수집하게 되므로 경지(耕地)가 되었건, 불경지(不耕地)가 되었건 꽃만 있으면 양봉은 가능하다. 그러므로 양봉의 관점에서 본다면 각종 식물에 대한 평가 기준이 달라질 수 있다. 그 식물이 농작물이건, 잡초이건, 교목이건, 관목이건 관계없이 밀원으로서의 가치 여하에 따라 중요도가 결정된다.

(3) 설탕의 자급화

우리나라에서는 설탕이 전혀 생산되지 않으며 전량을 외국으로 부터의 수입에 의존하고 있어 외화의 소비가 엄청난다. 설탕의 수입량은 해마다 증가하여 현재 원당 수입량은 120만 t 이 넘고 있다. 게다가 설탕의 소비량이 매년 증가할 기미를 보여 그에 소요되는 외화도 엄청나게 늘어날 것을 생각하면 외화의 절약문제를 강 건너 불 보듯 만은 할 수 없다. 설탕의 생산이 풍족한 세계 선진 여러 나라의 예를 보면 양봉을 크게 장려하고, 발전시켜 벌꿀의 증산을 꾀하고 있으며 감미료(甘味料)로서 설탕 대신 벌꿀을 이용해서 설탕의 소비량을 줄여가는 실정에 있다.

현재 우리나라 양봉으로서 설탕 소비 전량을 벌꿀로 대치하는데는 벌꿀의 생산량이 그에 미칠 수는 없다. 그러나 앞으로 선진 외국 여러 나라에서와 같이 국가시책을 적극적으로 펴 양봉의 발전을 꾀한다면 불가능할 것도 없다.

일시에 설탕의 전량을 벌꿀로 대치하기는 어렵다고 하더라도 점진적으로 정책적인 시책을 펴 나간다면 그 목적은 쉽게 달성할 수 있을 것으로 본다.

(4) 보건제의 생산과 활용

양봉을 통해서 생산되는 벌꿀, 화분하, 왕유 등의 양봉산물은 자연계에서 얻을 수 있는 최고의 영양식품이며 이들 세가지 양봉산물을 혼합하면 영양학적 측면에서 볼 때 하나의 결함도 없는 완전 식품에 해당된다. 때문에 이들 양봉산물은 인류의 복지향상에 활용될 뿐만 아니라 사람의 각종 질환의 치료제로서 인류의 보건향상에 크게 공헌하고 있다. 최근 왕유, 봉독액, 봉교 등의 양봉산물은 의약적 이용이라는 측면에서 대단한 관심을 불러 일으키고 있으며 매년 이들의 의약적 이용은 그 이용 분야가 점증되고 있어 인류의 난치병 치료에 크게 공헌할 것으로 크게 전망되고 있다.

(5) 산업원료의 생산과 활용

양봉을 통해서 생산되는 벌꿀과 밀납은 각종 공업에서 원료로 사용되는 예가 많다. 벌꿀은 앞에서 언급한 용도 이외에 칠액첨가용, 인쇄용 잉크 첨가용, 인쇄용 로울러 도포용, 견사염출(絹絲艶出), 구두약의 첨가제, 자동차 또는 비행기의 라지에이터용, 피혁제조용, 화장품용 등 이용 범위가 대단히 넓다. 밀납은 그 용도가 대단히 넓지만 생산량이 수요량에 미치지 못하여 외국에서의 수입에 의존하거나 인공합성 납으로 충당하고 있으나 인공합성납은 그 질이 양봉에서 생산되는 밀랍에 비하여 훨씬 떨어진다. 밀납은 양봉을 통해서 생산되는 꿀벌의 밀납이 최고의 질로 평가되고 있다. 대개 우리나라에서 생산되는 밀납은 양봉에서 중요하게 사용되는 소초의 제작에 대부분이 재 활용되고 있다. 앞으로 양봉을 통해서 충분한 밀납이 생산된다면 각종 공업원료, 약용, 화장품용, 그 밖의 각종 산업 분야에서의 활용이 크게 늘어날 것으로 전망된다.

3) 양봉의 역사

(1) 서양의 양봉사

서양의 양봉은 고대 양봉과 근대 양봉으로 대별되는데 고대 양봉은 고착식소상(固着式巢箱)을 가지고 꿀벌을 키운 16세기 말까지를 말하고 근대 양봉은 광식가동소상(框式可動巢箱)을 가지고 양봉을 하게 된 17세기 이후의 양봉을 일컫는다.

〈그림 1 - 5〉 고착식 소상과 광식가동소상의 모습

　고대양봉 고대의 　고착식 　벌통은 그 종류가 대단히 많아 그를 모두 기술하기는 대단히 어렵다. 고대 로마에서는 원형(圓形) 또는 방형(方形)의 벌통을 만들어 사용하였는데 그들의 제작에 사용된 재료들은 나무통, 널판, 댓가지, 수피, 진흙, 볏짚 등 그 종류가 무척 다양하다. 동양종이건 서양종이건 사람이 꿀벌을 키우기 시작한 모습은 여러 가지 옛 모습을 더듬어 올라갈 수 있으나 가장 뚜렷한 벌통은 환태식 벌통이 가장　유행을 하였던 것이 아닌가 생각한다. 환태식 소상으로 가장 많이 사용한 것은 둥근 나무 토막에 속을 긁어내고 구멍을 뚫어 벌통으로 만든 것이　있고 다음은 엉성한 나무상　이었던 것으로 추정된다.
　오늘날 우리나라나 일본, 중국 등지에서 동양종 벌종(토종)을 키우는 모습은 환태식 소상의 한 좋은 예로 보아진다. 그 밖에 볏짚으로된 스켚(skep) 또는 대나무로 만든 바구니에 진흙을 발라 사용하거나 바가지에

〈그림 1 - 6〉고대의 환태식 소상

진흙을 발라 꿀벌을 키운 모습도 찾아볼 수 있다.

형태가 어떻게 되었든지 간에 고착식 벌통은 벌집이 벌통안에 달라 붙어 있어 오늘날 같이 벌집을 꺼내서 관찰할 수 없을 뿐더러 저장된 벌꿀을 채밀하려면 벌집을 완전히 파손시켜야 하고 그 벌통의 꿀벌은 모두 회생시켜야 되는 등 오늘날과 같은 능률적이고 안전한 양봉의 수행은 있을 수가 없었다.

근대양봉 광식가동소상을 사용한 17세기 이후의 양봉을 일컫는데 근대양봉을 이룩하게 된 배경은 벌통의 개량, 발달 뿐만 아니라 여러 가지 양봉에 관한 새로운 사실들이 밝혀지면서 근대양봉의 모습을 갖추게 된 것이다. 근대양봉의 모습을 갖추게 된 과정은 셋으로 나누어 볼 수 있는데 첫째는 꿀벌에 관한 과학적 지식의 확립이고, 둘째는 새로운 양봉기구의 제작을 통한 양봉기술의 활용이며, 셋째는 우수한 서양종 벌종의 분포, 확대라 볼 수 있다.

첫째, 꿀벌에 관한 과학적 지식의 확립을 위해서 많은 사람들의 공적을 들 수 있다. 암벌로 알을 낳는 여왕벌(queen bee)에 관한 첫 기술은 1586년 스페인의 Luis Méndez de Torres에 의하여 출판되었으며 1609년에는 영국의 Charles Butler의 저서 Feminine Monarchie에서 숫벌(drone bee)에 관하여 기술하였다. 그후 1637년에는 영국의 Richard Remnant의 저서 Discourse or Historie of Bees에서는 일벌(worker bee)이 암컷임을 처음으로 기술하였다. 한편 1652년 이탈리아의 Prince Cesi는 현미경을 사용해서 처음으로 꿀벌에 관한 그림을 출판하여 꿀벌에 관한 지식의 보급에 공헌하였다.

꿀벌은 알이나 유충에서 여왕벌을 양성해 낼 수 있다는 사실이 1568년 독일의 Nickel Jacob에 의하여 발표되었으나 여왕벌이 숫벌과 교미한다는 기본적인 사실에 대해서는 1771년까지 밝혀내지 못하였다. 이 사실은 그 후 Solvenia의 Anton Janscha에 의하여 밝혀졌다. 그리고 일벌의 밀납 생성에 관해서는 1774년 독일의 H. C. Hornbostel에 의하여 기술, 발표되었다.

1750년 영국의 Arthur Dobbs는 일벌은 꽃의 수술에서 화분을 수집하며 일벌은 한번의 외역에서 한 종류의 화분만을 수집하는 습성이 있기 때문에 꿀벌은 농작물의 타화수분에 유리함을 지적하였다. 꽃의 수정에서 꿀벌의 역할에 관한 문제는 1793년 C. K. Sprengel에 의하여 확립되었다.

한편 1737년 오스트리아의 J. Swammerdam은 처음으로 여왕벌, 일벌, 숫벌의 성을 해부학적으로 설명하였고, 1745년 J. Thorley는 그의 저서 Melissologia or the Female Monarchy에서 여왕벌의 산란을 과학적으로 기술하였으며 나아가 숫벌은 여왕벌과의 교미에 관한 문제를 과학적으로 설명하였다. 몇 년 후에 Anton Janscha는 여왕벌의 교미는 벌통밖에서 이루어지며 여왕벌은 봉군의 모체가 됨을 밝혔다. 프랑스의 생물학자 Rene Antoine de Reaumur는 그의 저서「곤충사를 위한 각서(Memoire pour Servir al' Historie des lnsects)」에서 땅벌의 발생 및 여왕벌의 습성에 관하여 다루었고 나아가 꿀벌의 사회생활에 관하여 다루었다. 그 후 스위스의 양봉학자 F. Huber(1750~1831)는 그의 저서「꿀

벌의 새로운 관찰(Nouvelles Observations sur les Abeilles)」에서 꿀
벌에 관한 현미경적 해설, 꿀벌의 사양관리 및 여왕벌의 취급 등을 다루
었다.

〈그림 1 - 7〉 휴버(F. Huber)   〈그림 1 - 8〉 지어존(J. Dzierzon)

1845년 독일의 J. Dzierzon(1811〜1906)은 꿀벌의 단위생식(partheno
genesis)을 발견하였는데 이의 설은 양봉학에서 뿐만 아니라 생물학 분
야에서도 명성이 높은 학설로 인정돼 지어존은 Munich 대학에서 학위를
받았으며 오스트리아, 스웨덴 등 여러 나라에서 훈장을 받게 되었다.

이상과 같은 꿀벌에 관한 새로운 과학적 지식들은 근대양봉을 성취하
는데 큰 몫을 차지하게 되었다.

둘째, 새로운 양봉기구의 제작을 통한 양봉기술의 발전에도 여러 사
람들의 공적을 빼 놓을 수 없다. 오늘날의 개량식 벌통은 1600년대 이탈
리아의 Maraldi의 단소비식벌통(single- comb observation hive)에서
시작하여 1700년대 Huber의 엽상식벌통(Huber's leaf hive)을 거쳐 1806
년 우크라이나의 Peter Prokovich에 의하여 개량되었으나 오늘날의 개

량식 표준 벌통의 완성은 L. L. Langstroth (1810~1895)에 의하여 이루
어졌다. 오늘날 개량식 표준 벌통을 라식 벌통이라 부르고 있는데 이는
랑스그스토로스씨의 첫 이름을 따서 라식 벌통이라 부르게 된 것이다. 그
뿐만 아니라 랑그스트로스씨는 소비와 소비사이의 간격이 9mm 사이에서
꿀벌의 활동이 가장 잘 이루어짐을 발견하였고 1853년 그의 저서 「Lang-
stroth on the Hive and Honey」는 오늘날에도 중요한 양봉서적으로 평
가받고 있다. 그 후 미국의 A. I. Root, M. Quinby, C. Dadant 등은 랑그
스트로스의 벌통을 개조하였을 뿐만 아니라 저명한 양봉서적들을 후세에
전하고 있는데 그 중 특히 A. I. Root의「ABC and XYZ of Bee Culture」
와 C. Dadant의 「Hive and Honey Bee」는 근대양봉 발전에 중추적 역
할을 담당한 유명한 양봉책들이다.

〈그림 1 - 9 〉 랑그스트로스(L. L. Langstroth)

한편 1857년 독일의 J. Mehring (1816~1878)은 오늘날의 인공 소초를
발명하였고 1865년 오스트리아의 Franz von Hruschka (1819~1888)는
원심력을 이용한 채밀기를 발명하여 근대양봉에 엄청난 공헌을 하게 되

었다.

셋째 , 우수 서양종 꿀벌의 분포, 확대는 세계 여러 나라의 양봉발전에 큰 역할을 하게 되었다. 농작물이나 가축에 있어서 우수한 품종이나 계통이 요구되듯이 꿀벌에 있어서도 우수한 벌종의 확보는 근대양봉을 수행하는데 대단히 중요한 몫을 차지한다.

서양종 중 이탈리안벌, 카니올란벌, 코카시안벌들이 우수한 계통의 벌종으로 확인되었고 이들이 신대륙과 그 밖에 여러 나라에 분포, 확대되면서 세계의 양봉은 사상 유례없는 일대 혁신을 가져오게 되었다. 이들 우수한 벌종은 신대륙 발견과 아울러 그들 지역에 분포하면서 본격적인 양봉발전의 계기가 되었다.

(2) 세계 여러나라의 양봉현황

세계 여러 나라 양봉을 하나 하나 살피기는 어려우므로 구라파주, 북남미주, 오세아니아주, 아프리카주 및 아시아주의 순으로 개략적인 양봉현황을 살펴보기로 한다.

(가) 소련을 제외한 유럽주에는 약 1,250만의 봉군이 사양되고 있는데 봉군의 밀도는 평방마일(mile^2)당 6군으로서 다른 대륙의 봉군 밀도에 비하여 약 3배나 높다. 그래서 봉군당 연간 평균 벌꿀 생산량은 9kg에 불과하나 이 생산량은 아프리카주나 아시아주의 벌꿀 생산량에 비해서는 높은 편이지만 신대륙 전체 평균 18kg에 비하면 반 정도에 불과하다. 하지만 벌꿀의 소비량은 세계에서 가장 높아 벌꿀 수입국들이 많다.　소련의 영토는 유럽과 아시아에 걸쳐 영토가 있으며 북부에 치우쳐 있으나 양봉열은 대단하다.

소련이 보유하고 있는 봉군수는 약 1,000만군에 이르나 군당 벌꿀 생산량은 10kg에 불과하며 벌꿀의 생산성이 낮은 편이다. 여기에는 여러 가지 이유가 있겠지만 소련의 양봉의 경영 특색은 개인이 경영하는 양봉 경영이 아니고 국가, 주 또는 협업농장에서 경영되고 있기 때문에 생산성이 다른 나라들에 비하여 낮은 것이 아닌가 추정된다. 소련의 양봉은 전

〈표 1 - 4〉 세계 여러 나라의 양봉통계(Bee World, 1983)

나 라 이 름	봉군수(1,000군)	군당벌꿀생산량(kg)
카나다(Canada)	655	57.0
멕시코(Mexico)	2,100	31.8
미국(USA)	4,250	26.0
아르헨티나(Argentina)	1,300	31.8
브라질(Brazil)	1,800	15.6
중 국(China)	5,700	.22.9
일 본(Japan)	307	26.3
오스트랄리아(Australia)	2,108	11.7
불란서(France)	1,200	20.8
서 독(German F.R.)	1,130	14.5
영 국(UK)	212	8.1
루마니아(Romania)	1,170	13.3
유고슬라비아(Yugoslavia)	870	6.3
소 련(USSR)	7,900	22.8

체 봉군의 2/3가 농장에서 운영되고 있는데 집단 농장에서는 대략 80군 내외, 국립 농장에서는 6000군내외, 합동 농장에서는 25,000～30,000 군의 봉군이 경영되고 있다고 한다.

대부분의 사회주의 국가에서는 양봉의 운영도 중앙 당국에서 관장하고 있기 때문에 어떠한 결과가 나타나더라도 양봉자와 과실생산업자, 채종 업자 사이에 충돌이 있을 수 없다고 한다. 양봉자는 화분매개의 의무를 지니고 있기 때문에 화분매개의 수수료를 생각할 수는 없다. 때문에 봉 군 수에 있어서는 타의 추종을 불허하나 양봉산물의 생산성은 자유세계 여러 나라들에 비하여 훨씬 낮다.

(나) 다음은 북남미주인데 이들 신세계의 식물들은 꿀벌이 없는 상태 에서 진화되어 왔으나 우수한 밀원식물을 많이 보유하고 있어 최신 양봉 이 수행되며 양봉 생산물의 생산성이 구대륙에 비하여 훨씬 높다. 현재 활용되고 있는 밀원식물 중에는 구대륙에서 도입된 것이 많기도 하지만 토착 밀원식물들 중에도 우수한 밀원식물이 많아 양봉 경영이 무척 수월

하다.

북미주의 캐나다, 미국 등지에는 약 500만군의 봉군이 있는데 봉군당 벌꿀의 생산량은 미국이 52kg, 캐나다가 55kg이며 구라파의 봉군 밀도에 비하여 훨씬 낮으며 최신식 근대양봉을 경영하는 특색이 있다.

중남미주에는 약 400만군의 봉군이 있는데 봉군당 생산량이 연간 30kg이지만 앞으로 양봉기술을 근대화하고 주어진 밀원식물을 충분히 활용하면 미국이나 캐나다의 생산량을 능가할 것으로 본다. 남미에서 생산된 벌꿀은 주로 구라파 여러나라에 수출하고 있다.

(다) 다음은 오세아니아주의 오스트랠리아와 뉴우질랜드인데 신대륙의 충분한 밀원식물을 이용하고 있으며 근대양봉을 수행하여 많은 벌꿀을 생산하고 있다. 오스트랠리아의 봉군수는 100만군을 넘지 못하고 있으나 전국 연평균 벌꿀 생산량은 봉군당 연간 40kg으로서 캐나다와 미국에 비하여 낮은 편이다. 그러나 서부 오스트랠리아에 한해서 보면 봉군당 연평균 벌꿀 생산량은 100kg을 상회하고 있어 세계의 최고 기록을 나타내고 있다. 오스트랠리아의 벌꿀은 주로 구라파 여러 나라에 수출되고 있다. 뉴질랜드에는 봉군수가 20여만군에 불과하지만 벌꿀의 생산량은 연간 6,000t에 이르고 있으며 군당 연평균 벌꿀 생산량은 30kg에 달하고 있다.

(라) 아프리카 북부 해안지방의 양봉은 지중해 여러 나라 양봉과 크게 다를 바 없으나 사하라 사막의 남쪽에서는 전혀 다른 형태의 양봉을 하고 있다. 열대 아프리카 양봉의 특징은 밀납 생산을 주체로 하고 있는 나라가 많아 전 세계의 밀납 생산의 대부분을 차지하고 있다는 점이다. 아프리카주에서 사양되고 있는 봉군 수는 약 1,200만 군으로 추정되나 그들의 3/4 이상이 열대지방의 원시적 벌통을 이용해서 양봉이 수행되고 있기 때문에 벌꿀의 생산성은 극히 낮다. 특히 탄자니아, 앙골라와 같은 나라에서는 밀납생산이 주목적이고 벌꿀 생산은 부산물이라 여기고 있다. 이와 같이 된 배경은 양봉산물을 팔 수 있는 곳이 오지에서 멀기 때문에 운반 과정이 벌꿀 보다는 밀납이 용이한데서 비롯된 것 같다. 아프리카의 밀납 생산량은 수천 t에 이르며 이는 전세계 시장에 공급되고 있으며 벌

꿀의 총생산량은 83,000t 으로 추정되는데 이들은 주로 구라파 여러 나라 시장에 수출되고 있다.

(마) 아시아주에서 사양되고 있는 정확한 봉군 수는 알 수 없으나 대략 700만군 이상으로 추정되며 봉군당 연평균 벌꿀생산량은 11kg 이고 아시아의 총벌꿀 생산량은 약 800,000 t 으로 추정된다. 아시아의 양봉은 원시형 벌통으로 동양종을 많이 키우는 특색이 있으며 특기할 점은 열대 지방에서는 야생생활하는 인도최대종(*Apis dorsata*)과 인도최소종(*Apis florea*)에서 벌꿀과 밀납이 생산되고 있는 특색이 있다.

앞으로 동양종 벌종을 서양종 벌종으로 바꾸어 서양식 근대양봉을 주체로 한다면 아시아의 양봉은 크게 발전할 소지가 있으며 봉군당 벌꿀 생산량도 현재보다는 훨씬 높은 생산성을 나타낼 수 있을 것으로 전망된다. 그 예로서 중국(본토)을 들 수 있다. 중국은 최근 동양종 꿀벌을 서양종 꿀벌로 대치하면서 정부에서는 근대식 양봉 정책을 펴 나가고 있는데 최근 세계 제일의 벌꿀 수출국으로 등장하여 많은 외화를 벌어들이고 있음은 좋은 예가 되고 있다.

이상과 같은 세계의 근대 양봉 발전에 공헌을 한 국제기구들로서는 FAO를 비롯하여 Apimondia, 영국의 국제 꿀벌 연구 협회(International Bee Research Association), 그리고 국제양봉식물위원회(International Commission for Bee Botany)를 들 수 있는데 이들 중 Apimondia는 국제간의 양봉발전에 지대한 공헌을 하고 있다.

Apimondia는 국제 양봉자 협회 연합의 국제기구인데 60여개 국에서 약 80여개 단체가 이 기구에 가입되어 있으며 본부는 루마니아에 있고 사무국은 이탈리아에 있다. 이 국제양봉회의의 제 1 회는 1897년 벨기에의 수도 브뤼셀에서 개최되어 오늘에 이르고 있다(표 1 - 5 참고).

그 후 세계 대전의 영향을 받아 회의개최 년도에 간격이 일정치 않았으나 1961년부터 한 해 걸러 한 번씩 개최되고 있다. 한국은 한국양봉협회가 1975년도에 Apimondia의 회원국 및 회원 단체로 가입되어 1979년도 27차 회의부터 계속 참여해서 국제간의 교류를 북돋고 있다.

〈표 1 - 5〉 국제양봉회의 개최 연보 (1897 - 1985)

개최회수	개최년도	개 최 국 명	개 최 지 명
1	1897	벨지움 (Belgium)	부루쎌스 (Brussels)
2	1900	불란서 (France)	파리 (Paris)
3	1902	네덜란드 (Netherland)	헤토겐보쉬 (S. Hertogenbosh)
4	1910	벨지움 (Belgium)	부루쎌스 (Brussels)
5	1911	이태리 (Italy)	투루인 (Turin)
6	1922	불란서 (France)	마쎌리 (Marseille)
7	1924	카나다 (Canada)	퀘벡 (Quebec)
8	1928	이태리 (Italy)	투루인 (Turin)
9	1932	불란서 (France)	파리 (Paris)
10	1935	벨지움 (Belgium)	부루쎌스 (Brussels)
11	1937	불란서 (France)	파리 (Paris)
12	1939	스위스 (Swiss)	쥬리히 (Zurich)
13	1949	네덜란드 (Netherland)	암스텔담 (Amsterdam)
14	1951	영국 (England)	레밍톤 (Leamington)
15	1954	덴마크 (Denmark)	코펜하겐 (Kopenhagen)
16	1956	오스트리아 (Austria)	빈 (Wien)
17	1958	이태리 (Italy)	로마 (Rome)
18	1961	스페인 (Spain)	마드리드 (Madrid)
19	1963	체코슬라바키아 (Czechoslovakia)	프라그 (Prague)
20	1965	루마니아 (Romania)	부카레스트 (Bucharest)
21	1967	미국 (USA)	매리랜드 (Maryland)
22	1969	서독 (West German)	뮤니크 (Munich)
23	1971	소련 (USSR)	모스코바 (Moscow)
24	1973	아르헨티나 (Argentina)	부에노스아이레스 (Buenos Aires)
25	1975	불란서 (France)	그레노블 (Grenoble)
26	1977	오스트랄리아 (Australia)	아델레이드 (Adelaide)
27	1979	희랍 (Greece)	아덴 (Arthens)
28	1981	멕시코 (Mexico)	아카풀코 (Acapulco)
29	1983	항가리 (Hungary)	부다페스트 (Budapest)
30	1985	일본 (Japan)	나고야 (Nagoya)
31	1987	폴란드 (Poland)	바르사바 (Warszawa)

(3) 우리나라의 양봉사

우리나라의 양봉도 고대양봉과 근대양봉으로 나누어 볼 수 있는데 고대양봉은 서양종이 우리나라에 들어오기 전까지 즉 동양종 꿀벌을 대상으로 환태식벌통만을 가지고 양봉을 수행한 시기를 일컫고 근대 양봉은 서양종이 들어와 개량식 벌통을 가지고 서양식 양봉이 시작한 시기 이후의 양봉을 일컫는다.

우리나라의 양봉은 동양종 꿀벌(속칭 토종벌)이 들어오면서 시작되었는데 동양종 꿀벌이 우리나라에 들어온 것은 2010여년전 삼국시대의 초기로 추정된다. 이 때의 양봉은 고구려에서 맨 먼저 시작하였고 다음은 백제, 신라의 순으로 전파된 것으로 알고 있다. 역사적으로 특기할 사실은 643년 백제의 여풍(餘豊)은 동양종 꿀벌을 일본국에 전한 일이다. 이 사실(史實)은 「日本書紀」에서 찾아 볼 수 있다.   서양종이 우리나라에 들어 온 것은 1900년 대 초기인데 당시 일본에 와 있던 독일 선교사에 의하여 서양종이 우리나라에 전해졌다. 그러므로 양봉을 시작한 역사는 길지만 서양종을 대상으로 근대양봉을 시작한 역사는 80여년에 불과하다. 우리나라에 있어서 사양된 봉군수에 관한 통계 자료는 1928년부터 시작하여 오늘에 이르고 있는데 최근에 와서는 그 통계 자료도 찾아보기 어렵다. 1928~1945년까지의 사양 봉군수는 〈표-6〉과 같다.

〈표6〉에서 보는 바와 같이 1928년 총 봉군수는 170,705군인데 동양종 봉군이 84%,서양종 봉군이 16%로서 동양종 봉군수가 훨씬 우세하였다. 소위 과거의 양봉의 황금시대라 일컫는 1935년의 총봉군수를 보면 209,170군인데 동양종이 82%,서양종이 18%로서 역시 동양종 봉군이 훨씬 많다. 동양종 벌종을 가지고 원시적 환태식 벌통으로서 양봉을 하였음을 엿 볼 수 있다. 1935년의 봉군당 연간 평균 벌꿀 생산량은 4.1kg, 밀납의 생산량은 0.5kg에 불과하여 생산성이 극히 낮았음을 엿볼 수 있는데 거기에는 여러 가지 이유가 있겠지만 가장 큰 원인은 생산성이 낮은 동양종에다 원시적 환택식 벌통을 가지고 양봉을 수행하였기 때문인 것으로 해석된다. 더우기 1945년 해방되던 해에는 사양봉군수가 급격히 줄어 사

〈표 1 - 6〉 1945년 이전 동양종 · 서양종 사양봉군수의 변동 (1928 - 1945)

년 도	총봉군수	동양종군수	서양종군수	벌꿀생산 (kg / 군)	밀랍생산 (kg / 군)
1928	170, 705	143, 304	27, 401	(3. 0)	(0. 4)
1929	178, 868	149, 705	29, 163	(0. 4)	(0. 4)
1930	192, 540	158, 565	33, 884	4. 4	0. 5
1931	192, 062	155, 786	36, 276	4. 0	0. 5
1932	195, 720	160, 027	35, 693	4. 7	0. 5
1933	204, 373	167, 333	37, 040	4. 7	0. 5
1934	201, 063	164, 762	36, 301	4. 1	0. 4
1935	209, 170	170, 456	38, 714	4. 1	0. 5
1936	202, 533	(162, 026)	(39, 848)	3. 6	0. 4
1937	199, 237	(159, 389)	(39, 848)	4. 2	0. 4
1938	186, 460	(149, 168)	(37, 292)	3. 8	0. 5
1939	185, 266	(142, 218)	(43, 048)	3. 7	0. 4
1940	168, 808	(135, 046)	(33, 760)	3. 5	0. 3
1941	136, 720	(109, 376)	(27, 344)	2. 6	0. 2
1942	126, 640	(100, 045)	(26, 595)	2. 6	0. 2
1943	(101, 312)	(80, 036)	(21, 276)	(2. 5)	(0. 2)
1944	41, 908	(32, 317)	(8, 591)	(2. 4)	(0. 2)
1945	38, 890	(30, 334)	(8, 556)	(2. 3)	(0. 2)

( )내 수치는 추정치임.

상 유례없는 양봉의 부진을 가져온데다가 1950년 6 . 25동란으로 우리나라의 양봉은 큰 도탄에 빠지게 되었다. 남북이 양단되어 그 상처는 지금도 아물지 않은 상태이지만 다행히 1960년대에 들어서면서 우리나라의 양봉은 새로운 전기를 마련하게 되었다. 1968년부터는 생산성 높은 서양종의 봉군수가 사상 처음으로 동양종 봉군수를 능가하기 시작한데 다가 1963년 농촌진흥청 축산시험장은 벌종을 개량을 위한 개량용 여왕벌의 수입을 서두르게 되었으며 1967년 4월에는「월간 양봉계」의 발간을,1967년 10월에는 한국양봉협회의 창립을, 1973년 5월에는 국제 양봉자협의회 연합 (Apimondia)에 정회원국의 가입을, 1984년에는 서울대학교 농과대학에 한국양봉과학연구소의 창립을, 1985년에는 한국양봉학회의 창립을 보는 등 근대양봉의 면모를 하나 둘씩 갖출 수 있게 되어 양봉산업의 장래를 점칠 수 있게 되었다. 그러나 우리나라의 양봉산업을 근대화하는데는 해결해야 할 문제점들이 아직 많다.

(4) 우리나라 양봉의 현황과 전망

1945년 해방 후 어려운 여건을 극복하면서 양봉산업의 명맥을 이어와 양봉산업의 밝은 내일을 점칠 수 있게 되었다.

〈표 7〉에서 보는 바와 같이 생산성이 낮은 동양종 양봉(토종양봉)은 점진적으로 감소하고 생산성이 높은 서양종 양봉이 우세를 보여 옛날에 비하여 훨씬 높은 생산성의 향상을 누리게 되었으나 세계 여러 나라 수준으로 발전하는데는 아직도 해결해야 할 문제점이 많다.

우리 양봉의 역사는 세계 어디에 내 놓아도 오래 되었다는 점에는 하나도 뒤질 바 없으면서 오늘날의 양봉이 발전하지 못하고 후진 양봉이란 탈을 벗지 못하고 있을까? 여기에는 우리 나름대로의 이유가 있는데 그 이유는 크게 네 가지로 나눌 수 있다.

〈표 1 - 7〉 1945년 이후 서양종·동양종 사양봉군수의 변동(1945 - 1985)

년도	총봉군수	서양종(A)	동양종(B)	A : B(%)
1949	38,157	(13,354)	(24,803)	(35 : 65)
1952	27,338	9,559	17,779	35 : 65
1955	75,480	18,801	56,679	25 : 75
1958	100,692	37,785	62,907	38 : 62
1961	125,266	56,707	63,559	45 : 55
1964	102,232	43,533	58,799	43 : 57
1968	124,555	73,955	50,600	59 : 41
1971	99,865	61,898	37,967	62 : 38
1974	157,819	99,901	57,918	63 : 37
1977	181,465	(117,952)	(63,513)	(65 : 35)
1979	260,102	(169,066)	(91,036)	(5 : 36)
1982	(395,307)	(298,397)	(96,910)	(76 : 24)
1985	(467,062)	(379,613)	(87,449)	(81 : 19)

( )내 수치는 추정치임.

첫째 : 국내의 사회적 혼란을 들 수 있다. 1935년의 양봉을 황금시대라 자칭하던 양봉이 세계 제 2차 대전이 시작되면서 사회적인 혼란이 시작되었는데 1945년 해방과 더불어 국토가 양단되었고 1950년 6.25동란은 사상 유례없는 도탄에 빠지게 되었다. 특히 국토의 양단 문제는 아직도 해결되지 않은 채 지금도 양봉 발전에 큰 저해요인이 되고 있다.

둘째 : 국가시책의 빈약성을 들 수 있다. 양봉이 크게 발전하기 위해서는 보다 적극적이고 지속적인 국가시책이 따라야 함은 양봉선진국의 예에서 얼마든지 찾아볼 수 있다. 아직 양봉 진흥법도 없고 양봉을 전문적으로 연구할 연구기관이 하나도 없는 실정이며 그 밖에 정책적 지원이 빈약하여 양봉 발전에 필요한 제반 문제들이 답보 상태를 면치 못하고 있는 우리나라의 양봉발전을 위해서는 정부의 정책이나 시책의 지원이 선행되지 않으면 우리나라의 양봉은 더 이상 발전할 수 없으므로 양봉 발전에 관한 문제들이 정책적으로나, 시책적으로 뒷받침이 될 정부의 지원이 아쉽다.

셋째 : 우리나라에서 사용되고 있는 벌종의 불량에서 오는 생산성의 저조라 본다. 우리나라에서 아직도 많이 사양되고 있는 동양종 꿀벌은 서양종 꿀벌에 비하여 생산성이 나빠 동양종 꿀벌로서는 근대양봉의 수행이 어렵다. 서양종 꿀벌들 마저도 잡종이 거듭되어 순종을 찾아 보기 어려우며 이들 잡종은 형질이 불량한 쪽으로 퇴화되어 생산성이 점차 떨어져 가고 있다. 이와 같은 문제는 육종을 시도하여 품종을 개량해 나가야 하는데 국내에서는 아직 육종사업이 이룩되고 있지 못하여 우리나라에서 사양되고 있는 서양종 꿀벌은 외국에서 개량을 거듭한 새로운 품종들에 비하여 훨씬 열세에 놓여 있다.

넷째 : 밀원식물의 부족이다.

아무리 우수한 벌종을 가지고 새로운 기술을 투입해서 양봉을 한다고 하더라도 밀원식물이 부족한 환경에서는 양봉경영이 정상적으로 이룩될 수 없다. 우리나라에서의 밀원의 부족은 국토의 양단에서 오는 부족, 우수한 밀원의 남벌에서 오는 부족에다가 밀원증식 계획이 전혀 없었다는데 기인되고 있다. 양봉 선진을 자랑하는 세계 여러 나라 사

정을 보면 자연 밀원의 철저한 보호는 물론 우수 밀원의 증식이 계획
적으로 추진되고 있음을 엿볼 수 있다.

다섯째 : 양봉에 관한 국민의 인식부족을 들 수 있다. 양봉에서 생산되
는 양봉산물은 양봉가의 경제적 소득 뿐만 아니라 그들 양봉산물은 인
류의 보건이나 복지 향상에 크게 이용되며 꿀벌의 방화활동은 각종 농
작물의 화분을 매개하여 농작물의 생산성을 크게 높이고 있다는 사실을
잘 모르고 있다. 또한 양봉이 발달함으로써 새로운 자원의 증대가 가능
하며 수입에 의존하고 있는 설탕을 벌꿀로 대체할 수 있는 점 등에 대
하여 잘 모르고 있다. 양봉산물은 약용으로서 뿐만 아니라 식품으로
서의 가치가 높다는 인식이 부족하다.

〈표 1 - 8 〉 국토면적이 좁은 세계 여러 나라들과 비교한 우리나라에서의 사양
가능 봉군수의 추정 (1970 - 1971년 기준)

나 라 이 름	국토면적 (평방마일)	사양봉군수	우리나라의 사양가능 봉군수(계상군)
오스트리아 (Austria)	32, 369	460, 000	1, 028, 000
벨지움 (Belgium)	11, 775	230, 000	736, 000
불가리아 (Bulgaria)	42, 796	734, 000	1, 240, 000
첵코 (Czechoslovakia)	49, 356	1, 123, 000	1, 646, 000
희랍 (Greece)	51, 182	1, 000, 000	1, 412, 000
이스라엘 (Israel)	7, 978	54, 000	490, 000
포르투갈 (Portugal)	35, 413	548, 299	1, 106, 000
루마니아 (Romania)	91, 671	975, 712	770, 000
한국 (남한) (Korea)	36, 152	99, 865	—

앞에서 언급된 문제들이 해결된다면 우리나라의 양봉은 크게 발전하여
국내 수요의 충당은 물론 수출을 통하여 외화의 획득도 가능하다. 우리나
라는 양봉을 하기에 알맞은 기후 풍토를 갖추고 있으며 국토가 남북으로
긴 유리한 조건을 갖추고 있다. 우리나라에서 얼마나 많은 봉군의 사양
이 가능할까? 정확한 봉군 수의 추정은 어렵지만 국토 면적과 농가 호수
를 기준으로 어느 정도의 추정은 가능하다. 우리나라의 국토 면적은 약

990만 정보인데 이 중 약 66%는 임야면적이다. 임야의 전체 면적을 밀 원화 할 수는 없다고 하더라도 국토 면적이 비교적 좁은 외국의 봉군수 밀도 수준에 이른다고 하면 우리나라에는 100만군 이상의 봉군이 사양될 수 있을 것으로 본다(표 1 - 8 참고).

또한 현재 남한의 농가 호수는 약 200만이 넘는다. 집집마다 양봉을 경영할 수는 없지만 마을단위로 양봉을 경영한다고하면 100만군 이상 사 양은 무난할 것으로 본다. 이와 같은 수의 봉군을 가지고 서양의 계상식 양봉을 실시하여 외국 양봉 선진국의 생산성 수준을 따른다고 하면 우리 나라에서 소비되는 설탕소비량의 충당은 물론 외국으로 수출할 수 있으 므로 앞으로 우리나라의 양봉은 전망이 밝다고 본다.

2. 꿀벌의 종류와 계통

1) 꿀벌의 종류와 특성

꿀벌은 벌목(Hymenoptera), 꿀벌과(Apidae)에 속하는 곤충으로서 꿀
벌과에 속하는 곤충의 종류는 세계적으로 약 2000여종, 우리나라에서는
50여종이 알려져 있다. 꿀벌과에 속하면서 집단생활하는 *Apis*속 꿀벌은
다음 네종이다.

인도 최소종 꿀벌(little honey bee, *Apis florea*)
인도 최대종 꿀벌(giant honey bee, *Apis dorsata*
동양종 꿀벌(oriental honey bee, *Apis cerana*)
서양종 꿀벌(western honey bee, *Apis mellifera*)

(1) 인도 최소종(印度最小種)

인도 최소종 꿀벌은 인도, 스리랑카, 인도네시아, 말레이지아, 태국 등
동남아시아 열대지방에서 야생생활하는 꿀벌의 일종이다.

일벌의 체폭은 2mm에 불과하며 여왕벌의 체장은 13mm, 숫벌의 체장
은 12mm, 일벌의 체장은 8mm로서 네 종의 꿀벌 중 가장 작다. 가슴은 흰
색의 잔털로 덮여있고 배의 제3절까지는 적갈색이며 배의 제3, 4, 5, 6절
에는 흰색 털 띠를 두루고 있다. 여왕벌의 체색은 황갈색이고 숫벌은 흑
색이며 일벌은 암갈색이다. 벌집은 인도 최대종과 같이 반달형 단엽상
(單葉狀)으로 짓는데 지상에서 얕고 밀집된 관목의 가지에 벌질을 짓고
산다. 몸집이 작아 다른 벌종에 비하여 벌집이 아주 작다. 행동이 민첩하
고 얕은 나무가지에 서식하며 벌집을 짓고 꿀과 화분을 저장하기는 하지
만 실제 양봉에서는 다루기 어려우므로 경제적 가치는 크게 낮다. 불리한
환경에서는 집을 버리고 이리 저리 옮겨가면서 생활한다.

(2) 인도 최대종(印度 最大種)

인도 최대종 꿀벌은 인도, 스리랑카, 쟈바, 인도네시아, 말레이지아,

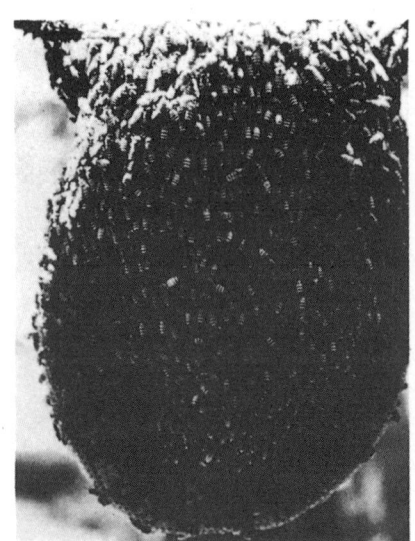

〈그림 2 - 1〉 인도 최소종 꿀벌과 벌집

태국, 필리핀 등 동남아 열대지방에서 야생 생활하는 꿀벌의 일종이다. 일벌의 체장은 16∼18mm로서 Apis속 꿀벌 중 몸집이 가장 크다. 일벌의 머리와 가슴은 흑색이고 배의 등쪽 제2, 3절은 황색이며 다른 부분은 암갈색이다. 두정(頭頂)에 총모가 없고 머리에서 가슴까지 덮힌 털은 흑색이며 가슴의 뒷부분 가에는 황색 털이 나 있다. 배는 선황색 짧고 가는 털로 덮여있다. 이 짧고 가는 털은 배의 제1, 2, 3절에서 더욱 빽빽히 나 있다. 그러나 언뜻 보기에는 몸의 앞 부분은 흑색으로 보이고 나머지 부분은 황색으로 보인다. 여왕벌과 숫벌의 체색은 일벌에 비하여 보다 진하다. 벌집은 높은 나무 줄기나 가지에 짓는데 벌집은 최소종에 비하여 훨씬 크다.

벌집은 반달형 단엽상으로 짓는데 체구가 크기 때문에 벌방들도 다른 종류의 벌집에 비하여 훨씬 크다. 벌집의 크기는 벌집에 따라 크기에 많은 차이가 있으나 벌집을 크게 질 때는 길이 150∼180cm, 폭 90∼120cm에 이른다. 인도 최대종 꿀벌의 왕대, 일벌방, 숫벌방은 동양종 꿀벌과 서양종 꿀벌의 왕대, 일벌방, 숫벌방에 비하여 크기는 하나 왕대, 일벌

〈그림 2 - 2〉 인도 최대종 꿀벌과 벌집

방, 숫벌방 간에 별로 큰 차이가 없어 다른 종류의 꿀벌들에 비하여
덜 진화된 것으로 본다. 벌집을 짓는 위치는 지상 30~40m의 높은 곳에
지으며 한나무에 벌집을 많이 지을 때는 65개 이상 짓는 때도 있다. 밀원
이 부족하다든가 또는 불리한 환경에 놓이게 되면 집을 버리고 다른 곳으

로 옮겨 가 새 벌집을 짓고 사는 습성이 있다.

옛날 한 때 이 벌종의 혀의 길이가 길어 이 벌종을 사람이 키우려 하였지만 실패로 끝나고 말았다. 꿀과 화분을 저장하기는 하지만 양봉에서의 경제적 가치를 인정하기는 어렵다. 그러나 밀납의 질이 좋고 생산성이 우수하며 원주민들에게는 밀납을 생산하는 데는 도움이 된다.

〈그림 2 - 3〉 나무가지에 달려있는 인도 최대종의 벌집들

(3) 동양종(東洋種)

동양종 꿀벌은 원래 인도가 원산지이나 그 후 아세아 여러나라에 분포되어 동남아세아 여러나라는 물론 한국, 일본, 중국 등지에 널리 분포되어 사양되고 있다. 그러나 원래 생산성이 낮고 환태식 벌통을 가지고 원시적 양봉을 하고 있기 때문에 서양종에 밀려 양봉에서 점차 빛을 잃어가고 있다. 그래서 오늘날에는 서양종을 개량종이라하고 동양종을 재래종으로 불리고 있다.

일벌의 몸체의 크기나 체색은 지역에 따라 약간의 차이가 있으나 대개 처음에는 담황색을 띠나 점차 흑갈색으로 변하며 여왕벌과 숫벌은 흑색을

〈그림 2 - 4〉 동양종 꿀벌의 벌통 모습

띤다. 서양종에 비하여 체구가 작으며 배의 제3, 4, 5, 6환절에 백색
털 띠가 있어 서양종들과는 쉽게 구분할 수 있다.

여왕벌의 체장은 13~17mm, 숫벌의 체장은 12~13mm, 일벌의 체장은
10~13mm로서 서양종에 비하여 작은 편이다. 참고로 동양종과 서양종
(이탈리안)의 체중 및 벌방 크기를 비교하면 〈 표2 - 1〉과 같다.

〈표 2 - 1〉 동양종과 서양종(이탈리안계)의 체중과 벌방크기 비교(김, 1971)

벌 종	체 중(g)			벌방크기(직경, mm)	
	여왕벌(산란중)	일벌(소문)	숫벌(임의)	일벌방	숫벌방
동양종	0. 21	0. 068	0. 124	4. 65	5. 36
서양종	0. 22	0. 080	0. 195	5. 10	6. 45

머리와 가슴에 가늘고 작은 털이 빽빽히 나 있다. 동양종 꿀벌은 다엽
상벌집을 짓는 면에서는 서양종과 같으나 다른 면에서는 다른 점이 많다.

〈그림 2 - 5〉동양종 꿀벌

　동양종 꿀벌은 온순하나 서양종에 비하여 집단 구성이 작고 벌꿀을 생산하는 면에서 또는 그 밖에 여러가지 약점이 많아 양봉의 수행상 불리한 점이 많다. 동양종과 서양종의 크기를 측정하여 특성을 비교하면〈표 2 - 2〉와 같다.

〈표 2 - 2〉동양종과 서양종(이탈리안계)의 크기 측정비교(이·최, 1986)

조 사 항 목	동 양 종	서 양 종
혀의 길이 (mm)	5. 33	6. 49
앞날개 길이 (mm)	8. 41	9. 06
앞날개 넓이 (mm)	2. 9	3. 1
주맥지수	5. 45	2. 40
시구의 수 (개)	18. 65	21. 94
뒷다리 길이 (mm)	7. 75	8. 09
후부절지수 (%)	54. 4	56. 3
배등판 3 + 4 절 길이 (mm)	4. 16	4. 57

 이들 두 벌종간의 특성 중 동양종 꿀벌은 서양종 꿀벌에 비하여 혀의 길이가 짧기 때문에 레드클로바와 같은 밀원에서의 수밀에는 동양종 꿀벌이 훨씬 불리하다. 동양종 꿀벌의 혀의 길이는 4.95~5.40mm 범위 인데 비하여 서양종 꿀벌의 혀의 길이는 5.75~6.95mm 범위로서 서양종의 혀의 길이가 훨씬 길다. (그림 2 - 6 참조).

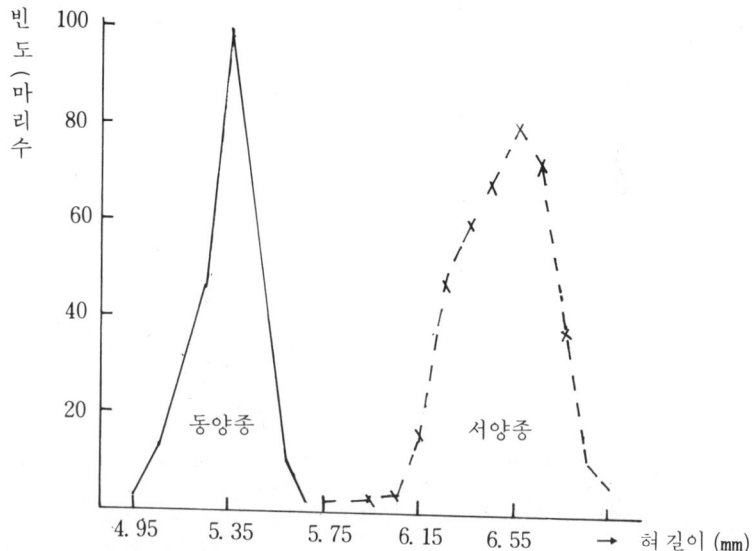

〈그림 2 - 6〉 동양종꿀벌과 서양종꿀벌의 혀길이의 도수분포 (이·최, 1986)

 뿐만 아니라 동양종 꿀벌은 후계 여왕벌의 양성이 소극적이고 외적에 대한 방어력이 약하며 불리한 환경에 놓이게 되면 벌집을 버리고 도망하는 습성이 있어 양봉상 대단히 불리하다. 또한 동양종은 서양종과는 달리 순수한 밀납으로 벌집을 짓기 때문에 벌집이 파손되기 쉬울 뿐만 아니라 벌집나방(소충)의 피해를 받기 쉬운 결점도 있다. 그러므로 동양종 꿀벌을 가지고 양봉을 하면 서양종을 가지고 양봉을 하는 것에 비하여 불리한 점이 많다.

 ⑷ 서양종 (西洋種)

 서양종 꿀벌에는 변종이 많아 서양종의 원산지에 관해서는 그 설이 구
구하나 유라아시(Euro-Asia)지역으로 보는 사람이 많다. 더우기 서양종
꿀벌은 세계 여러 나라에 퍼진 후 환경이 다른 지리적 격리가 심한 곳에
서 키운 서양종 계통들은 색상, 행동습성, 주둥이의 길이 맥상, 털 모양
등과 같은 측정으로 구분할 수는 있으나 근래 선발육종과 교배육종이 성
행됨에 따라 자연산 계통들의 구별은 점차 모호해지는 경향을 보이고 있
다. 서양종 꿀벌의 학명은 *Apis mellifera*이나 종명 다음에 새로운 계통
명부터 유라시안계 꿀벌에는 *carnica, caucasica, cecropia, cypria, li-
gustica, mellifera, remipes, syrica*등의 계통이 있으며 아프리칸계 꿀
벌에게는 *adansonii, capenis, intermissa, litorėa, major, monticola,
nubica, sahariensis, scutellata* 등의 계통이 있다. 이와 같이 서양종 꿀
벌에서는 많은 계통들이 있지만 세계에서 가장 우수한 벌종을 지적하기
는 어렵다. 왜냐하면 주어진 환경조건 또는 지리적 특수성에 따라 차이
가 있기 때문이다.

〈그림 2 – 7〉 개량식 벌통(단상과 계상)

 또한 서양종은 황색계통과 흑색 계통으로 나누기도 하는데 황색 계통

으로는 이탈리안벌(Italian bee), 싸이프리안벌(Cyprian bee), 에짚티안
벌(Egyptian bee), 씨라안벌(Syrian bee)등이 있고 흑색 계통의 벌로는
카니올란벌(Carniolan bee), 코카시안벌(Caucasian bee), 아프리칸벌

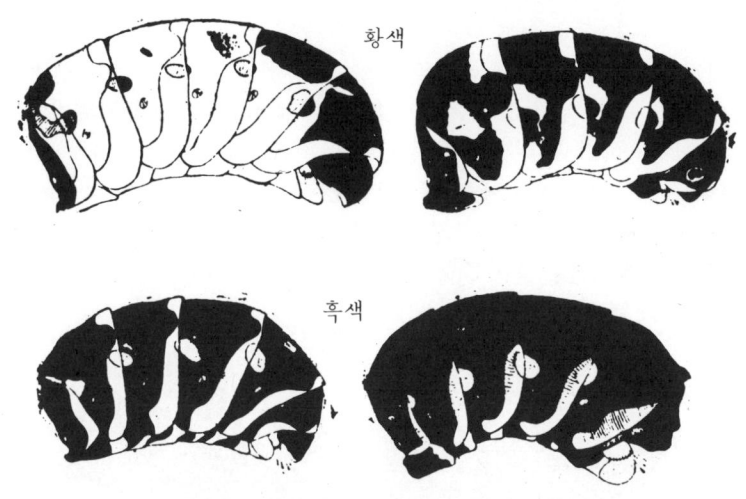

〈그림 2 - 8〉 황색 계통과 흑색 계통의 꿀벌

(African bee), 독일벌(German bee)등이 잘 알려져 있다. 그러나 서양
종 꿀벌이라고 해서 모두 우수한 벌종은 아니다. 서양종 꿀벌들 중 비교
적 우수한 벌종으로 인정을 받고 있는 계통은 이탈리안벌, 카니올란벌,
코카시안벌 등 세 계통인데 이들은 비교적 환경에 대한 적응력이 뛰어
나고 양봉에 있어서 생산성이 높아 이들 계통을 표준봉(standard bees)
으로 불리운다.

2) 서양종의 우수 계통과 그들의 특성

(1) 이탈리안벌(Italian bee)

이탈리안벌(*Apis, mellifera, ligustica*)은 이탈리아의 리구리아(Liguria)주가 원산지라고 해서 사람에 따라서는 리구리안벌이라 부르기도 한다. 이탈리안벌은 미대륙을 비롯한 신대륙에 퍼져 나가면서 더욱 애호를 받게 되어 세계에서 가장 널리 분포되어 있을 뿐만 아니라 개량육종을 통하여 새로운 이탈리안계 벌종은 그 수를 헤아리기 어려울 정도로 많아 졌다.

형태적 특징으로는 배의 배판과 배의 등판 제 2, 3, 4 환절은 선명하고 앞쪽에 황색 띠를 두르고 있는데 이는 산지에 따라 약간의 차이가 있다. 소순판은 흑색이고 털은 황색이며 등판의 털은 짧고 황색 띠에는 털이 더욱 빽빽히 나 있다. 미국에서 개량, 육종된 골든 이탈리안 벌 (golden (Italian bee)은 머리와 가슴, 그리고 배의 뒷마디는 흑색이고 대시는 황색이며 배의 제 3, 4, 5 환절에 황색 띠를 두르고 있다. 이탈리안벌 중에는 초황색 계통도 있다.

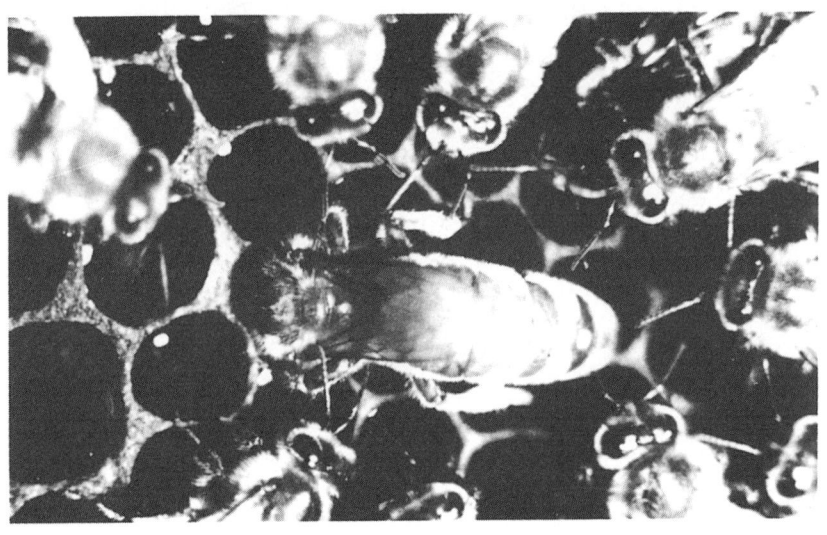

〈그림 2 - 9〉이탈리안벌의 초황색 계통

이탈리안벌은 일반적으로 벌집에서의 행동이 조용하다. 최근에 육종된 것들은 봄철 일찍부터 산란을 시작하여 가을 늦게까지 산란을 계속하는 계통도 있다. 분봉성이 비교적 적으며 유밀기에는 근면해 일을 잘 하므로 벌꿀의 생산성이 양호하다. 문제는 식량의 소모율이 높고 월동력이 약하여 추운 지방에서는 월동성적이 좋지 않은 것이 흠이다.

일반적으로 혀의 길이가 길어(6.3~6.6mm) 레드클로바에서도 수밀 활동이 활발하며 백색으로 밀개를 하기 때문에 소밀 생산에 유리한 벌종이다.

원래 이탈리안벌(리구스티카벌)은 지중해 기후에 알맞는 벌종이다. 일반적으로 지중해의 기후는 겨울이 짧고, 따뜻하며 습하다. 그리고 장기간에 걸쳐 유밀이 되는 건조한 여름이기 때문에 겨울이 길고 봄이 늦게 오는 지역에서는 그들 활동에 많은 제한을 받게 된다. 유밀이 양호한 조건에서는 외역활동이 활발하여 화밀을 열심히 수집하는 습성은 좋으나 무밀기에는 도봉(robbing bees)이 발생하기 쉬운 결점이 있으며 방위감각이 둔하여 표류되기 쉬운 결점도 있다. 이탈리안벌은 구라파 부저병에 대하여 저항성이며 최근 새로 육종된 계통은 미국 부저병에 대해 저항성을 나타내는 것도 있다.

(2) 카니올란 벌(Carniolan bee)

카니올란벌(*Apis mellifera carrica*)은 흑색 계통의 벌종으로서 원산지는 헝가리, 루마니아, 불가리아에 이르는 곳이다. 더 좁게 보면 오스트리아 남부와 유고슬라비아의 북부지역이다. 원래 오늘날 환영을 받고 있는 카나올란 벌은 1930년대 이후 오스트리아에서 계획적인 육종을 통해 얻어진 것인데 이것이 세계 여러 나라에 퍼지게 된 것이다.

몸의 털은 짧고 빽빽히 나 있으며 몸바탕은 전반적인 흑색이고 배의 제2, 3환절 등판에 갈색점이 있으며 때로는 가죽색 갈색의 띠를 두른 것도 있다. 숫벌의 털 색은 회색내지 회갈색을 띠고 있다. 일반적으로 일벌의 체색은 흑회색을 띠어 회색벌(grey bee)라는 별명이 있으며 몸 집이 크고 배의 폭이 넓은 편이다. 배의 제3, 4, 5환절에 흰색 털 띠가 있으며 여왕벌의 몸색은 흑갈색이고 배의 배쪽은 갈색이며 숫벌은 흑색이다. 카니올란벌은 벌집에서 조용하고 습성이 순하며 유순성을 나타낸다.

월동중 저밀 소모가 적으며 작은 봉군으로서 월동이 잘 되므로 추운 지

〈그림 2 - 10〉 카니올란벌의 여왕벌

방에서 적합한 벌종이다. 가을에 이르면 봉군의 크기가 급격히 저하되어
대부분의 경우 강군으로 월동시키지 못하는 예가 많다. 분봉성이 강한
것이 흠이지만 이 점이 보완된 카니올란벌에서는 반드시 그렇지는 않다.
방위감각이 잘 발달하여 다른 벌종에 비하여 표류되는 일이 적으며 도봉
성도 약하여 좋다. 또한 이 벌중은 봉교(propolis)의 사용이 적으며 혀
의 길이가 비교적 길어(6.4~6.8mm) 레드클로바 꽃에서도 정상적인 수
밀활동이 가능하다.

   이 벌종은 구라파 부저병에 비교적 강하며 외국에서는 교배육종을 통
하여 우량한 계통이 많이 나오고 있다. 특히 잡종 강세를 이용한 육종을
통하여 벌꿀의 생산성 제고에 지대한 공헌을 하고 있다.

(3) 코카시안 벌(Caucasian bee)

   코카시안벌(*Apis mellifera caucasica*)은 흑색 계통의 벌종으로서 그
의 원산지는 러시아의 중앙 코카서스 지방이다. 몸체의 바탕 키틴은 흑

색이며 이따금 배의 첫 번째 띠에 갈색점이 보인다. 코카시안벌은 카니올란벌의 일벌 털에 비하여 더 짙은 회갈색을 띠며 숫벌의 가슴 털은 흑색이다. 일벌의 혀의 길이는 최고 7.2mm 까지 있어 표준봉 중 가장 긴 혀의 길이를 나타낸다. 코카시안벌은 원산지에서도 색이 균일치 않은 경우가 많은데 순회색벌(pure grey bees)을 이상적인 순수 계통으로 여기고 있다.

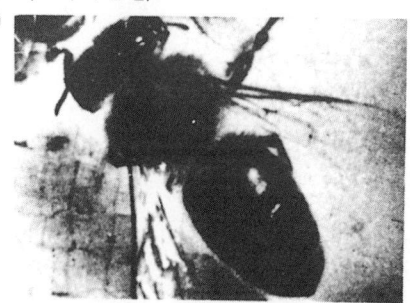

〈코카시안벌〉

〈카니올란벌〉

〈그림 2 - 11〉 카니올란벌 일벌과 코카시안 일벌

대개 일벌은 흑회색인 것과 황색이 약간 섞여 있는 것이 있는데 이와 같은 일벌은 카니올란의 일벌과 구별하기 어렵다. 몸집이 약간 작은 편이고 카니올란벌에 비하여 배의 흑색 부분이 더 한층 짙은 색을 띠며 이탈리안벌과 같이 몸체가 가늘고 길다. 벌집에서 조용하고 유순하며 분봉성은 적어 좋으나 봉교를 지나치게 싸발라 관리에 불리하나 봉교 생산에서는 유리한 특증이라 보아진다.

일반적으로 내한성은 있으나 노세마병(Nosem a disease)에 약하기 때문에 북부 한대지방에서의 월동 성적은 불량한 때가 많다. 밀개는 편평하고 흑색이기 때문에 소밀 생산에는 적합치 않다. 또한 방위감각이 둔하여 일벌의 표류가 심하고 도봉성이 심한 결점도 있다. 외적에 대한 방어력이 강하고 부저병에 강하며 여왕벌의 산란력이 왕성하고 분봉성이 적은 장점도 있다. 가을 일찍 산란과 봉아양성을 그치므로 강군으로서의 월동은 좀처럼 어렵다.

최근 이 벌종은 잡종강세 육종을 통하여 생산성이 높은 계통이 나와 그들은 실제 양봉에서 많이 활용하고 있다.

3. 꿀벌의 형태와 기능

꿀벌을 과학적으로 이해하는데 있어서 꿀벌의 형태적 특징과 그들의 기능을 공부하는 일은 대단히 중요하며 이는 근대양봉을 수행하는데 있어서도 중요한 기초지식이 된다. 근대양봉은 꿀벌의 생태와 습성을 보다 과학적으로 이해하고 그를 활용해서 생산성을 높이는데 있다. 꿀벌의 생태와 습성을 이해하지 못하면 봉군의 정상적인 관리를 수행할 수 없으며 이들에 관한 지식이 부족하면 봉군의 관리와 취급에 과오나 무리를 범하기 쉽다. 꿀벌의 습성을 보다 과학적으로 이해하기 위해서는 꿀벌의 생리·생태학에 관한 지식이 요구되며 생리·생태학적 지식을 보다 쉽게 이해하기 위해서는 꿀벌의 형태학이나 해부학에 관한 지식을 넓혀 몸의 구조와 그들의 기능을 상세히 공부해 둘 필요가 있다.

1) 꿀벌의 외부형태

꿀벌은 일반 곤충에서와 마찬가지로 외부골격(外部骨格)으로 되어 있으며 몸은 머리〔頭部〕·가슴〔胸部〕·배〔腹部〕 세 부분으로 되어 있다.

머리에는 홑눈〔單眼〕·겹눈 複眼〕·더듬이〔觸角〕·입틀〔口器〕 등의 부속기관이 있으며 머리는 가는 목으로 가슴과 연결되어 있다.

가슴은 마디로 되어 있으며 3쌍의 다리와 2쌍의 날개가 있어 꿀벌의 운동을 맡고 있다. 가슴은 짧고 가는 복병(腹柄)으로 배와 연결되어 있다. 대부분의 일반곤충의 가슴마디는 앞가슴〔前胸〕·가운데가슴〔中胸〕·뒷가슴〔後胸〕 세 마디로 되어 있으나 꿀벌은 앞가슴·가운데가슴·뒷가슴·전신복절(前伸腹節) 네 마디로 되어 있다. 전신복절은 일반곤충에서 배의 첫째마디에 해당되는데 꿀벌에서는 그 부분이 가슴에 뻗어 있다. 꿀벌의 다리 수는 3쌍인데 앞가슴·가운데가슴·뒷가슴에 각각 1쌍씩 있다. 앞가슴의 다리를 앞다리〔前肢〕, 가운데가슴의 다리를 가운데다리〔中肢〕, 뒷가슴의 다리를 뒷다리〔後肢〕라 한다. 가운데가슴과 뒷가슴에 각각 1쌍씩의 날개가 있는데 가운데가슴의 날개를 앞날개〔前翅〕, 뒷가

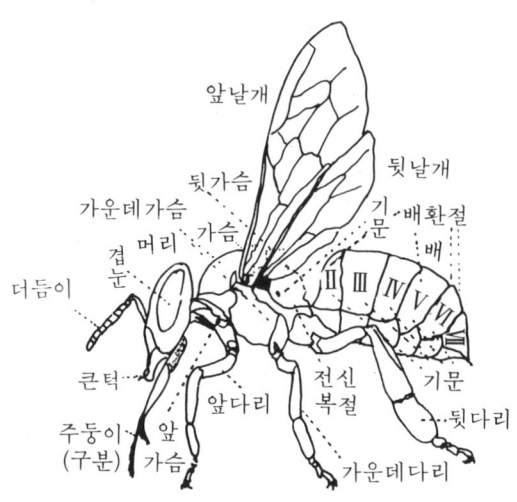

앞날개

뒷날개

뒷가슴

가운데가슴

가슴

기문 배환절

배

머리

겹눈

더듬이

II III IV V VI

VII

큰 턱

앞다리

전신 복절

기문

주둥이
(구분)

앞 가슴

뒷다리

가운데다리

〈그림 3 - 1〉 꿀벌 몸체의 구조

슴의 날개를 뒷날개〔後翅〕라 한다.

배는 여러 개의 마디로 되어 있으며 배끝에 외부생식기, 배안에는 소화기관, 내부생식기관, 기관낭, 납선, 향선, 벌침등이 있다. 숨쉬는 기문(氣門)은 몸 좌우 양측에 10쌍 있는데 가슴에 3쌍, 배에 7쌍 있다.

(1) 머리의 구조와 기능

홑눈ㆍ겹눈 : 머리에는 주요 감각기관과 먹이섭취기관인 입틀이 있다. 머리의 모양은 여왕벌ㆍ일벌ㆍ숫벌에 따라 차이가 있는데 여왕벌과 일벌의 머리는 좌우의 겹눈과 겹눈 사이가 떨어져 넓기 때문에 3개의 홑눈이 두정(頭頂) 위쪽에 있으며 숫벌에서는 양쪽의 겹눈이 두정에서 맞붙어 있어 3개의 홑눈이 안면(顏面)에 위치하고 있다.

꿀벌은 1쌍의 겹눈과 3개의 홑눈이 있으며 겹눈은 먼 거리와 복잡한 물체를 식별하는데, 홑눈은 가까운 거리에 있는 단순한 물체를 식별하는데 쓰인다.

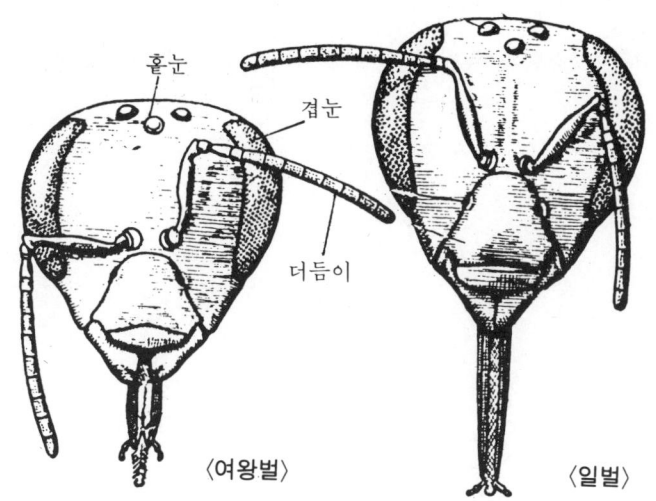

〈그림 3 - 2〉 여왕벌, 일벌의 겹눈과 홑눈

더듬이(촉각) : 더듬이의 밑부분은 소케트와 같은 곳에 박혀 엷은 막으로 연결되어 자유로이 움직일 수 있다. 꿀벌의 더듬이는 한마디로 병절 (柄節)과 여러 마디의 편절(鞭節)로 되었으며, 더듬이 모양은 슬상촉각

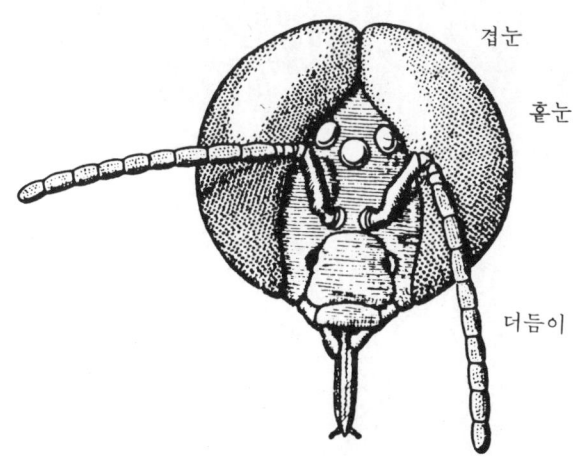

〈그림 3 - 3〉 숫벌의 겹눈과 홑눈

(膝狀觸角)이다. 여왕벌과 일벌의 편절의 마디수는 11개이고 숫벌의 그것은 12개이다.

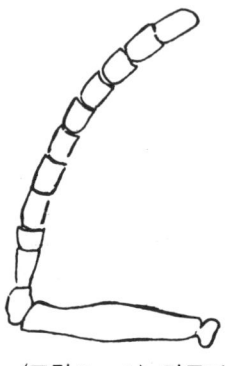

〈그림 3 - 4〉 더듬이

더듬이 편절에는 여러 가지 형태의 감각수용체(感覺受容體)를 지니고 있는데, 이들의 기능은 주로 냄새, 훼로몬, 접촉 및 그 밖에 여러 가지 자극을 탐지하는 역할을 한다. 이들 감각수용체는 숫벌에 비하여 일벌에서

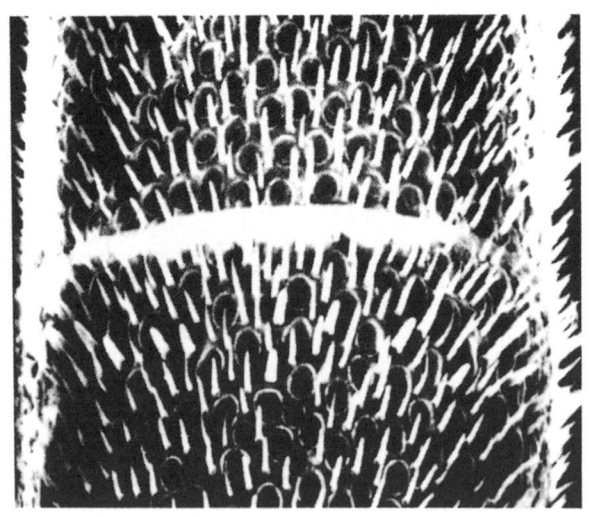

〈그림 3 - 5〉 더듬이의 감각판

잘 발달되어 있으며 배쪽 표면보다는 등쪽에서 잘 발달되어 있다.

입틀(구기) : 꿀벌의 입틀은 저지형(咀舐型)이며 큰턱〔大腮〕과 주둥이 〔口吻〕로 되어 먹이를 씹는 일보다는 액상의 먹이를 빨아 먹는데 적합하게 발달되었다.

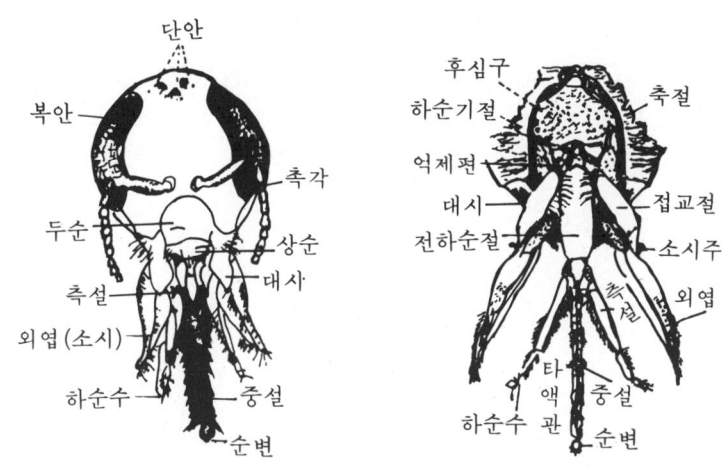

〈그림 3 - 6〉 꿀벌의 입틀

큰턱과 큰턱샘 : 큰턱은 입 좌우에 하나씩 윗턱〔上脣〕 뒷쪽에 위치하고 있으며 여왕벌·일벌·숫벌에 따라 그 모양이 약간씩 다른데 일벌의 큰

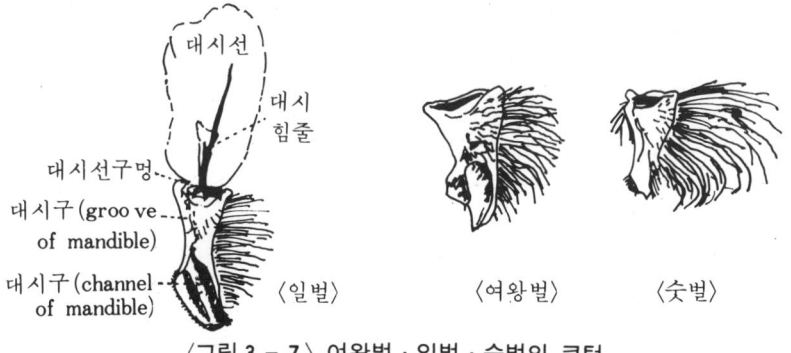

〈그림 3 - 7〉 여왕벌 · 일벌 · 숫벌의 큰턱

턱이 가장 잘 발달되어 있다. 큰턱에는 큰턱샘[大腮腺]을 가지고 있으며 큰턱샘은 일벌과 여왕벌에서 잘 발달되어 있고 숫벌의 큰턱샘은 거의 퇴화되어 흔적만 남아 있다. 이 큰턱샘에서 투명한 액상 물질이 분비되는데 이 물질은 큰턱샘구멍[大腮腺孔]을 통해서 큰턱 끝으로 분비된다. 일벌의 큰턱샘에서 분비되는 물질은 주로 밀납을 연화시키는데   이용되고 여왕벌의 큰턱샘에서 분비되는 물질은 여왕벌물질[女王蜂物質]로서의 역할을 한다. 이 여왕벌 물질은 강력한 성유인력(性誘引力)을 발휘한다.

　주둥이 : 꿀벌의 주둥이는 작은턱[小腮]의 한 부분에 해당하는 외엽(外葉), 아래턱 수염에 해당하는 하순수(下脣鬚) 및 혀가 합쳐서 이뤄진다.

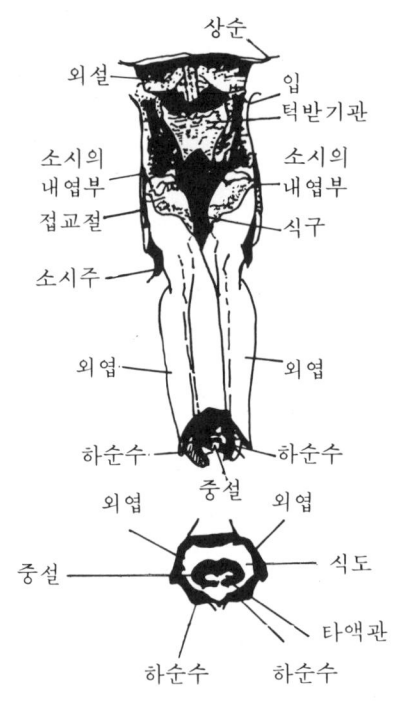

〈그림 3 - 8〉 주둥이의 횡단면

혀의 끝에는 스픈과 같은 순변(脣辨)이 있고 가운데 부분을 따라 침샘관[唾液管]이 있으며 이는 신축성을 띠고 있다.

주둥이를 사용하지 않을 때는 뒤로 구부려 두고, 사용할 때는 각 부분을 다시 모아 관상의 주둥이로 되어 식도구(食道溝)를 형성하는데 이곳을 통해 화밀·꿀·물과 같은 액상의 먹이를 빨아 들인다.

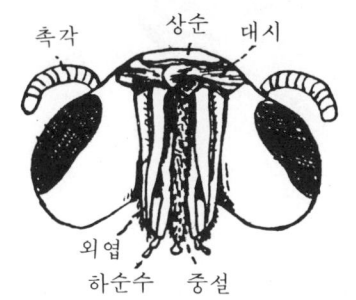

〈그림 3 - 9〉 사용치 않을 때의 주둥이

(2) 가슴의 구조와 기능

가슴에는 꿀벌의 운동기관에 해당하는 다리와 날개가 있다. 그러므로 꿀벌의 운동을 위한 근육은 거의 가슴에 있으며 특히 다리와 날개의 운동을 위한 근육이 잘 발달되어 있다.

다리의 구조 : 꿀벌의 다리는 3쌍인데 앞가슴·가운데가슴·뒷가슴에서 각각 1쌍씩의 다리가 나 있다. 꿀벌의 다리는 기절(基節)·전절(轉節)·퇴절(腿節)·경절(脛節)·부절(跗節)로 되어 있는데, 부절만은 다섯 마디로 되어 있다. 특히 꿀벌의 첫째 마디는 다른 마디에 비하여 크기 때문에 이를 기본부절(基本跗節)이라 부르기도 한다. 그밖의 부절에는 부절의 맨 끝마디를 전부절(前跗節)이라 하는데 여기에서 두 개의 발톱이 나 있다. 발톱 사이에 욕반(褥盤)이 하나 있다. 발톱은 물체의 거친표면을 잡는데 쓰이고 욕반은 매끄러운 표면에 앉는데 쓰인다. 발바닥에는 빳빳한 잔털이 많이 나 있다. 이 부분은 외역활동 중 머리에 묻어 있는 화분을 쓸어 모으는데 이용되며 가운데 다리의 경절 끝에 있는 강

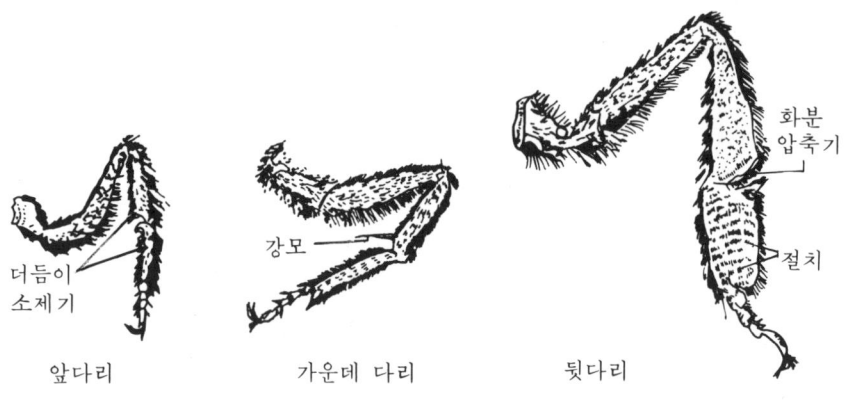

더듬이
소제기   강모   화분
                                            압축기

                                            절치

앞다리   가운데 다리   뒷다리

〈그림 3 – 10〉 다리의 구조

모(剛毛)는 뒷다리의 화분농(花粉籠)에 있는 화분하(花粉荷)를 떨구는데
이용된다.

　다리의 모양은 앞다리·가운데다리·뒷다리에 따라 차이가 있을 뿐만
아니라 여왕벌·일벌·숫벌에 따라서도 그 모양이 크게 다르다.

　다리의 특수구조 : 꿀벌에 있어서 다리의 특수구조로는 촉각소제기(觸
角掃除器, antenna cleaner)와 화분수집장치(花粉收集裝置, pollen-col-
lecting apparatus)가 있다.

　〈촉각소제기〉: 촉각을 깨끗이 소제하는데 사용되는 특수구조이며 이는

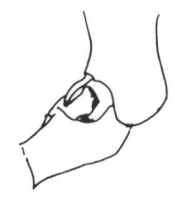

열려 있을 때   닫혀 있을 때

〈그림 3 – 11〉 촉각소제기

여왕벌·일벌·숫벌 앞다리의 경절(脛節)과 기본부절(基本跗節) 사이에 위치하고 있다. 촉각소제기는 경절의 파악기(把握器)와 기본부절의 반달형 홈이 있으며 홈안에 빗살과 같은 잔털이 빽빽히 나 있다. 이 홈에 촉각의 편절부분을 넣고 파악기로 누르면서 촉각을 빼면 촉각은 깨끗이 소제된다. 촉각의 편절부분에는 여러 가지 유형의 감각수용체가 있기 때문에 항상 깨끗히 해야 할 필요가 있다.

〈화분수집장치〉: 일벌의 뒷다리는 여왕벌이나 숫벌에 비하여 잘 발달되어 있다. 일벌 뒷다리 경절 바깥쪽의 화분농(花粉籠, pollen-basket)과 경절 끝부분 한쪽의 화분갈퀴(강모의 배열),그리고 기본부절 윗부분에 귀이개와 같은 부분(耳狀部, auricle)으로 되어 있다. 화분농은 뒷다리 경절 바깥쪽 가장자리에 긴 털이 안쪽으로 굽어 마치 바구니 모양을 하고 있다. 이 화분농은 화분을 운반해 들이는데 사용된다. 일벌의 화분수

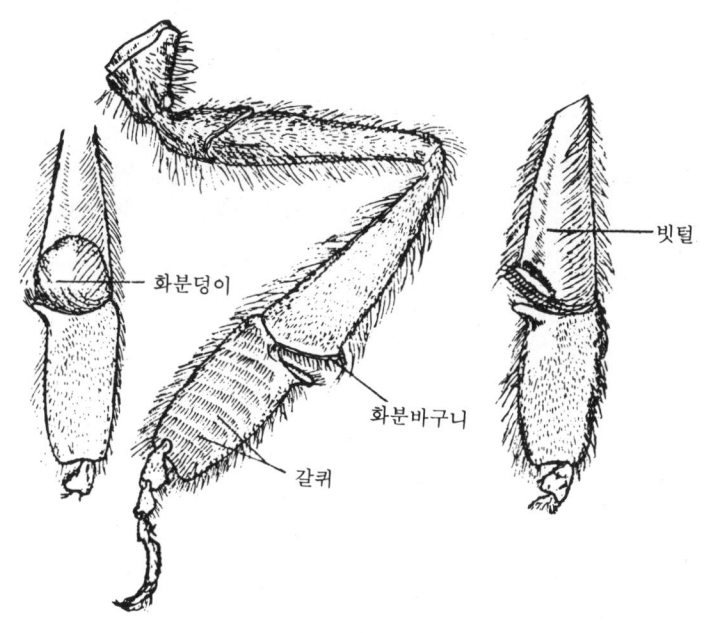

화분덩이

빗털

화분바구니

갈퀴

〈그림 3 - 12〉 화분수집장치

집은 먼저 일벌의 몸에 묻어 있는 화분을 앞다리와 가운데다리를 이용해서 수집하고 수집된 화분은 일단 경절의 화분갈퀴에 의하여 모아지며 이는 기본부절의 이상부에서 압찬된 다음, 다시 화분농에 옮겨진다. 이런 과정을 밟아 하나의 화분하(花粉荷, pollen load)가 만들어진다.

날개의 구조 : 꿀벌은 2쌍의 날개를 갖는데 가운데가슴에 1쌍의 앞날개와 뒷가슴의 1쌍의 뒷날개로 되어 있다. 앞날개는 크고 시맥(翅脈)이 잘 발달되어 있으며 뒷날개는 작고 시맥이 덜 발달되었다. 뒷날개 전연(前緣)에 약 22개의 낚시바늘 모양의 시구가 있는데, 이들 시구는 앞날

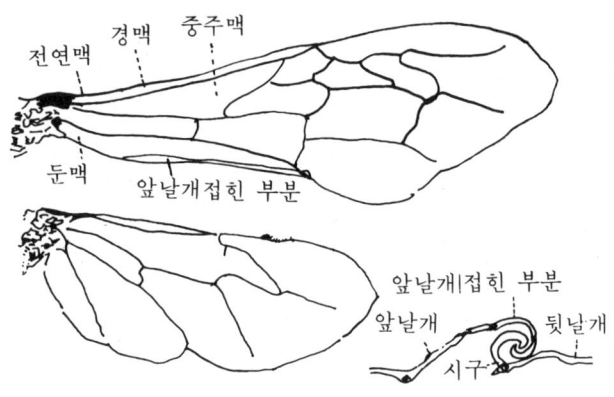

〈그림 3 - 13〉 일벌의 앞날개와 뒷날개

개의 후연 접힌 곳에 고리를 걸어 앞·뒷날개를 결합시키는 역할을 한다. 날개는 투명한 막질로 되어 있으며 날개는 비상활동을 하는데 이용될 뿐만 아니라 벌통에서의 선풍활동이나 날개의 진동소리의 강약으로 꿀벌의 기쁨과 괴로움을 표시하는 수단으로도 이용된다.

(3) 배의 구조와 기능

겉에서 확인할 수 있는 일벌과 여왕벌의 배마디는 6개뿐이며 숫벌의 배마디는 등쪽에서 8마디, 배쪽에서 9마디이다. 나머지 마디들은 다른

마디 사이에 감춰져 있거나 아니면 퇴화되어 완전한 환절마디를 형성하고 있지 못한다.

배의 등판(背板, tergum)과 배판(腹板, ster um)으로 구성되어 앞·뒤·옆이 겹쳐지며 그 안에서 엷은 절간막으로 이어져 있어 배는 앞뒤로 신축이 가능하며 숨을 쉴 때는 아래위로도 신축이 가능하다.

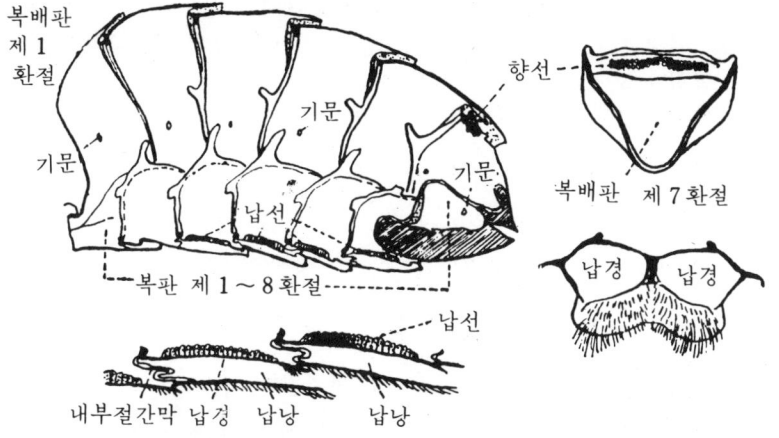

〈그림 3 - 14〉 꿀벌의 배마디와 납선, 향선

배는 가슴의 전신복절과 짧고 가는 복병(petiole)으로 연결되어 배와 가슴은 따로따로의 운동이 가능하다. 배에서 볼 수 있는 특수기관으로는 납선(wax glands), 향선(scent gland), 벌침(bee sting)이다.

납선 : 납선(蠟腺)은 벌집을 짓는 기본재료가 되는 밀납(beeswax)을 분비하는 샘인데 납선은 일벌에서만 볼 수 있는 특수기관이다. 여왕벌에서도 납선은 있으나 퇴화되어 그 기능을 발휘하지 못하며 숫벌에는 납선이 없다. 이 납선은 출방(出房)후 12~18일된 일벌에서 잘 발달되어 있다. 납선은 일벌의 배쪽마디 4, 5, 6, 7 환절내에 있는데 각 마디에 1쌍씩의 납선이 있다. 납선에서 분비되는 액체상 물질은 납경(wax mirror)을 통해 분비되어 밀납주머니(wax pocket)에서 굳어져 밀납쪽(wax scale)으로 되어 나온다.

향선 : 향선(香腺)은 처음으로 발견한 사람의 이름을 따서 나사노프샘

(Nassanoff's gland)이라 부르기도 한다. 이 샘은 일벌의 배 등쪽 제 7
환절에 있는데 제 6 환절에 덮여 있다. 향선에서 분비되는 화학물질은 제
라니올산(geraniol acid), 시트랄산(citral acid), 네롤릭산(nerolic acid),
제라닉산(geranic acid)으로 조성되어 있다. 이 물질을 분비하여 냄새를
풍기려면 배를 구부려 샘의 표면을 밖으로 노출시킨다. 향선에서 분비되
는 물질은 일벌 상호간의 여러 가지 의사전달에 이용된다.

  벌침 : 여왕벌과 일벌은 벌침[蜂針]을 가지고 있으나 숫벌에는 벌침이
없다. 벌침은 외적을 막는데 사용되는 일종의 무기이다.

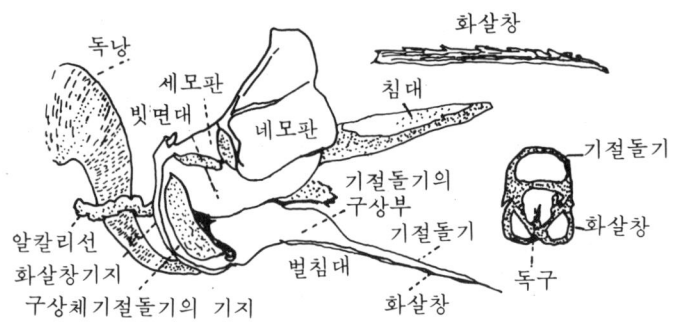

〈그림 3 - 15〉 벌침의 구조

  벌침은 하나의 기절돌기(基節突起)와 2개의 화살창(lancet)으로 되어
있으며 기절돌기에는 3개의 톱니모양의 이빨이 있고 화실창 갓에는 여
러 개의 톱니모양의 이빨이 있다. 여왕벌의 벌침은 크고 길며 톱니모양
의 이빨이 밋밋하다. 그러므로 일벌이 벌침을 쏘면 다시 빠지지 않아 벌
침이 뽑히지만 여왕벌의 벌침은 뽑히지 않는다.

  하나의 벌침은 세쪽이 합해져 독구(毒溝)를 이루며 이는 뱃속의 독주
머니에 이어져 독주머니에서 분비되는 독액은 독구를 거쳐 쏘인 살갗에
들어간다. 독주머니에는 큰 산성샘(acid gland)과 작은 알카리샘(alkali-
ne gland)으로 되어 있다.

2) 꿀벌의 내부형태

꿀벌은 일반곤충에서와 마찬가지로 몸안에 소화기관, 순환기관, 호흡기관, 신경기관, 생식기관, 감각기관으로 되어 있으면서 꿀벌에서만 볼수 있는 왕유분비샘을 가지고 있다.

(1) 소화기관 (消化器官)

꿀벌 소화기관은 입에서 시작하여 항문(肛門)에서 끝난다. 입에서 목구멍까지 약간 부푼 부분이 있는데, 이는 액상의 먹이를 빨아 들이는 써킹펌프(sucking pump) 역할을 하며 이를 지나면 다시 가늘어진 긴 관이 있는데 이 부분이 식도(食道)에 해당한다. 식도를 지나면 둥근주머니모양의 꿀주머니(蜜胃, honey stomach)가 있다. 꿀벌은 꽃에서 수집한화밀을 이 꿀주머니에 담아 운반한다. 꿀주머니 부위를 지나면 좀 가는전위(前胃)가 있고 다시 굵어지는 부분이 시작되는데 이 부분이 바로 꿀벌의 위(胃, ventriculus)에 해당한다. 꿀주머니는 화밀이나 꿀을 운반

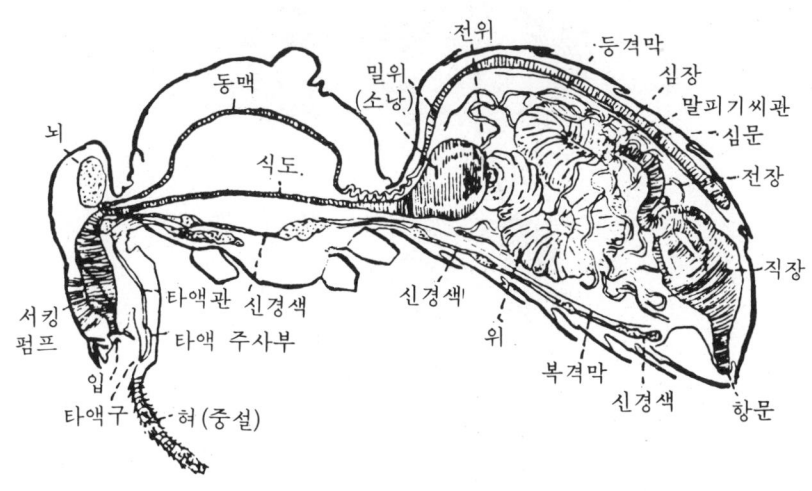

〈그림 3 - 16〉 꿀벌의 내부기관

하거나 일시 저장하는 곳이고 전위는 먹이가 꿀주머니에서 위로 들어가는 것을 조절하는 역할을 하며 위는 먹이의 소화(消化) · 흡수(吸收)가 일어나는 곳이다. 이곳 위를 지나면 다시 가늘어져 전장(anterior intestine)이 되고 다시 굵어져 후장(postesior intestine)에 행당하는 직장 (直腸, rectum)에 이어지며 직장 끝은 항문에 바로 이어진다. 위와 전장 사이에 실모양의 줄이 여러 개 나 있는데 이는 배설기관에 해당하는 말피기씨관이다. 먹이의 소화를 돕는 기관으로는 침샘〔唾液腺〕이 있는데 이는 머리와 가슴부위에 위치한다.

(2) 침샘과 왕유분비선

침샘 : 침샘(타액선)은 꿀벌의 소화를 돕기 위한 타액(침)을 분비하는 샘으로서 (그림 3-17)에서 보는 바와 같은 모양을 하고 있다. 1쌍은 가슴의 배쪽에, 다른 1쌍은 머리 뒤쪽에 위치하는데 가슴에 있는 침샘은 흉부선(胸部腺), 머리에 있는 침샘을 두부선(頭部腺)이라 한다. 흉부선

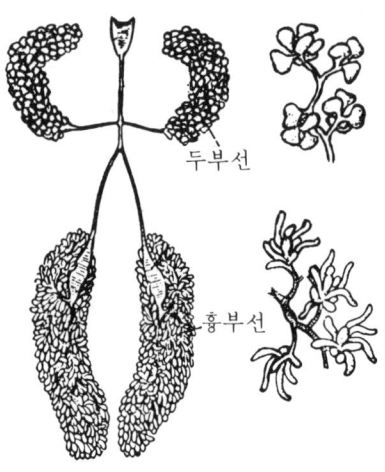

〈그림 3 - 17〉 꿀벌의 침샘

은 유충의 견사선(silk gland)이 발달한 것으로서 일반곤충의 침샘(타액선)에 해당하며 두부선은 번데기의 타액관이 분화, 발달한 것이다. 이들 샘에서 분비된 타액은 타액관을 통해 타액주사부(salivary syringe)에 모인다. 타액주사부는 혀의 기부에 개구되어 있으며 이는 다시 혀의 타액관에 연결되어 있다.

왕유분비선 : 침샘은 여왕벌·일벌·숫벌들이 모두 가지고 있으나 왕유분비선(王乳分泌腺)은 일벌만 가지는 분비기관이다. 왕유분비선은 (그림 3-18)에서 보는 바와 같이 마치 포도송이와 같다. 이 왕유분비선은 일벌의 머리에 위치하며 일명 식선(食腺) 또는 하인두선(下咽頭腺, hypopharyngeal gland)이라 부르기도 한다. 여기에서 분비되는 유상(乳狀)의 액상물질이 왕유(王乳, royal jelly)이다. 이 왕유는 여왕벌의 먹이가 됨은 물론 여왕벌·일벌·숫벌 유충들의 중요한 먹이가 된다.

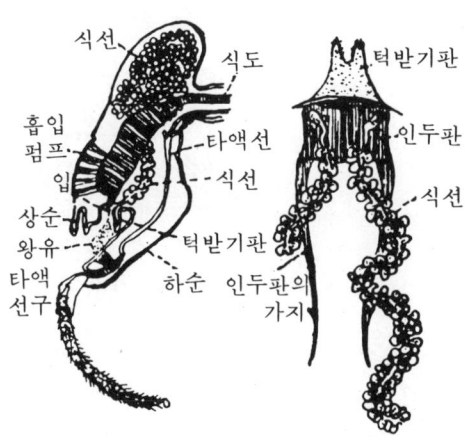

〈그림 3-18〉 왕유분비선

왕유분비선은 일벌 머리에 1쌍 있으며 이 샘은 일벌 주둥이의 기부 입안에 개구(開口)되어 있다. 분비된 왕유는 식실(food chamber)에 모이고 주둥이를 뒤로 젖히면 큰턱이 벌려지고 윗턱이 위로 올라가면서 밖으로 방출된다.

(3) 순환기관 (循環器官)

꿀벌의 순환기관은 일반곤충에서와 마찬가지로 개방혈관계(開放血管系)로 되어 있으며 심장과 혈관이 등쪽에 위치하면서 등격막(背隔膜)에 의하여 지탱되고 있다.

심장(heart)은 배의 등쪽에, 대동맥(aorta)은 가슴의 등쪽에 위치하고, 심장은 갸름한 모양으로 5부분의 심실로 되어 있으며 심실 양쪽에 1쌍의 심문(心門)이 있다. 대동맥은 가는 관상이며 심문을 통해 들어간 피는 등쪽의 근육운동에 의하여 앞으로 흐르게 된다. 이 피는 대동맥 끝 머리부분에서 그대로 체강내에 방출되어 온몸에 다시 퍼진다.

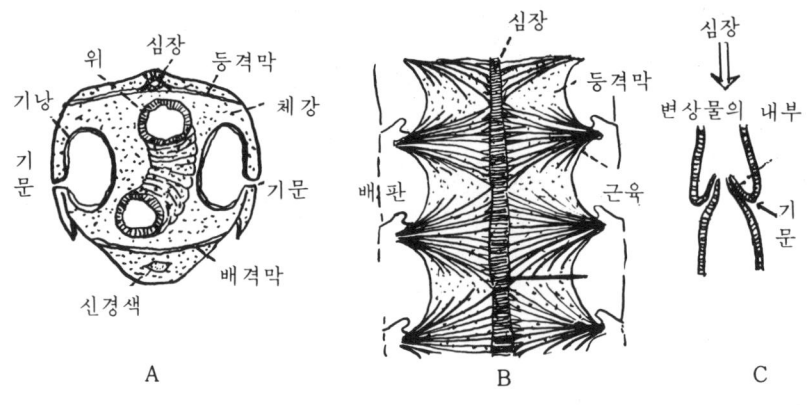

〈그림 3 - 19〉 꿀벌의 순환기관

이와 같이 피가 순환되면서 촉각, 날개, 다리 등 필요한 부분에 피를 고루 공급한다. 혈액이 맡은 일은 소화물질의 분배, 신진대사과정에서 생성된 폐기물의 운반, 체내에서 발생한 탄산가스의 운반역을 맡는다. 그러나 체내에 공급되는 산소의 운반역은 하지 않는다. 꿀벌의 피는 창백한 호박색이며 피의 순환은 근육운동에 의해서만 이루어진다.

(4) 호흡기관 (呼吸器官)

꿀벌의 신진대사에 필요한 산소의 공급은 호흡기관이 맡아 하고 있다.

꿀벌의 호흡은 기문(氣門)을 통하여 한다. 꿀벌의 기문은 몸 좌우 측판에 있는데 가슴마디에 3쌍, 배마디에 7쌍의 기문이 있다. 꿀벌의 호흡기관은 기문, 기관(氣管), 기관지(氣管支)로 구분되는데 기문은 외기에서 공기가 들어가는 구멍이고, 기관은 기문과 연결된 관이며, 기관지는 기관에서 분지된 가는 기관을 뜻하는데 기관지는 내부의 여러 기관이나 조직세포에 고루 퍼져 필요한 산소를 공급한다. 꿀벌의 기관은 큰주머니와 같이 팽창되어 기관낭(공기주머니)을 형성하여 체강의 대부분을 차지한다.

꿀벌은 기관을 가지고 있어서 빠른 속도로 오랫동안 날 수 있다.

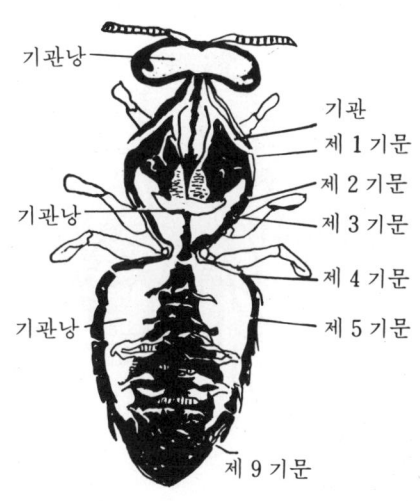

〈그림 3 – 20〉 꿀벌의 호흡기관

(5) 신경기관 (神經器官)

꿀벌의 신경은 뇌신경계(腦神經系), 교감신경계(交感神經系), 흉복부

신경계(胸腹部神經系)로 나눈다.

뇌는 전대뇌(前大腦), 중대뇌(中大腦), 후대뇌(後大腦)등 3개 신경구(神經球)로 되어 있는데 서로 융합되어 그 구별이 어렵다. 뇌신경은 복안, 단안, 촉각, 윗턱의 신경을 지배하며 교감신경계와 이어지고 이는 액면신경구(額面神經球)와 연결되어 있다. 한편 후하신경구(喉下神經球)는 신경색으로 뇌와 연결되어 입의 큰턱, 작은턱, 아래턱의 신경을 지배한다. 후하신경구는 가슴에 있는 신경구와 신경색으로 이어진다. 가슴과 배의 중추신경에 해당하는 신경구와 신경색은 배쪽 중앙에 길게 위치하고 있다. 이들 신경구에서 신경섬유가 분지되어 말초신경계를 형성한다. 가슴에는 2개의 신경구가 있는데 앞다리의 신경을 지배하며 다음 신경

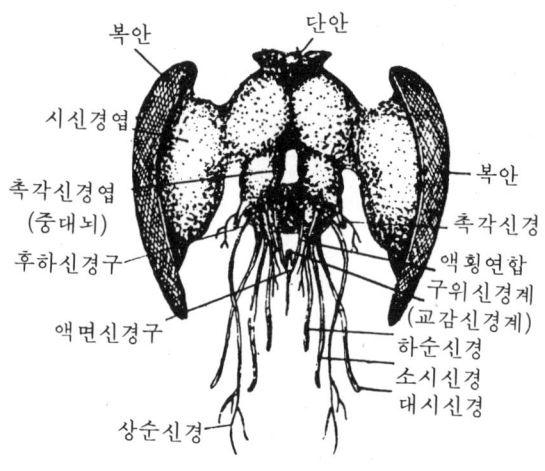

〈그림 3 - 21〉 꿀벌의 뇌와 후하신경구〉

구는 4개의 신경구가 합쳐 이루어졌기 때문에 다른 신경구에 비하여 크다. 이 신경구는 가운데가슴, 뒷가슴, 전신복절, 배의 제1환절에 속해 있는 신경을 지배한다. 가운데다리, 뒷다리, 날개를 지배하는 신경도 바로 이곳에서 비롯된다. 배에는 5개의 신경구가 있어 해당부분의 기관 또는 조직의 신경을 지배한다.

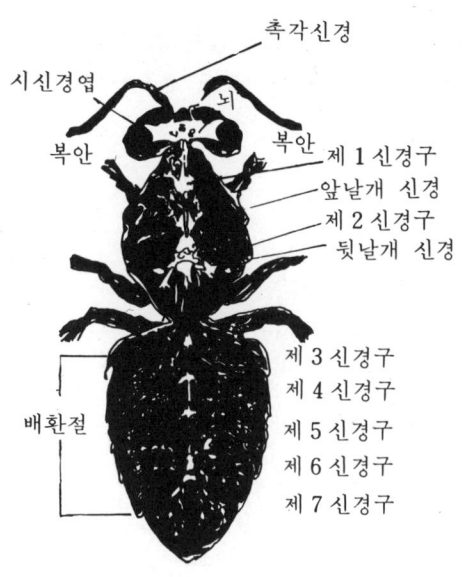

촉각신경

시신경엽

뇌

복안

복안

제 1 신경구

앞날개 신경

제 2 신경구

뒷날개 신경

제 3 신경구

제 4 신경구

배환절

제 5 신경구

제 6 신경구

제 7 신경구

〈그림 3 - 22〉 꿀벌의 신경기관

⑹ 생식기관 (生殖器官)

꿀벌의 생식기관은 외부생식기와 내부생식기로 나누는데 이들은 여왕벌, 일벌, 숫벌에 따라 큰 차이가 있다.

암컷의 생식기 : 암컷의 생식기관은 여왕벌에서는 잘 발달되어 있으나 일벌의 생식기는 퇴화되어 그 모습이 변형되었다.

여왕벌의 생식기는 알을 생산하는 알집〔卵巢〕이 있는데 이 알집은 여러 개의 알집소관〔卵巢小管〕이 모여 이루어진다.

알집은 좌우 두 개의 측수란관(側輸卵管)에 이어져 있는데, 이 두 측수란관은 합해져 수란관(輸卵管)을 형성한다. 수란관은 질(膣)에 이어지며 질은 큰주머니 모양의 저정낭(貯精囊, spermatheca)을 지니고 있다. 저정낭은 숫벌과의 교미에서 받은 정충을 저장하는 곳이다.

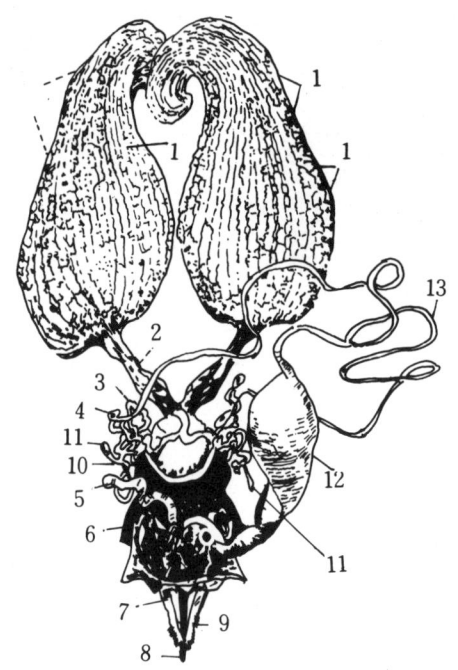

1. 난소
2. 측수란관
3. 정낭
4. 정낭선
5. 알카리선
6. 교미낭
7. 제8복판
8. 산란관
9. 자수
10. 질
11. 산선
12. 독낭
13. 산성관

〈그림 3 − 23〉 여왕벌의 생식기

일벌 생식기는 (그림 3 −24)에서 보는 바와 같이 퇴화되어 생식기능을 발휘할 수 없으며 외적을 막는데 독액을 분비하는 독낭(poison sac)만 잘 발달된 모습을 하고 있다.

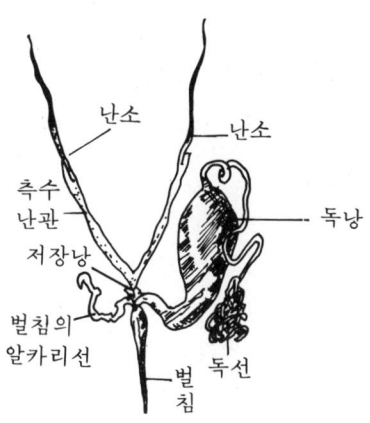

난소

난소

측수
난관

독낭

저장낭

벌침의
알카리선

독선

벌
침

〈그림 3 - 24〉 일벌의 생식기

숫벌의 생식기 : 숫벌의 생식기는 여왕벌의 생식기와 맞먹을 정도로 잘
발달되었다. 정충을 생성하는 고환(Testis)이 좌우에 1쌍 있으며 이 고

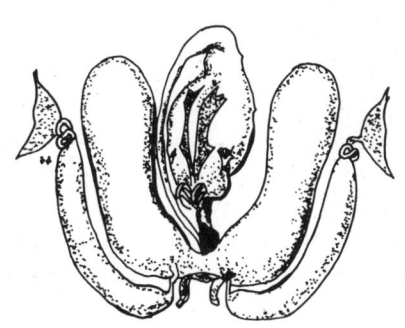

〈그림 3 - 25〉 숫벌의 생식기

환은 가늘고 비비 꼬인 수정관(輸精管)에 이어지고 수정관은 다시 생성된 정충을 저장하는 저정낭(seminal vesicle)과 연결되어 있다.   이들은 좌우에 있는 점액분비선(粘液分泌腺)과 만나 사정관(射精管)을 형성하여 음경에 개구되어 있다. 여왕벌과 교미를 끝낸 숫벌은 음경이 절단되므로 숫벌은 바로 죽는다.

(7) 감각기관

꿀벌은 감각기관이 잘 발달하여 외부환경의 각종 자극을 감지할 수 있다.

시각 : 꿀벌에서 잘 알려진 감각기능은 시각이다. 꿀벌의 시각은 3개의 홑눈과 1쌍의 겹눈이 맡고 있는데 홑눈은 가까운 거리에 있는 단순한 물체와 빛을, 겹눈은 먼 거리의 복잡한 물체와 색을 식별하는 역할을 한다. 꿀벌은 적색에 대하여 색맹이므로 적색을 식별하지 못하며 주황색 (orange), 황색(yellow), 녹색(green)은 모두 황색으로 감지하고, 청색 (blue)과 보라색(violet)은 청색으로 감지한다. 그리고 꿀벌은 사람이 감지할 수 없는 자외선(ultraviolet)을 감지할 수 있다.

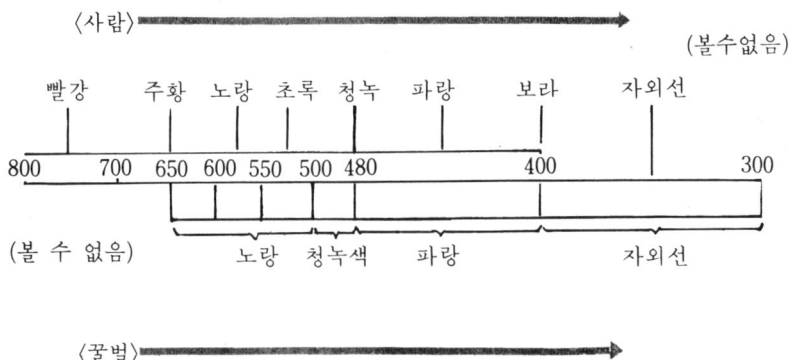

〈그림 3 - 26〉 꿀벌과 사람의 색감차이

꿀벌이 꽃을 찾는 순서는 먼저 꽃의 색이나 모양을 보고 찾아낸 다음 냄새에 의하여 꽃에 접근한다. 꿀벌은 사람과는 달리 황색과 청색을 잘 찾아내고 다음은 청녹색을 잘 찾아낸다. 꿀벌은 청록색 다음으로 자외선을 잘 식별한다. 흰색꽃은 자외선을 잘 흡수하고 반사하는 색소가 있어 꿀벌은 흰색꽃을 찾아낸다. 꽃은 단색으로 된 것도 있지만 몇 가지 색이 섞인 것도 있다. 여러 가지 색이 섞인 꽃은 꿀벌이 찾아내기 쉽다. 화판은 한 가지 색으로 되어 있는 꽃이라도 중심부가 보다 짙은 색을 띠는 꽃도 많은데 이곳이 바로 화밀(花蜜)이 분비되는 밀표(蜜標)에 해당한다. 밀표를 지닌 꽃은 꿀벌이 잘 찾아내며 꽃의 윤곽이 복잡한 꽃일수록 꿀벌이 잘 찾아낸다.

　촉각 : 꿀벌의 촉각(觸角)은 몸 여러 곳에 퍼져있는 감각모(感覺毛)에 의하여 감지된다. 이와 같은 촉각기관(觸覺器官)은 더듬이에 있는 감각모뿐만 아니라 체표 여러 곳에 퍼져있는 감각모들이 맡아 하는데 그들 감각모의 종류로는 여러 가지가 있다.

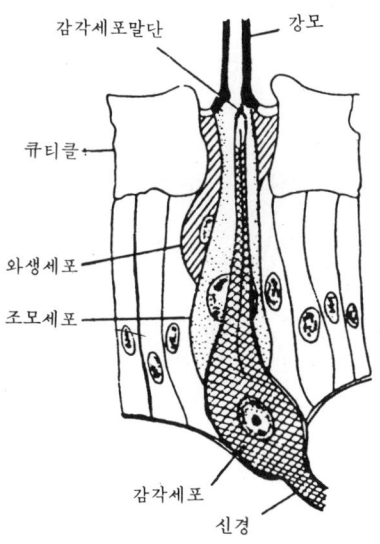

감각세포말단　　　강모

큐티클

와생세포

조모세포

감각세포

신경

〈그림 3 - 27〉 감각모의 일반구조

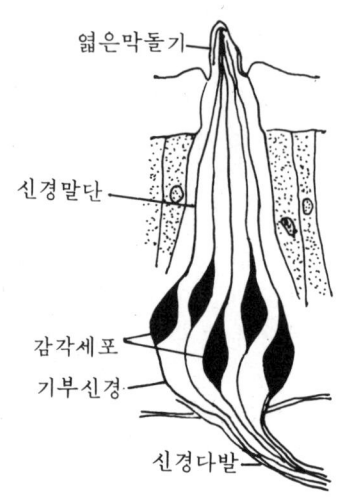

엷은막돌기

신경말단

감각세포

기부신경

신경다발

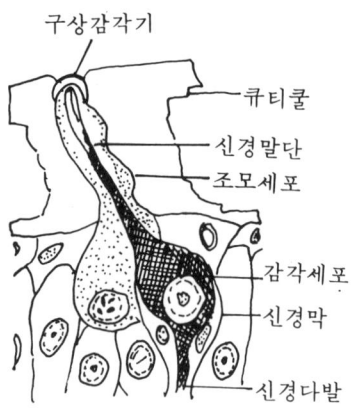

구상감각기

큐티쿨

신경말단

조모세포

감각세포

신경막

신경다발

〈그림 3 - 28〉 꿀벌의 감각모의 유형

체표의 감각모는 체표밑에 있는 감각세포들과 이어지고 이들은 다시
신경과 연결되어 자극이 전달된다.
　후각과 미각 : 꿀벌은 후각(嗅覺)과 미각(味覺)이 잘 발달하여 냄새와
맛을 식별할 수 있다.
　꿀벌은 후각기관(olfactory organ)은 더듬이의 편절(鞭節)과 입틀 주
변에 퍼져 있다. 더듬이에서 후각기관은 편절끝에서 8 절까지만 분포되
어 있다.

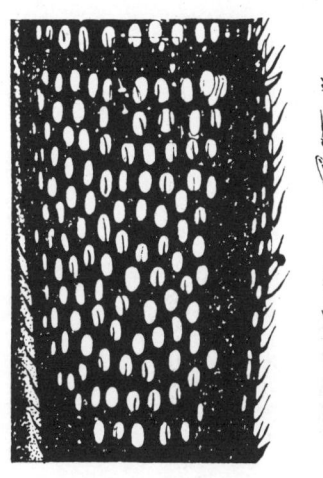

〈그림 3 - 29〉 더듬이에 분포하는 후각기관

　꿀벌의 미각기관(gustatory organ)은 입틀 주변의 감각모들이 맡아하
고 있는데 단맛・짠맛・신맛・쓴맛은 식별할 수 있다.
　청각 꿀벌은 소리를 들어 감지할 수 있는 특별한 청각기관(聽覺器管)
은 가지고 있지 않으며 진동에 의한 감각을 느끼게 되는데, 이들은 체표
의 감각모의 진동에 의하여 감지된다.

4. 꿀벌의 발생과 생활사

어떠한 과정을 통해서 꿀벌이 발생하고 꿀벌의 발육과정이 어떠하며, 여왕벌·일벌·숫벌들은 어떠한 일을 하면서 어떠한 생활을 하는가를 파악하는 일은 꿀벌을 보다 과학적으로 이해하는데 필요할 뿐만 아니라 양봉을 수행하는데 있어서도 꼭 필요한 기초지식이 된다.

1) 꿀벌의 발생과 발육

(1) 여왕벌의 산란과 처녀생식

알집소관[卵巢小管]에서 발달한 알은 수란관(輸卵管)을 통해 질(膣)에

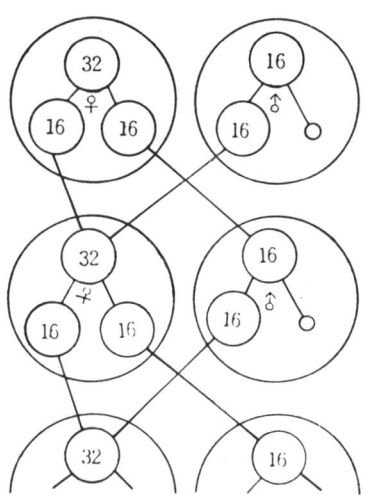

〈그림 4 - 1〉 꿀벌의 생식세포의 염색체 분리와 결합

이른다. 알 앞쪽 끝에 정자문(精子門)이 있는데 이곳으로 정충이 들어가 알이 수정된다. 여왕벌의 저정낭에 저장된 정충을 알에 뿜어 주면 정충이 정자문을 통해 들어가 수정난(受精卵)이 되나, 뿜어 주지 않으면 그 알은 수정되지 않은 무정난(無精卵)이 된다. 그러므로 여왕벌은 수정난과 무정난 두 종류의 알을 낳는데, 수정난에서는 여왕벌과 일벌이 발생하고 무정난에서는 숫벌이 발생한다. 즉 숫벌은 무성생식(無性生殖)을 통한 처녀생식에 의하여 발생하고 여왕벌과 일벌은 유성생식(有性生殖)에 의하여 발생한다. 따라서 여왕벌과 일벌은 수정난에서 발생하는 2 배체(二倍體)이고 숫벌은 무정난에서 발생하는 반수체(半數體)이다. 여왕벌과 일벌의 염색체 수는 32개이고 숫벌의 염색체 수는 16개이다. (그림 4 - 1)에서 보는 바와 같이 제 1 성숙분열에 있어서 염색체의 감수(減數)는 일어나지 않고 세포질의 일부를 내는 정도에서 그치는 데 이와 같은 현상은 제 2 성숙분열에 있어서도 마찬가지로 n = 16이 된다.

(2) 유충과 번데기의 발육

부화와 발육 : 갓 낳은 알은 벌방 밑바닥에 곤두 서 있으나 시간이 지나면서 점차 벌방에 비스듬히 눕는다. 갓 부화할 알은 유백색 물질에 묻히게 되는데 이것은 부화 후 유충벌의 먹이가 될 왕유(royal jelly)라는 일벌들의 분비물질이다.

꿀벌의 알은 3 일만에 부화한다. 처음에 유충벌은 유백색을 띠고 몸은 반원형으로 굽어 있으나 유충이 자라면서 벌방에 가득 찰 정도가 되면 머리의 방향이 벌방의 윗쪽을 향한다.

봉개 : 유충이 다 자라면 더 이상 먹이를 섭취하지 않고 번데기 준비시기에 접어든다. 일벌들은 벌방내 유충이 다 자라면 밀납과 화분을 섞어 벌방 윗부분을 싸 바르는데 이것을 봉개(封蓋)라 한다. 봉개 부위에는 작은 구멍이 나 있어 노숙유충과 번데기들은 호흡을 자유롭게 할 수 있다. 봉개의 색은 보통 미황갈색이지만 그 당시의 벌집의 색과 대개 같다. 일벌방과 숫벌방의 봉개는 쉽게 구별되는데 일벌방의 봉개는 벌집에 비하여 약간 평평하게 솟아 있지만 숫벌방은 불쑥 솟아나 있다.

유충벌의 고치짓기 : 다 자란 노숙유충은 섬세한 실을 토해서 고치를 짓기 시작한다. 고치의 실은 벌방 내부벽에 붙어 있다. 오래 묵은 벌집의 소비(巢脾)들이 흑갈색으로 변해가는 것은 유충벌의 고치가 방벽에 계속 누적되는 것도 하나의 이유가 된다.

번데기 : 노숙유충은 고치를 만든 다음 2-3일후 마지막으로 탈피를 한 다음 번데기가 된다. 꿀벌의 번데기는 머리·가슴·배·다리·더듬이·날개 등이 자연스럽게 놓여 뚜렷이 보인다. 처음에는 몸이 연약하고 백색이며 겹눈은 핑크색·붉은색·자주색 순으로 변하여 출방할 때가 되면 갈색으로 변한다. 번데기의 몸은 차차 굳어져 체색이 갈색으로 변하면서 몸의 털과 날개들이 퍼지고 차차 성충벌의 모습을 갖추게 된다.

출방(出房) : 일벌들은 벌방내 유충이 다 자라면 밀납과 화분을 섞어 벌방을 봉개한다. 봉개의 색은 처음에는 황갈색이지만 차차 갈색으로 변하며 출방직전이 되면 보다 짙은 갈색으로 변한다. 번데기는 몸이 단단해지고 날개와 몸의 털이 퍼지면서 성충벌의 모습을 갖추게 되고, 이어 봉개를 씹어 제치고 출방한다. 여왕벌이 탄생할 왕대의 봉개는 일벌들이 봉개 윗부분을 씹어 잘라 놓으면 그 부분을 머리로 밀어 제치면서 출방한다. 갓 출방한 꿀벌은 광택이 없으며 날개가 충분히 퍼지지 않아 잘 날지 못한다.

(3) 꿀벌의 발육기간(發育期間)

꿀벌의 발육기간은 여왕벌·일벌·숫벌에 따라 뚜렷한 차이가 있다. 여왕벌·일벌·숫벌의 알·유충·번데기의 발육기간을 요약하면 〈표 4-1〉과 같다.

〈표 4-1〉에서 보는 바와 같이 꿀벌의 발육기간은 여왕벌 16일, 일벌 21일, 숫벌 24일이며 봉개전기간(封蓋前期間)은 여왕벌 5~6일, 일벌 9일, 숫벌 10일이고 봉개후기간(封蓋後期間)은 여왕벌 10~11일, 일벌 12일, 숫벌 14일이다. 일벌유충은 산란후 9일째부터 실을 토해 고치를 짓기 시작하여 10일째부터 봉개를 시작하는데 이때부터 먹이섭취활동이 정지된다. 여왕벌의 유충은 산란후 5~6일째부터 실을 토해 고치를 짓

〈표 4 - 1〉꿀벌의 발육기간

꿀벌의 충태	발 육 소 요 일 수		
	여왕벌	일 벌	숫 벌
알 기 간 (일)	3	3	3
유 충 기 간 (일)	5. 5	6. 0	6. 5
번데기기간 (일)	7. 5	12. 0	14. 5
총 발 육 기 간	16	21	24
봉개전기간 (일)	5 ~ 6	9	10
봉개후기간 (일)	10~11	12	14

기 시작하며 6 ~ 7 일째에 봉개를 시작한다. 그리고 숫벌의 유충은 산란 후 10일째부터 실을 토해 고치를 짓기 시작하며 11일째부터 봉개를 시작한다. 먹이 섭취활동을 끝낸 유충기를 전용기(前蛹期)라 하며 번데기 기간(蛹期間)은 전용기를 포함시킨다.

2) 꿀벌의 생활사(生活史)

여왕벌·일벌·숫벌은 그들의 발육기간에서 차이가 있을 뿐만 아니라 맡는 일의 종류에도 차이가 있으며 따라서 그들의 일생을 지내는 생활모습도 판이하게 다르다. 꿀벌의 생활사를 이해하는 일은 봉군의 생활을 이해하고 봉군의 기능을 파악하는데 대단히 중요한 기초지식이 된다.

(1) 여왕벌의 생활사

한 봉군의 사회에는 반드시 한마리의 여왕벌이 있어 한 봉군의 번영을 위해 필요한 알을 낳는 중대한 임무를 띠고 있다.

여왕벌의 양성조건 : 한 봉군에서 새 여왕벌이 양성되는 조건으로는 ① 분봉을 하려할 때, ② 늙은 여왕벌을 갈아 치우려 할 때, ③ 갑자기 여왕벌이 없어져 무왕상태가 되어 새여왕벌을 맞으려 할 때이다. ①항은 봉군의 세력이 강하여 새봉군을 구성하기 위해 필요한 새여왕벌을 양성하는 경우이고 ②항은 여왕벌이 늙어 제구실을 하지 못하는 여왕벌을 갈아

치우기 위해 여왕벌을 양성하는 경우이며 ③항은 여왕벌이 갑자기 없어
져 여왕벌을 맞을 목적으로 여왕벌을 양성하는 경우이다.

  왕대의 종류 : 여왕벌이 양성되는 벌방을 왕대(王台)라 하며 왕대는
여왕벌의 양성조건에 따라 분봉왕대(分蜂王台), 갱개왕대(更改王台),
변성왕대(變成王台) 세 종류가 있는데 겉모양만을 보고 구분할 때는 자
연왕대(自然王台),변성왕대 두 종류로 나눈다. 자연왕대는 마치 땅콩껍질
모양으로 겉면이 울퉁불퉁하고 일벌방을 개조하여 만든 변성왕대는 겉면
이 보다 밋밋한 모양을 하고 있다.

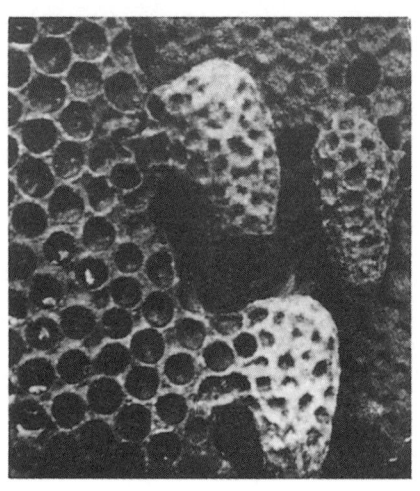

〈그림 4 - 2〉 자연왕대

  자연왕대는 중력의 방향을 따라 아래로 늘어뜨려 왕대를 짓고 변성왕
대는 일벌집면에 누워 있는 상태로 왕대를 짓는다. 자연왕대의 경우에는
여왕벌이 거꾸로 서 있어 머리의 방향이 땅을 향해 있고 변성왕대의 경
우에는 여왕벌의 머리방향이 일정치 않다.

  분봉왕대와 갱개왕대는 자연왕대이므로 겉모양만으로 구별하기는 어렵
다. 분봉왕대는 비교적 봉군의 세력이 강한 봉군에서 조성되나 갱개왕대
는 봉군의 세력이 약한 봉군에서 조성되고 일반적으로 갱개왕대는 분봉

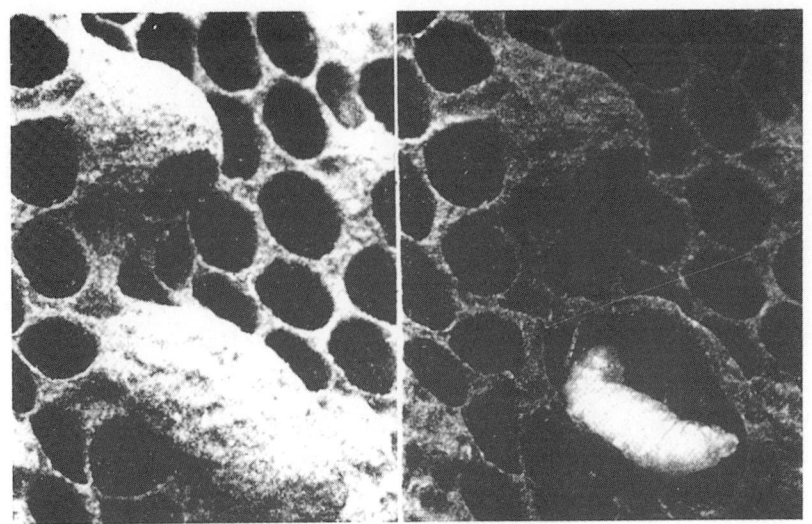

〈그림 4 - 3〉 변성왕대

왕대에 비하여 왕대의 모양이 비교적 크며 왕대내에 더 많은 왕유가 들어 있다.

왕대의 수 : 한 봉군에서 짓는 왕대의 수는 꿀벌의 종류·품종·계통 또는 왕대를 짓는 원인이나 조건에 따라 차이가 있다. 일반적으로 이탈리안벌종이나 코카시아벌종은 카니올란벌종에 비하여 적은 수의 왕대를 만들고 싸이프리안벌종, 시리안벌종, 에짚티안벌종들이 분봉왕대를 지을 때는 무려 100여개의 왕대를 짓는데 이와같이 많은 수의 왕대를 짓는 예는 다른 벌종에서는 좀처럼 찾아보기 어렵다. 왕대를 적게 짓는 이탈리안벌종이나 코카시안벌종이라도 왕대를 짓는 원인에 따라 왕대를 짓는 수에 큰 차이가 있어 일반적으로 분봉왕대는 10여개, 갱개왕대는 2 ~ 3 개, 변성왕대는 3 ~ 4개 짓는 것이 보통이다.

처녀여왕벌의 습성 : 왕대에 알을 낳은지 16일이 되면 새 처녀여왕벌이 태어나는데 그 여왕벌은 왕대의 종류에 관계없이 형태적으로나 산란능력 면에서나 동일하다. 그러나 어떠한 종류의 왕대에서 태어났느냐에 따라, 행동, 습성에는 큰 차이가 있다. 새로 태어난 처녀여왕벌은 벌통내 벌집

을 돌아다니면서 또 다른 왕대나 또는 다른 여왕벌이 있으면 공격해서 퇴치하려는 것이 본래의 습성이다. 그러나 어떠한 조건하에서 여왕벌이 태어났느냐에 따라 왕대 또는·다른 여왕벌을 공격할 수도 있고 없을 수도 있다.

(가) 분봉왕대의 경우 : 분봉을 위한 왕대는 왕대를 지을 때 일정 간격을 두고 왕대를 짓기 때문에 처녀여왕벌이 같은 시간에 태어나는 일은 거의 없다. 맨 먼저 지은 왕대에서 처녀여왕벌이 태어나기 2일전에 어미여왕벌은 일부 일벌들과 함께 분봉해 나간다. 첫번째 왕대에서 처녀여왕벌이 태어난 후 두번째 왕대에서 또 다른 새여왕벌이 태어나기 전 먼저의 처녀여왕벌은 일부 일벌들과 함께 분봉해 나간다. 분봉왕대에서 태어난 여왕벌은 위와 같은 순서로 분봉을 계속하는데 그 이유는 일벌들이 왕대를 철통같이 지키고 있어 왕대의 공격이 불가능하기 때문이다. 그 후 몇차례 분봉을 계속하다가 보면 나머지 왕대들은 일벌들의 왕대보호가 허술해지는데 이 때는 왕대를 공격해서 새로운 처녀여왕벌의 발생을 저지한다.

(나) 갱개왕대의 경우 : 갱개왕대를 짓는 원인은 여왕벌이 제 구실을 하지 못하여 늙은 여왕벌을 갈아치울 목적으로 짓는다. 그러므로 첫번째 왕대에서 처녀여왕벌이 태어나도 어미여왕벌은 분봉을 하지 못한채 그 봉군에 남아 있으며 그 처녀여왕벌은 벌집을 돌아다니면서 다른 왕대를 공격하여 또 다른 여왕벌의 발생을 억제한다. 그러나 새로 태어난 처녀여왕벌은 늙은 어미여왕벌에 대해서는 공격을 하지 않는다. 늙은 여왕벌은 일벌들의 푸대접으로 얼마동안 살다가 없어진다. 갱개왕대의 경우에는 일벌들의 왕대보호가 느슨하여 먼저 태어난 여왕벌은 마음대로 왕대를 공격할 수 있다.

(다) 변성왕대의 경우 : 변성왕대는 무왕상태의 봉군에서 부화 3일이내의 일벌방을 개조하여 그들 일벌을 여왕벌로 키우게 되므로 어미여왕벌은 없는 상태이다. 변성왕대중 제일 먼저 태어난 여왕벌은 다른 변성왕대를 공격하여 또 다른 여왕벌의 발생을 억제한다. 변성왕대의 경우는 두마리의 여왕벌이 동시에 태어나는 예가 많은데 이때는 여왕벌간에 격투가 벌어져 어느 한쪽이 죽어야 한다.

　여왕벌의 교미습성 : 처녀여왕벌은 교미를 끝내야 비로소 여왕벌 구실을 할 수 있다. 교미를 마치지 못한 여왕벌은 알을 낳지 못하며 설사 알을 낳는다고 하더라도 무정난 밖에 낳을 수 없다. 여왕벌의 교미는 공중을 날면서 이루어진다. 벌통 안에서 교미를 하는 일은 절대로 없다.　여왕벌의 교미는 출방(出房)후 6～10일 사이 날씨가 맑고 바람이 없는 따뜻한 날을 택하여 벌통을 떠나 공중을 날면서 이루어진다. 교미를 떠나는 시간은 오후 2시에서 4시 사이이다. 만약 날씨가 불순할 때는 교미를 떠나지 못하며 계속 날씨가 불순하면 영영 교미비행을 떠나지 못하는 때도 있다. 출방후 12일이 경과하면 교미비행을 떠나는 비율이 극히 낮아지며 그것도 14일이 경과하면 영영 교미를 하지 못하여 쓸모없는 여왕벌이 되고 만다.

　교미를 위해 처녀여왕벌이 날면서 성유인물질(性誘引物質)을　분비하면 그 냄새에 의하여 주변 벌통의 숫벌들은 여왕벌의 뒤를 쫓아 난다. 그들 중 가장 빨리 날고 체력이 왕성한 숫벌과 교미한다. 여왕벌이 교미를 위해 공중을 나는 것을 여왕벌의 교미비행 또는 결혼비행이라 일컫는다. 교미비행에 소요되는 시간은 보통 몇분 이내이지만 길 때는 30여분이 걸리는 때도 있다. 여왕벌은 교미를 통해 숫벌로부터 정충(精虫)을 저정낭에 받는다. 여왕벌의 교미는 일생에 단 한번 밖에 없으며 교미를 끝낸 여왕벌은 분봉 이외에 외출하는 일도 없다.

　여왕벌의 산란 : 교미 후 2～3일이 지나면 여왕벌은 알을 낳기　시작한다. 여왕벌은 알을 낳기 전 먼저 벌방에 머리를 넣어 산란 장소의 적부를 검사한 후 다시 돌아서 배를 벌방 밑까지 밀어 넣고 벌방 밑바닥에 알을 낳아 붙인다. 여왕벌은 수정난, 무정난 두 종류의 알을 낳는데　수정난은 일벌방과 왕대에, 무정난은 숫벌방에 낳는다.

　여왕벌이 낳는 알 수를 간단히 말하기는 대단히 어렵다. 왜냐하면 여왕벌이 낳는 알 수는 여왕벌의 산란능력에 따라 차이가 있을 뿐만 아니라 봉군에 주어진 여러 가지 상황 또는 계절에 따라서도 큰 차이가 있기 때문이다. 여왕벌이 일생동안 낳을 수 있는 총 알수는 100～150 만개로 추정하고 있지만 변이폭이 넓어 일정한 수치를 알기는 어렵다. 봄철과 같이 알을 낳기에 알맞을 때는 하루에 2,000～3,000개의 많은 알을 낳을 수 있다.

여왕벌의 수명 : 여왕벌의 수명은 보통 3 ~ 4 년이나, 오래 사는 여왕벌은 8년이나 사는 것도 있다. 그러나 여왕벌이 늙으면 알을 잘 낳지 못하므로 양봉에서 실제 이용되는 여왕벌의 나이는 최고 2년이다. 2년이 지나면 여왕벌의 산란력은 점차 떨어지며 무정난을 낳는 비율이 높아져 점차 양봉에서는 불리해진다.

(2) 일벌의 생활사

일벌은 수정난에서 발생한 암놈이기는 하지만 산란기관이 퇴화되어 여왕벌과 같이 산란능력을 발휘하지 못한다. 그러나 각종 일을 맡아할 수 있는 특수기관들이 잘 발달하여 봉군에서 필요로 하는 여러 가지 일을 맡아 할 수 있다.

일벌의 임무 : 여왕벌이 알을 낳고 숫벌이 여왕벌과 교미하는 일을 뺀 나머지 일은 일벌들이 맡아한다. 일벌들이 맡아하는 중요한 일로서는

① 벌통내부의 청소.
② 새끼벌을 키우는 일.
③ 꿀과 화분을 수집하는 일.
④ 외적을 방어하는 일.
⑤ 벌통내의 적정온도를 유지하는 일.
⑥ 여왕벌이 알을 낳는 일을 조정하는 일.
⑦ 숫벌의 발생을 조정하는 일.
⑧ 여왕벌의 발생을 조정하는 일.
⑨ 새여왕벌을 키우는 일.
⑩ 여왕벌의 시중을 드는 일.
⑪ 벌통내의 환기를 조절하는 일.
⑫ 기타 꿀벌의 생활에 필요한 생활물질을 수집하는 일 등이 있다.

일벌의 수명 : 일벌의 수명은 어떠한 일에 종사하였는가에 따라 큰 차이가 있다. 밀납을 분비하여 벌집을 짓는 일에 참여하였다든가, 왕유를 분비하여 새끼벌 양육에 참여 하였다든가, 꿀이나 화분을 수집하는 외역활

동에 참여 하였다든가 하는 중노동에 참여한 일벌들의 수명은 1～2개월 밖에 되지 않는다. 그러나 늦가을에 태어나 심한 노동에 시달리지 않고 월동에 들어간 일벌들은 6개월까지 살 수 있다.

(3) 수펄의 생활사

숫벌은 여왕벌이나 일벌에 비하여 행동이 둔하고 배의 끝이 뭉툭하며 특수기관을 갖추고 있지 않다. 숫벌의 발생은 어느 시기에 한정되어 있어 벌통에 늘 존재하지 않는다. 늦가을철, 월동철, 이른 봄철에는 벌통에 숫벌이 한마리도 없는 때도 있다. 숫벌의 수는 분봉열이 발생하는 여름철에 가장 많다. 숫벌이 하는 유일한 일은 처녀여왕벌과의 교미이다. 숫벌들은 저밀소비에 머물면서 꿀을 많이 소모하기 때문에 양봉가는 눈에 띄는 대로 숫벌을 구제하게 되며 또한 무밀기에는 일벌들에 의하여 벌통에서 쫓겨난다. 교미비행에 참여하는 숫벌들의 일령은 출방후 12일 전후이며 교미를 끝낸 숫벌은 생식기가 절단되어 그대로 죽는다. 때문에 숫벌의 수명은 일정치 않다. 숫벌이 제명대로 살면 3～4개월 살 수 있으나 제명대로 사는 숫벌은 그렇게 많지 않다.

5. 꿀벌의 활동과 사회조직

1) 꿀벌의 사회구성

(1) 꿀벌의 사회조직

꿀벌은 여왕벌(queen)·일벌(worker)·숫벌(drone)들로 봉군(蜂群)을 구성하고 사회생활 하는 곤충이다. 한 봉군의 사회에는 한마리의 여왕벌과 수천내지 수만마리의 일벌들로 기본적인 사회를 구성하고 필요에 따라 수백마리의 숫벌을 대동한다. 이와같은 사회를 구성하고 그 사회에 필요한 여러가지 생활물질을 수집하여 사회의 방어활동을 전개하면서 봉군의 번영을 꾀하는데 그들의 모든 활동은 분업적으로 수행해 나간다.

(2) 꿀벌의 분업

꿀벌의 사회생활이 조직적으로 잘 운영되는 것은 분업이 잘 발달되었기 때문이다. 여왕벌은 여왕벌 나름대로의 일이 있고, 일벌은 일벌 나름대로의 일이 있으며, 숫벌은 숫벌 나름대로의 일이 있다.

선천적 분업 : 꿀벌의 분업에는 천부적으로 주어진 션천적 분업이 있고 생리적 기능에 따라 주어진 후천적 분업이 있다. 여왕벌이 알을 낳고 숫벌이 여왕벌과 교미하며 일벌들이 봉군의 운영과 번영에 필요한 모든 일을 맡아 하는 일은 태어나면서 주어진 선천적인 분업에 해당한다.

후천적 분업 : 여왕벌이 알을 낳고 숫벌이 여왕벌과 교미하는 일을 제외한 모든 일은 일벌들이 맡아하고 있는데 이들은 일벌의 생리적 기능에 따라 변동되는 후천적 분업에 해당한다. 그러므로 일벌들이 맡아 하는 일의 종류는 일벌이 태어난 후부터의 일령, 즉 주어진 일벌의 생리적 기능에 따라 맡는 일의 종류가 자연히 달라지게 마련이다.

출방후 1～2시간 동안 다른 일벌들로부터 먹이를 얻어 먹는 과정이 지나면 곧 분업계열에 가담한다. 약 2일간 벌방청소에 가담하는데 이물

질을 벌방에서 끄집어 낸다. 출방후 3일 정도의 일벌들은 부화 후 4〜
6일된 새끼벌들에게 꿀과 화분을 공급하여 새끼벌을 키우는 일에 종사
한다. 일벌의 일령이 6〜10일 정도되면 일벌들의 왕유분비능력이 왕성
해지는데 부화후 3일 이내의 유충들에게 왕유를 급여하는 일이나 여왕
벌에게 왕유를 제공하는 일에 종사한다. 일벌의 왕유분비능력은 일령 10
일부터 감소하기 시작 13〜14일 경에 이르면 왕유 분비능력을 상실한다.
왕유분비능력이 떨어진 일벌들은 따뜻한 날 오후 2〜4시 경 소문앞에서
유희비상을 하며 한편 외역벌들이 수집해온 꿀·화분을 정리·저장한다. 밀
납을 분비하여 벌집을 짓는 일은 일령 12〜18일의 일벌들이 맡아 한다.
밀납분비능력이 감퇴하면 일부 일벌들은 그대로 외적방어에 참여하기도
하나 대부분의 일벌들은 외역활동에 가담한다. 외역벌들은 꿀·화분·봉
교·물을 운반해 들이는 일을 맡는다. 외역벌로서의 활동기간은 약 15
일간이다. 채밀성적은 외역벌들 수와 밀접한 관계가 있으므로 대유밀기
에 최대 외역벌 수를 확보하는 일은 대단히 중요하다. 외역벌들로서의
역할이 끝나면 다시 벌통에서 외적을 막는 일에 종사하다가 생을 마치게
된다.

일벌들이 태어나 18일까지 벌통내에서 일을 하는 일벌들을 내역벌〔內
役蜂〕이라 하고 내역을 끝낸 후의 일벌들을 외역벌〔外役蜂〕이라 한다.

(3) 산란성 일벌의 발생

봉군에서 여왕벌이 갑자기 죽어 없어지거나 또는 어떤 원인에 의하여
무왕상태에 놓이게 되면 일벌들은 새여왕벌 양성에 착수한다. 여왕벌이
없는 상태에서, 일벌방에 알이나 부화 후 3일 이내의 유충이 있을 때, 그
를 대상으로 새여왕벌을 양성해 낼 수 있지만 일벌방에 알이나 부화후 3
일 이내의 유충이 없을 때는 새여왕벌의 양성은 불가능하다. 무왕상태의
기간이 10여일 이상 계속되면 그동안 퇴화되었던 일벌의 난소가 발육한
다. 얼마 후 이들 일벌들은 알을 낳기 시작하는데 이와 같은 일벌을 산
란성일벌이라 한다. 산란성일벌들이 낳은 알은 모두 무정난이기 때문에
새여왕벌의 양성은 불가능하며 일벌방에서 자라 태어난 숫벌들은 작은

형태의 쓸모없는 숫벌이 되고 만다.

2) 꿀벌의 노동과 활동

일벌들은 봉군의 사회생활에 필요한 여러 가지 일을 맡아 하는데 그 활동은 봉군의 유지와 번영에 반드시 필요한 일이다. 일벌의 주요 노동과 활동을 파악하는 일은 꿀벌의 사회생활을 보다 과학적으로 이해하는데 필요한 기초지식이 된다.

(1) 벌집짓기

밀납의 형상 : 벌집을 짓는 기본 재료인 밀납은 일벌의 배쪽 4, 5, 6, 7 배마디에 위치하고 있는 납샘(腦腺, wax gland)에서 분비된다. 납샘이 잘 발달하는 시기는 출방후 12~18일 정도의 일령에 속한다. 납샘에서 분비된 밀납쪽은 5각형 내지 부정형(不正形)이며 그 크기는 장경 2 mm정도의 고기 비늘 모양의 조각이다. 밀납을 분비하여 벌집을 짓는데 알맞는 온도는 33~36℃이며 454g의 밀납을 생산하려면 5.4kg의 벌꿀

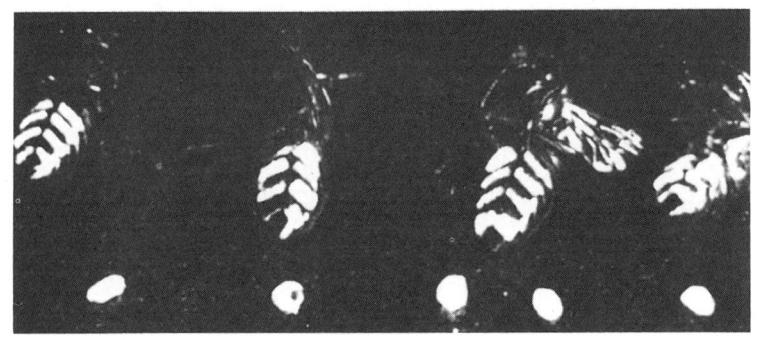

〈그림 5 - 1〉 밀납조각의 여러가지 모양

이 소비되는 것으로 추정하고 있다. 벌집을 짓는 일에 참가할 일벌들은 일시에 많은 꿀을 섭취하고 24~36시간 벌집이 지어질 주변에 조용히 머

물다가 밀납을 분비하여 벌집을 짓기 시작한다.

　밀납취급 : 일벌이 밀납을 다루는 과정을 보면 배쪽 배마디에　분비된 밀납쪽은 뒷다리 끝으로 끄집어 내어 입으로 옮겨져 큰턱에서 씹혀진다 씹는 과정에서 타액이 가미되면 투명하던 밀납쪽이 반투명해지고 색이 다소 변하면서 유연성이 향상된 벌집의 재료가 된다. 큰턱에서　씹혀진 밀납을 끄집어 낼 때는 앞다리를 사용한다. 밀납이 분비되어 벌집을 짓기까지는 약 4분이 소요되는 것으로 추정되고 있다.

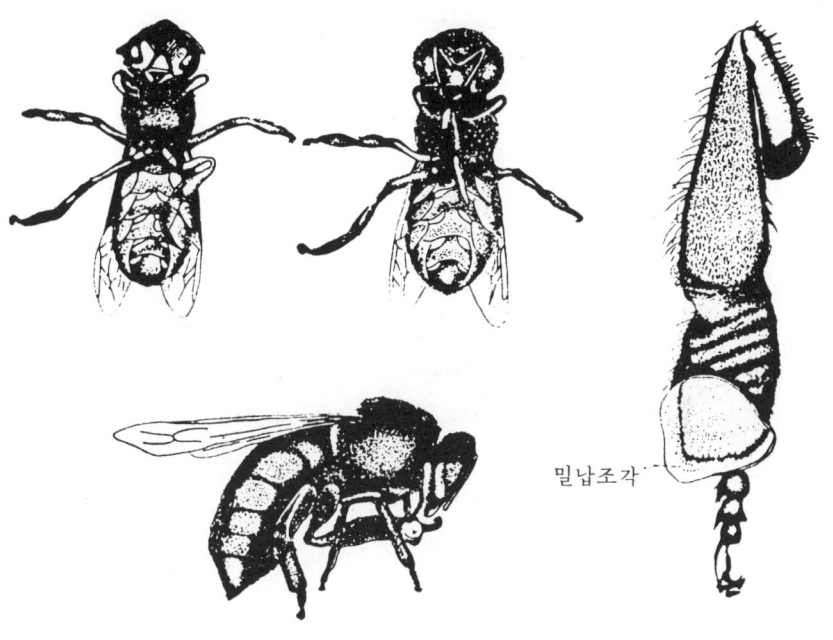

밀납조각

〈그림 5 - 2〉 밀납분비와 밀납취급 모습

　벌집짓기 : 벌집은 벌집에서 곧게 서 있으며 벌집의 두께는 약 2.54cm 이고 벌집은 6각형이며 양면에 위치한다. (그림 5 - 3)에서 보는 바와 같이 각 벌방은 다른 벌방의 3면과 접해 있고 각 벌방밑은 3각추형(三角

錐形)을 이루며 3각추의 정점은 반대쪽 벌방의 주각(柱脚)이 된다. 벌방은 수직방향으로 짓는데 밑부분을 향해 9~14° 정도의 경사로 지어 벌방내 유충이 겉으로 쉽게 빠져 나오는 일을 막는다.

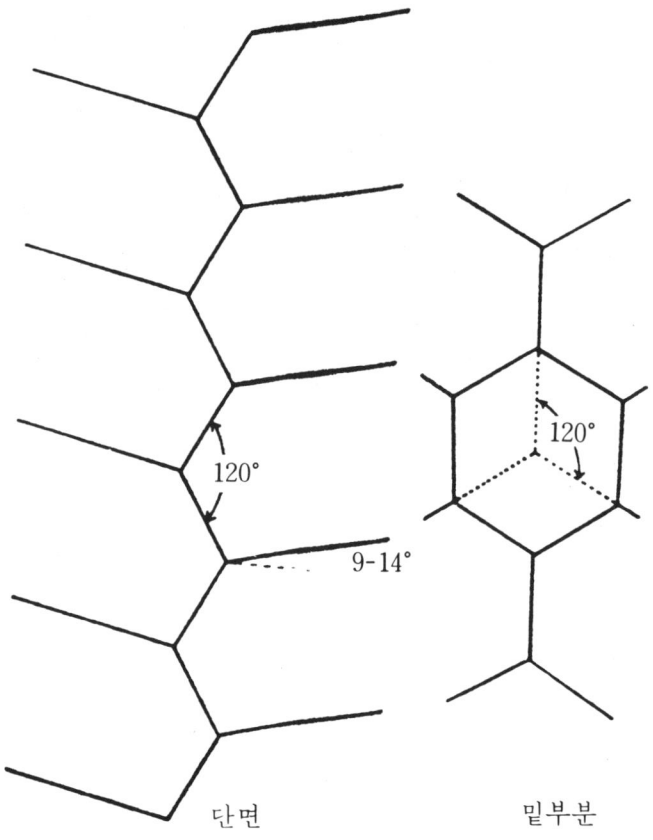

120°

9-14°

120°

단면   밑부분

〈그림 5 - 3〉 벌방 밑부분이 양면에 접한 모습

벌방벽 두께는 꿀벌의 종류에 따라 달라 서양종은 $\frac{1}{80}$cm이고 동양종은 $\frac{1}{120}$cm이다. 벌방의 크기는 일벌방·숫벌방에 따라 차이가 있을 뿐만 아니라 꿀벌의 종류에 따라 차이가 있다. 서양종의 일벌방 수는 1평방 데

시메터(decimeter) 당 853개(양면합계)이고 숫벌방 수는 520개이며 동양종의 일벌방 수는 1,243개이다. 서양종 꿀벌의 벌집두께는 일벌방에서 2.23cm이고 숫벌방에서 2.70cm이다.

왕대(王台)는 여왕벌이 자라는 벌방인데 처음에는 술잔 모양이지만 여왕벌유충이 자라면서 아래쪽으로 자라 커지며 마치 땅콩껍질의 모습을 한다(자연왕대). 왕대의 크기와 모양은 일벌방이나 숫벌방에서와 같이 일정치 않아 짧고 굵은 것이 있는가 하면 가늘고 긴 것이 있고 곧은 것이 있는가 하면 굽은 것이 있다. 왕대의 깊이는 21~22mm, 직경은 9~12mm의 것이 보통이다. 왕대는 주로 밀납과 화분을 섞어 짓는데 방벽이 비교적 두껍고 견고하다. 왕대를 짓는 수는 봉군의 세력, 왕대를 짓는 원인 또는 벌종에 따라 차이가 있으므로 일정한 수를 대기는 어렵다.

(2) 유충벌키우기〔蜂兒養成〕

내역벌이 하는 일 중에서 밀납을 분비하여 벌집을 짓는 일과 유충벌을 키우는 일은 대단히 중요한 일이다. 알에서 깬 유충벌들이 먹는 먹이의 종류는 부화후 일령, 유충벌의 성(性)에 따라 다르다. 부화후 3일간은 유충벌의 성에 상관없이 모두 왕유를 먹여 키우고 3일이 지나면서 여왕벌이 될 유충에게는 계속 왕유를 급여하지만 일벌이나 숫벌이 될 유충들에게는 꿀과 화분을 급여해서 키운다. 유충벌을 키우는 일에 종사하는 일벌을 봉아양성벌(蜂兒養成蜂, nurse bees)이라 하는데 출방후 3~10일 사이에 해당하는 일벌들이다. 봉아양성벌이라도 출방후 일벌의 일령에 따라 그 내용에 차이가 있다. 즉 출방후 3~5일된 일벌들은 부화후 4~6일된 유충벌들에게 꿀과 화분을 먹이고 출방후 6~10일된 일벌들은 부화 후 3일 이내의 유충벌들에게 왕유를 급여한다.

한 마리의 유충벌을 키우기 위해 봉아양성벌의 방문횟수는 약 10,000회나 되는데 처음 1일간은 약 1,300회를 방문하나 유충벌이 자라면서 그들의 방문횟수는 점차 감소한다. 한 마리의 유충벌을 키우는데 참여한 봉아양성벌의 수는 2,785마리, 소요시간은 10시간 16분 8초로 추정하고 있다.

(3) 일벌의 먹이전달

일벌은 일벌들 서로간 또는 여왕벌, 숫벌들에게 먹이를 전달하는 일을 하는데 이를 일벌의 먹이전달행동〔食物傳達行動〕이라 한다. 먹이전달행동에 소요되는 시간은 보통 1～5초, 때로는 6～20초, 더러는 20초이상 되는 때도 있다. 두 일벌들 사이의 먹이전달행동은 어느 한쪽이 구걸하는 행동을 하고 다른 한쪽은 제공하는 행동을 한다. 먹이전달 행동의 과정을 보면 머리를 맞대고 촉각을 접촉, 두 다리를 비벼대면서 진행된다.

〈그림 5 - 4〉 일벌의 먹이전달행동 모습

(4) 수밀활동과 꿀저장

일벌의 외역활동(外役活動)은 출방후 18일 이후부터 시작하여 약 15일간 계속하는데 이때의 일벌들을 외역벌〔外役蜂〕이라 한다. 외역벌이 하는 일은 화밀·화분·물·수지물(樹脂物)의 수집이다.

수밀활동 : 일벌의 방화속도 또는 수밀량은 밀원의 종류에 따라 큰 차이가 있다. 1분간에 방화하는 꽃의 수는 헤어리 베치(hairy vetch) 5개, 스위트 클로바(sweet clover) 42개이고 5개꽃을 방화하는데 소요되는 시간은 사과꽃 34초, 살구꽃 36초, 딸기꽃 38초, 벚꽃 41초, 나무딸기꽃 58초, 까막까치밥꽃(black currants) 67초이다. 일반적으로 화밀수집에는 긴시간이 소요되고 화분수집에는 짧은시간이 소요된다.

〈그림 5 – 5〉 일벌의 수밀활동 모습

일벌의 외역활동은 기온과 밀접한 관계가 있다. 일벌의 외역에 적합한 외기온도범위는 16~32℃ 이다. 33~39℃ 에서도 외역활동이 활발하나 이때의 외역활동은 주로 급수벌〔給水蜂〕의 활동이다.

수밀활동의 범위는 대략 벌통을 중심으로 반경 2km 범위이다. 먹이수집을 위한 일벌의 날으는 속도는 시속 20~25km 범위이고 먹이수집이 아닌 경우 일벌의 날으는 속도는 시속 14~28km 범위이다.

일벌의 외역활동은 풍속과 밀접한 관계가 있어 풍속(초속) 6m 이상되면 정상적인 외역활동을 할 수 없다.

외역벌은 꽃을 찾아 꽃의 밀선(蜜腺)에서 화밀을 수집, 꿀주머니(밀낭)에 넣어 운반한다. 일벌은 1회 출역에서 30~50mg의 화밀을 수집하는데 화밀은 55%의 수분이 증발되어 완숙된 벌꿀로 벌집에 저장된다. 1kg의 벌꿀을 저장하기 위해서는 1마리의 일벌이 40,000회의 출역(出役)이 요구되고 하룻동안 1kg의 벌꿀을 저장하기 위해서는 10,000마리의 일벌이 4회 출역해야 한다. 화밀수집에 소요되는 시간은 스위트 클로바에서 27~45분 소요된다. 하루에 일벌의 출역회수는 밀원의 종류, 유밀상태에 따라 큰 차이가 있다. 하루의 출역 횟수는 최고 24회, 보통 7~13회이다.

꿀저장 : 외역벌이 운반해 들인 화밀은 내역벌들이 가공하여 저장한다. 화밀의 가공은 내역벌들이 화밀을 마셨다 뱉았다 하는 과정을 통해 이루어진다. 이와 같은 과정은 20분에 80~90여회나 반복된다. 이 과정을 거치는 동안 화밀이 지녔던 수분이 증발될 뿐만 아니라 전화효소(轉化酵素)가 가미되어 자당은 과당과 포도당으로 변한다. 벌꿀이 완숙되면 수분함량은 20% 이하가 되며 벌꿀이 벌방에 가득 차면 밀납과 화분을 섞어 벌방을 밀개(蜜蓋)한다. 밀개된 벌꿀은 절대로 변질되지 않아 영구보존이 가능하다.

(5) 화분수집과 저장

일벌은 화밀수집에 못지 않게 화분도 열심히 수집한다. 화분(花粉)은 수술 꽃밥(葯)에 있는 가루로서 단백질을 비롯한 각종 미량원소를 지닌 중요한 영양물질이다. 꿀벌의 생활에는 꿀뿐만 아니라 화분이 꼭 필요하다.

화분수집 : 외역벌들은 화밀을 수집하는 일벌, 화분을 수집하는 일벌이 따로 있을 때도 있으나 대개는 화밀과 화분을 동시에 수집한다. 일반적으로 외역벌들은 먼저 화밀을 찾아 수집하고 부수적으로 화분을 수집하나 화분을 수집하는 외역들의 경우에는 먼저 화분을 찾고, 화밀을 부수적으로 수집하는 때도 있다.

꿀벌의 혀와 큰턱은 화분을 수집하는데 도움을 준다. 수집된 화분은 꿀과 타액(침)이 가미되어 눅눅해진다. 화분이 많이 나는 꽃에서는 먼저

화분을 온몸에 묻힌 다음 다리를 사용해서 일벌 뒷다리 경절(종아리 마
디)에 있는 화분바구니(화분농)에 실어 운반한다. 몸에 묻어 있는 화분
은 다리로 빗어 모아 화분바구니에 올려 싣는데 얼굴이나 앞가슴에 묻어
있는 화분은 앞다리로 긁어 모으고 머리나 등쪽 또는 가운데가슴과 뒷가
슴에 있는 화분은 가운데다리로 빗어 내린 다음 앞다리의 도움을 받아
뒷다리의 화분바구니에 옮겨진다.

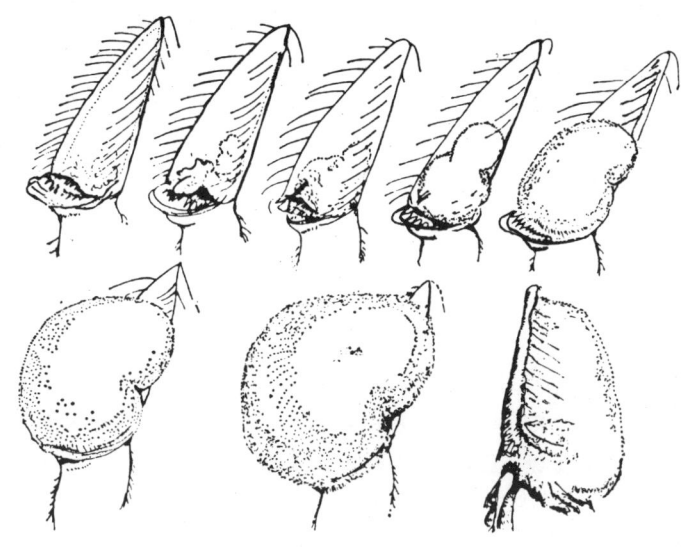

〈그림 5 - 6〉 화분바구니에 화분하가 이루어지는 모습

　화분수집은 화밀수집에 비하여 짧은 시간이 소요된다. 양귀비꽃과 같
이 화분이 많이 나는 꽃에서는 한짐의 화분을 수집하는데 불과 3 ～ 4 분
이 소요되지만 화분이 적게 나는 꽃에서는 20분 이상 소요되는 때도 있
다. 한짐의 화분하(花粉荷)를 수집하는데 소요되는 시간, 1일간 화분수
집횟수, 화분하의 크기는 꽃의 종류, 온도, 풍속, 습도 및 그 밖의 여러
가지 요인의 지배를 받는다. 한짐의 화분하를 완성하는데 방화하는 꽃의
수는 배꽃 84개, 민들레꽃 100개이며 소요시간은 180여분 소요되는 경

우도 있으나 6~10분이 보통이다. 화분수집을 위한 외역횟수는 1일 10
여회나 된다. 한짐의 화분하 무게는 밀원의 종류에 따라 다르기는 하나
생체중으로 12~29mg, 건물중으로 8.4~21.4mg 범위이다. 화분수집은
풍속과 관계가 있어 초속 4.9m에서 감소하기 시작하여 초속 9.4m에서
중단하며 습도가 높을수록 화분수집은 크게 감소한다.

　　화분저장 : 외역벌이 수집한 화분하는 빈 벌방이나 이미 화분이 일부
저장된 벌방에 떨구어 넣는다. 화분바구니에 있는 화분하는 가운데다리
종아리마디에 있는 센털로 떨군다. 이들 화분하는 내역벌(출방후 12~
18일 정도)들에 의하여 재정리, 저장된다. 벌방에 가득찰 정도로 채워
진 다음에는 봉개(封蓋)하는 것이 원칙이지만 운반해들인 화분은 그때
그때 소모되기 때문에 화분이 저장된 벌방이 봉개되는 예는 보기 어렵다.

　　화분이 저장되는 곳은 벌집의 위치에 따라 차이가 있는데 맨 가장자리
에 있는 벌집에는 여기저기에 저장하나 산란육아(産卵育兒)가 진행중인
벌집에서는 산란권(産卵圈) 주위를 따라 질서있게 저장한다.

　　이들 저장화분은 꿀벌유충의 발육에 필요한 필수 식품일 뿐만 아니라
갓 출방한 꿀벌이나 월동을 앞둔 꿀벌들에게도 꼭 필요한 식품이다.

　　연간 화분의 수집량은 봉군의 세력, 밀원의 종류와 밀원의 양, 봉아양
성 정도, 날씨 등 여러가지 요인에 따라 차이가 있어 정확한 화분량을
말하기는 어려우나 봉군당 대략 30여kg의 화분이 수집, 저장되는 것으
로 추정된다.

(6) 봉교수집과 이용

　　외역벌들은 각종 식물의 눈[芽]을 찾아 다니면서 나무진[樹脂]을 수집
하는데 이를 봉교(蜂膠, propolis)라 한다. 봉교는 밀납과 섞어 벌집을
짓는데 이용하거나 벌통내 쓸모없는 빈곳이나 벌통보호를 위해 필요하다
고 인정되는 곳에 싸 바르기도 한다. 처음에는 끈적끈적 하지만 저온에
두거나 건조하면 굳어 잘 부서진다.

　　벌집을 짓는 밀납에 봉교가 섞이지 않으면 벌집[巢脾]은 저온에서 부
서지기 쉬우며 봉교가 섞이지 않은 벌집은 자연히 수명이 짧다. 동양종

꿀벌은 거의 밀납으로 벌집을 짓기 때문에 벌집이 부서지기 쉽고 수명도
짧으나 서양종꿀벌은 봉교가 많이 섞여 잘 부서지지도 않고 수명도 길다.
봉교의 수집 정도는 꿀벌의 종류에 따라 차이가 있을 뿐만 아니라 품종
또는 계통에 따라 큰 차이가 있다. 이탈리안벌, 카니올란벌, 코카시안벌
중 봉교를 가장 많이 수집하는 꿀벌은 코카시안벌이다. 봉교를 많이 수
집하여 벌통내에 싸바르면 봉군을 관리하는데 불편하다 하여 나쁘게 평
하였으나 봉교가 하나의 양봉산물로서 각광을 받게 되면서 그 평가개념
은 크게 달라졌다.

(7) 문지기벌의 활동

벌통에는 꿀벌이 드나드는 문(巢門)이 있는데, 이 문은 그 벌통의 꿀
벌들 뿐만 아니라 이따금 다른 해적들도 드나들면서 피해를 준다. 문지
기벌들은 외역활동을 끝낸 늙은 일벌들이 맡아 한다. 유밀(流蜜)이 왕성
한 봄철에는 문지기벌의 활동이 눈에 잘 띄지 않으나 무밀기(無蜜期)에

〈그림 5 - 7〉 문지기 벌

는 문지기벌의 활동이 자못 활발하다. 문지기벌들은 그 벌통을 드나드는 꿀벌들을 일일히 검문 조사하는데 특히 도둑벌[盜蜂]이 드나들 때는 소문의 통과를 저지하기도 하고 때로는 벌침을 가하여 죽여버리기도 한다. 거센 봉군에서는 문지기벌들은 아주 독특한 태도를 보인다. 이들 문지기벌들은 가운데다리와 뒷다리 네 다리로 서서 앞다리를 번쩍 들고 더듬이를 앞쪽으로 뻗으면서 큰턱을 꽉 닫는 행동을 한다. 벌문에서 어떤 이상한 상황이 발생하면 큰턱을 열고 날개를 펼치면서 공격태세를 취한다.

문지기벌들은 착륙판(着陸板)을 돌아 다니면서 벌통으로 들어가는 꿀벌들을 검문하는데 이에 소요되는 시간은 1～2초이다. 수상한 꿀벌들에게는 다가서서 더듬이를 그 꿀벌 몸에 접촉하는데 이 행동을 통해서 몸에서 나는 냄새로 확인한다. 어린 꿀벌들은 문지기벌의 검문에 잘 응하나 화밀이나 화분을 수집해 들이는 외역벌들은 잘 응하지 않으며 대개 늙은 꿀벌들은 서슴치 않고 문으로 들어가기도 하는데 이때는 문지기벌들이 뒤를 쫓아가면서 검문하는 모습도 자주 볼 수 있다.

(8) 선풍활동

날씨가 무더울 때는 벌통문 착륙판에서 날개를 세게 흔들어 벌통내의

〈그림 5 - 8〉 소문에서의 일벌의 선풍활동

환기를 위한 선풍활동을 한다. 선풍활동은 벌통내의 환기를 위해서 뿐만
아니라 그 밖의 다른 목적을 위해 선풍을 하는 때도 많다.   유밀기에는
벌통내에서 미숙한 벌꿀의 수분을 증발시킬 목적으로 선풍활동을 한다.
대개 선풍활동은 여름철에 자주 볼 수 있는데 특히 날씨가 무덥거나 화
밀을 많이 수집한 늦은 오후나 초저녁에 많이 볼 수 있다.

　선풍활동에 참여하는 일벌의 수는 선풍의 목적 또는 필요성에 따라 차
이가 있는데 적을 때는 불과 몇마리, 많을 때는 수백마리에 이르는 때도
있다. 소문에서 선풍활동을 할 때는 착륙판을 점령하는데 소문을 반 정
도 점령하고 서로 지장이 없을 정도의 간격을 취한다. 선풍에 참여한 일
벌들은 머리를 소문쪽으로 향하면서 배를 약간 추켜들고 날개를 세차게
흔든다. 이들의 선풍활동을 통하여 벌통내 무더운 공기가 한쪽 소문밖으
로 배출된다. 선풍의 필요성이 더욱 고조되면 많은 벌들이 소문뿐만 아
니라 벌통내 밑바닥에 앉아 선풍활동을 전개하는데 이때 선풍활동에 참
여하는 일벌의 수는 크게 불어난다. 날씨가 몹시 무더워 꿀벌의 선풍만
으로 감당할 수 없을 때는 벌통밖으로 몰려나와 벌통 앞쪽 또는 옆쪽에
집단하기도 한다.

〈그림 5 - 9〉 벌통 앞쪽에 집단한 모습

꿀벌의 선풍활동에는 환기선풍(換氣扇風) 이외에 계도선풍(啓導扇風)을 하는 때도 있다. 계도선풍은 착륙판에서 하는데 배를 높이 추켜들고 배끝마디를 구부려 향선(香腺)을 노출시키고 훼로몬(pheromone)을 분비하여 방향을 잃은 동료 일벌들에게 소문의 위치를 가리켜 준다.

(9) 도둑벌의 발생

밀원(蜜源)이 부족할 때에 일벌들은 다른 이웃벌통에 침입하여 꿀을 훔쳐온다. 이와 같이 도둑벌이 발생하는 현상은 양봉상 불리한 행동이다. 특히 무밀기(無蜜期)에 벌통을 자주 열어 꿀냄새를 풍기거나 설탕액을 줄 때 냄새를 풍기는 일은 도둑벌의 발생을 유발하는 원인이 되기 쉽다. 도둑벌이 발생하면 피해를 받은 벌통에서는 꿀을 모두 잃게 되므로 그 피해가 자못 크다. 도둑벌은 봄철, 가을철에도 발생하나 여름철에 가장 많이 발생한다.

도둑벌이 발생하면 하루종일 양봉장이 어수선하며 꿀벌의 나는 모습이 불규칙적이고 꿀벌의 날으는 소리가 유난히 크게 들린다. 소문을 드나드는 도둑벌의 행동은 대단히 민첩하고 거칠다.

도둑벌 발생초기 한두 마리일 때는 잘 눈에 띄지 않으나 시간이 지나 점차 그 수가 불어나면 쉽게 구별할 수 있다.

소문을 드나드는 일벌들을 관찰하면 배가 홀쭉하고 통통한 것이 있다. 소문을 향해 들어가는 일벌의 배가 통통하고 뒷다리에 화분하(花粉荷)가 있으면 이는 그 벌통에 있는 일벌들의 정상적인 활동으로 보면 된다. 그러나 그와는 반대로 소문을 향해 들어가는 일벌의 배가 홀쭉하면서 뒷다리에 화분하가 없다든지 또는 벌통에서 나오는 일벌의 배가 홀쭉하면서 거칠고 민첩하게 날으는 벌들은 틀림없이 도둑벌들이다.

소문에서 문지기벌의 활동이 활발하여 문전의 경계가 철저하면 도둑벌의 침입이 어렵지만, 봉군의 세력이 약한데다가 문지기벌들의 활동이 약해지면 도둑벌들은 마음 놓고 출입할 수 있다. 봉군의 세력이 약하다든지 벌통에 여왕벌이 없든지 또는 무밀기에 소문에 훈연하여 문지기벌의 활동을 저해한다든지 하면 도둑벌의 출입은 더욱 수월해진다.

⑽ 물의 운반활동

물은 벌통내 봉군에서 여러모로 필요한 때가 많다. 이른 봄철에는 외역벌들이 물을 운반해 들이는 활동이 활발한데, 이때는 어린 새끼벌들에게 꿀을 묽게 타서 먹이는데 물이 필요하기 때문이다. 물은 성충벌들에게도 이따금 필요할 뿐만 아니라 벌통내의 온습도 조절에도 필요하다. 특히 여름철 외기 온도가 33℃를 넘으면 수밀활동이 감소하고 급수벌〔給水蜂〕의 활동이 활발해지는데 외기온도가 높아지면서 그들의 활동은 더욱 활발해진다. 일벌의 1회 물 운반량은 25~50mg 정도이다.

⑾ 청소활동

일벌들은 벌통내부를 깨끗이 유지하기 위해 청소활동을 한다. 갓 태어난 일벌들은 자기들이 태어난 벌방을 깨끗이 청소하는데 이때는 벌방에 남아 있는 탈피각(脫皮殼)이나 배설물을 꺼내서 벌통안 밑판으로 떨구어 내는 청소활동을 한다. 꿀벌들은 벌통내부에 쓸모 없는 이물질들을 벌통 밖으로 꺼내 버리는 습성이 있다. 그들 이물질은 외역벌들에 의하여 청소된다. 만약 꿀벌의 힘으로 꺼낼 수 없을 때는 밀납이나 봉교로 싸발라 그들의 노출을 막는다. 그리고 벌방내 죽은 유충들도 벌통 밖으로 내다 버린다.

⑿ 유희비상 활동

일벌들이 태어나 10여일이 된 어린 일벌들은 따뜻하고 청명한 날 정오에서 오후에 걸쳐 밖으로 나와 날으는 연습을 하는데 이를 유희비상(遊戲飛翔, play flight)이라 한다. 유희비상활동은 비상연습을 통해 시력(翅力)을 단련하는 일도 되지만 벌통의 위치 또는 주변환경을 익히는 일도 된다. 이들 유희비상활동은 봄철에 자주 눈에 띄는데 유희비상활동은 5분 이내에 그치는 것이 보통이다.

⒀ 꿀벌의 표류(漂流)

일벌들은 벌통밖 활동중 환경의 급변으로 방향을 잃어 표류하여 자기

집을 찾지 못하는 예가 자주 있다. 일벌들의 첫 유희비상에서 일부의 일벌들이 이웃 다른 벌통에 표류되는 일이 있는데 특히 갑자기 강풍이 몰아칠 때 더욱 심하다. 꿀벌의 표류현상은 꿀벌의 품종에 따라 방위감각이 둔하여 발생하기도 하지만 방향표시가 애매할 때 자주 발생한다. 벌통색이 같은데다가 소문의 방향이 같으면서 가깝게 접근해 있을 때 자주 발생한다. 일벌의 표류는 나이가 어릴수록 심하고 어두운 곳에 오래 갇혀 있을수록 심하다. 일벌의 표류현상은 벌통의 배치방법에 따라 큰 차이가 있는데 소문이 같은 방향으로 일렬로 잇대어 있을수록 심하다. 뿐만 아니라 봉군의 세력의 강약 또는 여왕벌의 유무에 따라서 표류현상에 차이가 있는데 꿀벌의 표류는 약군에서 강군쪽으로, 유왕군에서 무왕군쪽으로 표류한다. 또한 일벌에 비하여 숫벌에서 표류현상이 심한데 그는 그들간의 방위감각의 차이에서 유래된다.

6. 꿀벌의 의사전달과 언어행동

꿀벌은 떼를 지어 조직적으로 사회를 운영하면서 살아가는 곤충이기 때문에 꿀벌들 상호간에만 통용되는 의사전달 수단이 있을 것이라는 가정하에 옛부터 많은 관심을 두고 연구해 왔다. 연구에 관심을 두어 왔던 것은 분비되는 페로몬(pheromones)의 종류와 역할, 그리고 꿀벌의 언어행동(言語行動)으로 요약된다.

1) 꿀벌의 페로몬과 봉군의 사회질서

페로몬이란 어떠한 물질이 꿀벌 몸 밖으로 분비되어 꿀벌 동료 상호간의 기능적 반응을 나타내는 일련의 물질을 일컫는다.

(1) 여왕벌물질〔女王蜂物質〕

여왕벌물질(queen substances)이란 여왕벌의 큰턱샘(大腮腺, mandibular glands)에서 분비되는 페로몬 물질의 일종이다. 여왕벌물질은 일종의 지방산(9-oxodec-2-enoic acid, 9-hydroxydec-2-enoic acid, 9-keto-trans-2-decenoic acid)인데 이들의 역할은 숫벌을 유인하는 성유인물질(性誘引物質)인 동시에 일벌의 난소발육을 억제하기도 하고 여왕벌의 생존을 일벌들에게 알리는 역할을 하여 봉군의 집합 유지를 꾀하는 일을 한다.

여왕벌물질은 대단히 불안정하여 분비후 냄새의 수명은 30분 이내이다. 현재 이들 여왕벌물질은 인공합성이 가능하므로 그들의 역할을 쉽게 증명할 수 있게 되었다.

(2) 향선과 페로몬

향선(香腺, scent glands)은 일벌의 등쪽 7환절에 위치하며 6환절 끝부분으로 덮여 있다. 향선은 일명 나사노브샘(Nassanoff's gland)이라

하기도 하는데 일종의 페로몬 분비샘이다. 이 페로몬은 일벌의 비상을 계도(啓導)하는 역할을 하는데 이 페로몬 물질은 게라니올(geraniol), 게라닉산(geranic acid), 네놀릭산(nelolic acid), 시트랄(citral) 등으로 동정, 확인되었다. 일벌들이 소문에서 이 페로몬을 분비해 주면 외역에서 돌아오는 일벌들은 이 냄새에 의하여 자기집을 쉽게 찾아 들어갈 수 있다.

(3) 벌침의 페로몬과 경보페로몬

꿀벌들중 일벌들은 경보페로몬(alarm pheromones)을 분비해 외적으로부터의 공격을 미리 알리는 역할을 한다. 경보페로몬은 일벌의 큰턱샘에서는 지방성 케톤(aliphatic keton)의 일종 헵탄-2-완(heptan-2-one)을 분비하고 벌침의 자침질선(刺針窒腺)에서는 초산 아이소펜틸(isopentyl acetate : alcohol acetate의 일종)을 분비하여 집단 동료들 간에 위험이 닥쳤음을 경보하는 역할을 한다.

2) 꿀벌의 언어행동(言語行動)

일벌들은 밀원을 발견하면 그 정보를 동료들에게 알리는데 그 정보의 전달은 벌통내 벌집면을 기어 다니면서 추는 춤의 종류를 달리하여 정확히 알린다.

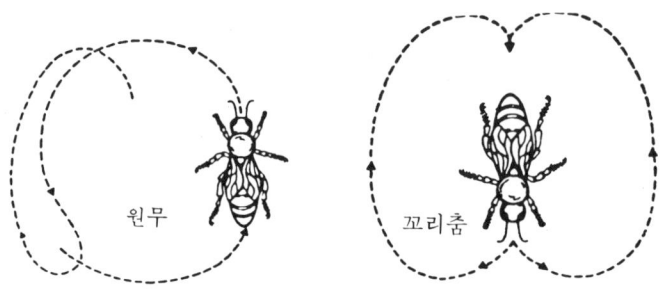

〈그림 6-1〉 일벌의 원무와 꼬리춤

일벌의 춤에는 여러가지 형태를 관찰할 수 있으나 그들중 가장 뚜렷한
행동은 원무(round dance)와 꼬리춤(tail-wagging dance)이다.

(1) 원무 (圓舞)

외역봉들이 밖에서 화밀이나 화분을 수집하여 돌아오면 벌집을 기어다
니면서 다른 외역벌 동료들에게 그 밀원의 위치를 알리는 행동을 한다. 밀
원의 위치가 벌통으로부터 100m 이내에 있을 때는 둥근 원형을 그리면서
기어다닌다(그림 6-1 참조). 옆에 있던 동료들은 뒤를 따라 다니면서 같
은 모양의 둥근 원형을 익힌다. 원형의 행동은 이따금 오른쪽으로 바꾸
기도 하고 왼쪽으로 방향을 바꾸기도 한다. 뒤를 따르는 일벌은 이따금
더듬이를 앞지르는 일벌의 몸에 접촉시키면서 뒤따라 밀원의 종류와 벌
통으로부터의 거리를 터득하게 된다.

(2) 꼬리춤

벌통으로부터 밀원의 거리가 100m 이내에 있을 때는 원무를 추지만 밀
원의 거리가 100m를 넘어 멀어지면 꼬리춤을 추어 밀원의 거리, 밀원의
방향을 알린다(그림 6-1 참조). 꼬리춤은 배를 좌우로 흔들면서 앞으
로 직선으로 나가 왼쪽으로 반원(半圓)을 그리고 다시 처음에 출발한 원
점에서 앞으로 직선으로 나가 이번에는 오른쪽으로 반원을 그리는 행동을
한다. 옆에 있던 다른 일벌들은 꼬리춤을 추는 일벌의 뒤를 따라 다니면
서 같은 행동을 하는데 이때 화밀이나 화분의 종류, 밀원이 있는 방향과
거리를 터득하게 된다. 밀원의 거리는 단위 시간당 직선으로 달리
는 횟수에 의하여 전달된다. 달리는 횟수에 따라 저주음파(低周音波)와
관계가 있는데 특히 그는 15초당 직선을 달리는 횟수는 밀원의 거리와
밀접한 관계가 있다. 즉 밀원이 벌통으로부터 약 500m 떨어진 곳에 있을
때는 15초 동안 꼬리춤의 축을 지나는 횟수가 6회이며 밀원의 거리가 멀
어질수록 축을 달리는 횟수는 점차 줄어 밀원의 거리가 약 2km에 있을 때
는 축을 달리는 횟수는 3.5회 정도 이다.

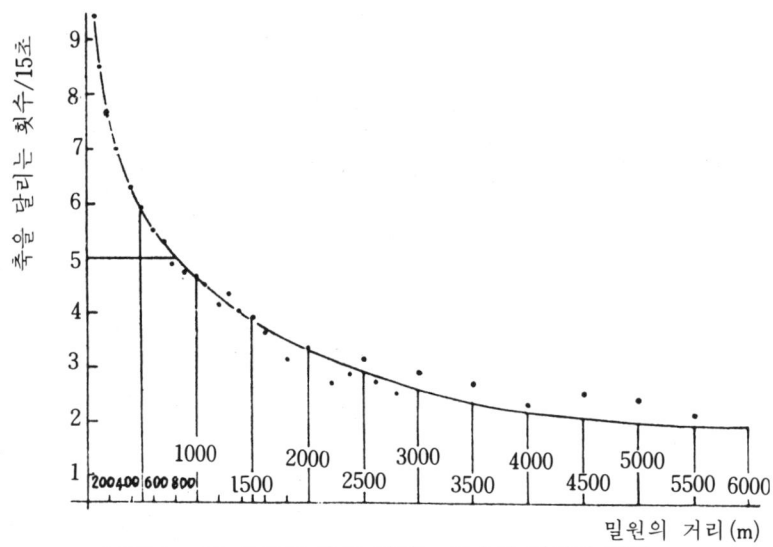

〈그림 6 - 2〉 15초당 축을 달리는 횟수와 밀원의 거리

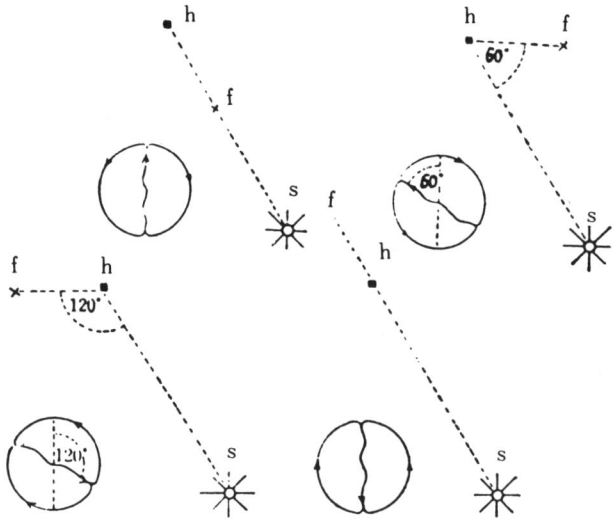

〈그림 6 - 3〉 태양의 위치에 따른 꼬리춤의 방향

밀원의 방향은 태양의 위치에 따라 앞으로 달리는 축의 방향이 달라지
는데 밀원이 태양의 방향과 같을 때는 달리는 축의 방향이 윗쪽으로 향하
고 태양의 위치가 멀어질수록 달리는 축의 방향이 아랫쪽을 향한다. 다시
말해서 꼬리춤의 방향은 태양·벌통. 밀원이 만드는 각도에 따라 춤의 축
방향을 달리 한다. 춤의 방향이 중력(重力)의 방향과 일치할 때는 밀원
이 태양의 방향과 일치함을 뜻한다. 즉, 춤의 방향이 위로 향하였을 때는
밀원이 벌통에서 태양을 향하고 있음을 뜻하고, 춤의 방향이 밑쪽으로 향
하였을 때는 밀원이 태양의 반대쪽에 위치하고 있음을 뜻한다. 그것은 꼬
리춤 축과 중력의 방향이 만드는 각도와 태양·벌통·밀원이 만드는 각도
가 일치하므로 춤의 방향으로 밀원의 방향을 정확히 전달할 수 있는 것
이다.

(3) 기타 여러가지 춤의 종류

일벌들은 앞에서 언급한 원무와 꼬리춤 이외에 여러가지 종류의 춤을
추는 행동을 하는데 그들을 간단히 소개하면 다음과 같다.

초생달형 춤 밀원이 벌통에서 9∼90m범위에 있을 때 원무 대신 초생
달형 춤(crescent dance)을 추는데 이 춤은 앞에서 언급한 원무와 꼬리
춤의 중간형 춤으로 보는 사람이 많다. 이와 같은 춤은 벌종에 따라 차
이가 있어 이탈리안종 벌에서는 볼 수 있으나 카니올란벌에서는 관찰할 수
없다.

〈그림 6 - 4〉 초생달형 춤

목욕 행동 저녁때 일벌들이 벌통 앞쪽 벽에서 떼를 지어 있는 모습을

자주 볼 수 있는데 이것은 몸에 붙어 있는 오물을 제거하는 목욕을 위한 행동으로서 목욕 행동(rocking movement 또는 washboard movement)에 해당한다. 목욕 행동을 하는 일벌들은 소문을 향해 가운데다리와 뒷다리로 꼿꼿이 서서 머리와 앞다리를 숙이고 몸을 앞뒤로 흔드는 행동을 한다. 이때 앞다리의 발바닥(부절)을 굽히고 빠른 움직임으로 벌통을 긁어 대고 큰턱으로 계속 문질러 대는 행동을 한다. 더듬이(촉각) 끝을 그 표면에 대고 있다가 잠시 후 큰턱 아래쪽 끝에 액상 물질이 모이게 되면 이 물질로 큰턱과 발바닥(부절)을 깨끗이 닦는데 이와 같은 행동은 벌통 밖에서 뿐만 아니라 벌통 안에서도 한다.

경보춤 벌통내 꿀벌들에게 유해한 어떠한 독물질(毒物質)이 들어오면 일벌들은 흥분하여 다른 동료들에게 위험을 알리는 경보춤(alarm dance)을 춘다. 경보춤은 나선형 또는 불규칙적으로 이리저리 뛰면서 배를 좌우로 힘차게 흔든다. 경보춤을 추는 일벌의 비상활동은 정지되고 주변의 일벌들은 경보춤에 주의를 기울이기 시작한다. 밖에서 중독된 꿀벌이 벌통에 들어오면 싸움을 벌려 중독된 벌을 밖으로 몰아내거나 죽여버리는 일도 발생한다.

클리닝춤 꿀벌들은 몸을 깨끗히 해야할 필요가 있을 때 클리닝춤(cleaning dance)을 춘다. 클리닝춤은 발을 빠른 속도로 구르고 몸을 규칙적으로 옆으로 흔들면서 빠른 속도로 몸을 올렸다 내렸다 한다. 이때 가운데 다리로 날개의 기부 주변을 깨끗이 닦기 시작한다. 클리닝춤을 추는 일벌의 주변에 있던 다른 동료 일벌들은 뒤쪽에 더듬이를 대고 춤추는 일벌의 몸을 닦기 시작한다. 동료 일벌의 더듬이가 몸에 닿아 있음을 안 일벌은 춤을 멈추고 한쪽 날개를 서서히 펼치면서 배를 구부리고 몸을 옆으로 돌린다. 이와 같은 행동을 계속하면서 다른쪽 날개의 기부는 물론 배쪽, 가슴쪽, 머리쪽 등을 깨끗이 닦는다. 클리닝춤을 추던 일벌이 만족할 정도로 클리닝이 끝나면 자신이 자기의 혀, 더듬이, 몸 이곳 저곳을 깨끗이 닦는다. 클리닝이 만족스럽게 끝나지 않으면 클리닝춤을 계속하며 이와 같은 클리닝춤은 일벌들 상호간에 번갈아 가면서 몸의 클리닝을 할 뿐만 아니라 숫벌들도 이와 같은 과정을 거쳐 몸의 클리닝을 하게 된다.

환희춤 꿀벌들은 즐거운 일이 발생하면 환희춤(joy dance)을 추어 즐

거움을 표현한다. 환희춤을 추는 일벌은 앞다리를 다른 동료벌 몸 어느 부분에 올려 놓고 5～6회 정도 배를 아래위로 흔드는 움직임을 보이면서 앞뒤쪽으로 움직인다. 이와 같은 행동은 다른 동료벌에게도 옮겨가면서 실시한다. 이와 같이 환희춤은 따뜻하고 조용한 날 유밀(流蜜)이 잘되는 오후나 초저녁에 많이 볼 수 있으며 무왕상태의 봉군에서 새 처녀여왕벌이 탄생하였다든지 또는 처녀여왕벌이 교미비상을 떠나는 시기에도 자주 볼 수 있다.

안마춤 또 다른춤의 하나는 안마춤(massage dance)이 있는데 안마춤은 가을이나 겨울에 자주 보이나 때로는 이른 봄철에도 눈에 띤다. 안마춤은 벌집에 있는 벌들 중 어느 한 벌이 머리를 구부리고 추면 옆에 있던 다른 일벌들은 곧 자극을 받고 그들의 더듬이와 앞다리로 안마춤을 추는 벌을 확인한다. 옆에 있던 일벌들은 안마춤을 추는 일벌의 위와 밑으로 오르내리면서 뒷다리와 가운데다리 마디를 잡아 빼고 그들의 더듬이, 큰턱, 앞다리로 춤추는 일벌의 밑쪽 옆을 만지며 이따금 그들의 더듬이를 청소하는 모습을 볼 수 있다. 한편 이를 본 일벌은 큰턱을 넓게 벌리고 혀의 윗부분을 육아봉(育兒蜂)과 같이 길게 내미는데 내민 부분이 완전히 말려있다. 안마춤을 추는 일벌은 자기의 머리를 조사하는 일벌쪽으로 향하면서 안마춤을 추는 일벌의 몸쪽으로 다가선다. 안마춤을 추는 일벌은 온 혀를 펼치고 가운데다리를 앞으로 뻗어 앞다리로 계속 혀를 닦는다. 때때로 혀를 완전히 비틀면서 혀 주변의 부속물을 여러 방향으로 퍼뜨리는데 혀는 마치 경련을 이르킨듯이 보인다. 특히 안마춤을 시작한 일벌들은 미친듯이 움직이는데 이따금 큰턱 혹은 혀로 환자벌(또는 아픈벌)을 끌어 당기기도 하고 때로는 핥기도 한다. 몇분이 지나 환자벌은 정상적으로 회복되어 더듬이, 눈, 뒷다리, 날개, 혀를 자신이 닦기 시작한다.

3) 봉군의 기본습성

꿀벌은 떼를 지어 단체생활하는 사회성 곤충이기 때문에 봉군으로서의 기본습성이 있다. 한 봉군의 유지를 위해 반드시 지녀야 할 기본습성은 다음과 같다.

(1) 1군 1왕제

앞에서 언급한 바와 같이 꿀벌은 떼를 지어 사회생활하는 곤충인데 하나
의 봉군에는 수천내지 수만마리의 일벌이나 수백마리의 숫벌도 있어야 하
지만 한마리의 여왕벌이 있어야 한다. 특수한 경우를 제외하고는 한 봉군
에는 한마리의 여왕벌이 있어야 하는 1군 1왕제의 습성을 지닌 것이 원칙
이다. 여왕벌이 없는 봉군은 지속적인 사회를 유지할 수 없으며 한 봉군에
두마리의 여왕벌은 공존할 수 없다. 그러므로 하나의 봉군이 둘로 나누어
지는 분봉을 위해서는 새 여왕벌의 양성이 선행되어야 하며 여왕벌이 망실
되면 변성왕대를 만들어서라도 새 여왕벌을 양성하려는 것이 봉군이 지닌
고유의 습성이다.

(2) 애소성 (愛巢性)

꿀벌은 떼를 지어 사회생활을 해야 되는 곤충이므로 따로따로 떨어져
혼자서 살 수 없으며 반드시 떼를 지어 봉군을 구성해야 한다. 다시 말해서
단체를 구성하고 단체내의 한 멤버로서 개개에 주어진 임무를 수행하므로
써 개개의 기능과 생활능력을 발휘할 수 있으며 생산적 기능과 번영능력을
보존, 유지할 수 있다. 그러므로 자기가 속해 있는 봉군을 위한 일이라면
온갖 노력이나 충성을 다할 뿐만 아니라 목숨까지도 아낌없이 바칠 수 있
으며 그를 통해서 봉군의 발전과 번영을 꾀하게 되므로 자기가 속해 있는
봉군과 벌집에 대한 애착심이 대단하다. 꿀벌의 행동과 습성은 항상 소를
희생하여 대를 위한 행동을 하는데 이는 바로 자기가 속해 있는 애소성에
서 비롯된다. 새로운 밀원을 발견하면 다른 동료들에게 이를 빨리 알려 보
다 많은 화밀과 화분을 수집하려는 습성이 있고 외적의 침해를 적극적으
로 방어하여 자기집을 보호하려는 습성이 강하고 갑작스런 천재로 말미암
아 봉군이 멸망 상태에 빠지는 지경이라도 여왕벌만은 가장 안전한 곳에 모
셔 여왕벌의 안전을 꾀하는 습성도 대단히 강하다.

(3) 번영성 (繁榮性)

꿀벌은 무한한 노동력과 무한한 발전, 번영을 꾀하려는 습성이 강하다. 때문에 풍부한 밀원이 있고 활동할 수 있는 날씨가 계속되는 한 꿀벌은 무진장 화밀과 화분을 수집하려는 습성이 있는 데다가 여왕벌은 계속 알을 낳고 일벌들은 계속 새끼벌을 키우려는 습성이 무척 강하며 지속적인 번영을 위해 주어진 공간이 제한을 받았을 때는 새 여왕벌을 양성, 분봉을 통해 봉군의 번영을 꾀할 뿐만 아니라 여왕벌이 갑자기 망실되면 변성 왕대를 만들어 새 여왕벌의 양성을 꾀하기도 하고 여왕벌이 노쇠하여 종족의 보존 또는 번영에 지장을 초래할 염려가 있을 때는 과감히 후계 여왕벌을 양성하려는 습성이 강하게 나타나는데 이들 일련의 습성은 꿀벌의 번영성에서 비롯된 습성들이라 볼 수 있다.

(4) 배타성 (排他性)

꿀벌은 자기가 속해 있는 봉군에 대한 애착심은 강하나 자기 집에 속해 있는 동료가 아니거나 봉군이 아닌 경우에는 배타성이 대단히 강하다. 특히 먹이의 부족 또는 유밀상태가 좋지 않은 환경하에서 그들간의 배타성은 더욱 강하게 발현된다. 반대로 먹이가 풍족하고 유밀이 왕성한 조건하에서나 주어진 모든 환경조건이 순조로운 환경에서는 배타성이 약해져 쉽게 융합되는 습성도 있다.

꿀벌은 배타성이 강하므로 두 봉군의 합봉을 함부로 하거나 새 여왕벌의 유입을 섣불리하면 잘 융합되지 않아 뜻하지 않은 피해 또는 손실을 당하는 예가 많다.

(5) 귀소성 (歸巢性)

꿀벌은 자기가 속해 있는 벌집이나 봉군에 대한 애착심이 강한 곤충이므로 외역을 나간 꿀벌은 자기 집에 정확히 돌아오는 습성이 있다. 꿀벌은 자기 집의 위치를 정확히 기억하고 있기 때문에 여간해서 다른 벌통으로 함부로 뛰어 드는 예는 많지 않다. 일부러 다른 벌통에서 벌꿀을 훔치기 위한 도봉(盜蜂)의 경우나, 환경의 급변에서 오는 표류벌[漂流蜂]이나,

벌통을 이리저리 함부로 옮겨 놓아 자기 집을 찾지 못하는 경우를 제외하면 꿀벌은 자기 집을 항상 정확히 찾아내는 귀소성이 강한 습성을 지닌 곤충이다. 꿀벌의 귀소능력은 예민한 감각기의 훈련과 이용, 또는 연습훈련을 통해서 발달하기 때문에 벌통의 위치를 함부로 바꿔 주거나, 벌통이 놓인 장소를 함부로 바꿔 주는 일은 양봉에서는 절대로 금하고 있다. 벌통의 위치를 바꾸는 일 , 벌통이 놓인 장소를 바꾸려면 꿀벌이 지닌 습성을 잘 이용해서 실시하지 않으면 뜻하지 않은 피해를 입기 쉽다.

7. 양봉기구와 사용법

꿀벌을 키워 생산 양봉을 수행하기 위해서는 여러가지 종류의 기구가 필요하며 이들 기구를 고루 갖추지 못하면 봉군 관리상 어려움이 있을 뿐만 아니라 정상적인 양봉의 수행이 어렵다. 그러므로 양봉을 수행하기 위해서는 이들에 필요한 기구를 갖춰야 하고 그 기구의 종류와 용도 또는 사용방법을 정확히 알 필요가 있다.

1) 벌통과 그에 따른 기구

벌통은 꿀벌이 떼를 지어 사회생활을 영위하는 집인 동시에 여왕벌이 알을 낳고 일벌들이 새끼벌을 키우는 곳이 될 뿐만 아니라 꿀과 화분을 저장하는 곳이다. 벌통의 모양과 형태는 원시적인 벌통부터 개량식 벌통 등 여러가지 모습이나 형태를 볼 수 있으며 벌통의 형태와 구조는 양봉산업의 발전과 더불어 개량, 발전되어 온 것이므로 근대양봉을 수행하기 위해서는 무엇보다 먼저 개량식 벌통을 갖춰야 한다.

(1) 표준벌통〔標準巢箱〕

개량식 벌통이라 하더라도 벌통의 고안자에 따라 벌통의 칫수에 약간의 차이가 있으나 일반적으로 랑그스트로스(Langstroth)가 고안한 칫수의 벌통을 표준 벌통으로 삼고 있으며 우리나라에서는 이를 라식벌통이라 부르고 있다.

표준벌통의 칫수 표준벌통은 소비(巢脾) 10매들이 벌통을 일컫는데 그의 내부 칫수는 폭 37cm, 세로 46. 6cm, 깊이 24. 2cm이다. 벌통을 만들 때 밑판은 벌통의 원 몸체보다 3～5cm 정도 앞으로 나오게 하여 착륙판(着陸板)으로 한다. 꿀벌이 드나드는 소문의 높이는 0. 9～1. 0cm로 하고 소문 길이는 벌통의 폭 길이 정도로 길게 하여 필요에 따라 조절할 수 있게 만든다. 벌통 제작에 쓰는 재료는 송판 또는 나왕판을 사용하는데 그

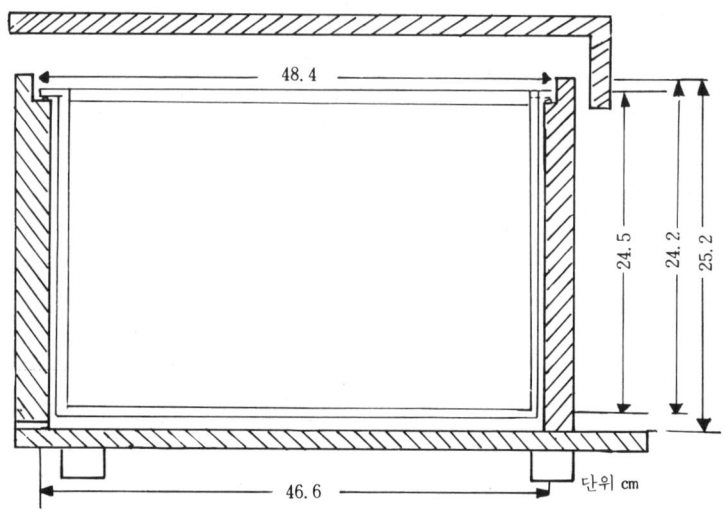

48.4

24.5

24.2

25.2

46.6

단위 cm

〈그림 7 - 1〉 표준벌통의 칫수

두께는 1.8cm 이상이어야 하고 잘 건조시킨 재료를 사용해야 한다. 벌통의 몸체와 밑판이 분리되어 있으면 계상으로 사용할 수 있는 잇점이 이 있어 좋으나 이동양봉에서는 오히려 못을 박아 고착시키는 것이 유리하다. 특히 이동양봉에서 사용할 벌통은 견고하게 만들어야 함은 물론 봉군의 이동 중 공기의 소통을 위해 벌통 밑판에 열고 닫을 수 있는 가로 20 cm, 세로 10cm 크기의 공기창(철망 붙임)을 만들 필요가 있다. 이 공기창은 봉군을 이동할 때만 사용해야 한다.

　　단상식과 계상식 벌통 일반적으로 벌통은 몸체, 밑판·겉뚜껑[外被], 속뚜껑[內被]으로 되어 있다. 겉뚜껑 및 속뚜껑은 얇은 송판으로 만들기도 하나 신문지 또는 마대·모포 등으로 대용하기도 한다.

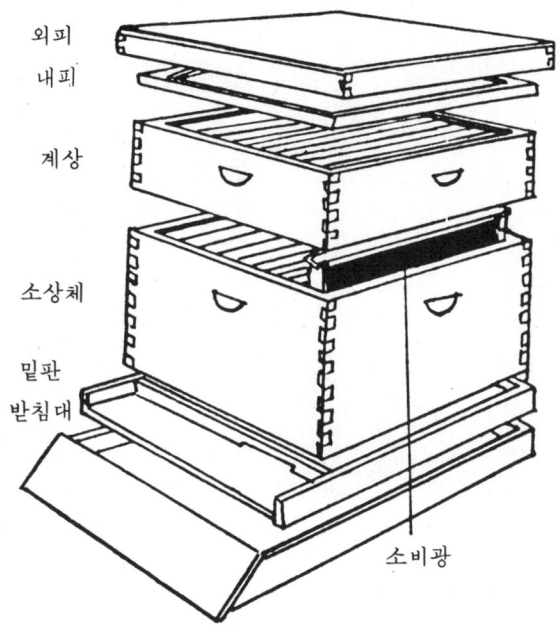

외피
내피
계상
소상체
밑판
받침대
소비광

〈그림 7 - 2〉 표준벌통의 각 부분

벌통은 단상식 벌통과 계상식 벌통으로 대별하는데 특히 계상식 벌통은 밀원이 풍부한 곳에서 양질의 벌꿀을 생산하기 위해 사용하나 우리나라와 같이 밀원이 부족하여 이동양봉을 주체로 하고 있는 곳에서는 단상식 벌통이 많이 사용된다. 한 장소에서 밀원이 오래 지속되고 봉군의 세력이 크게 번영하여 단상식 벌통으로는 봉군을 수용하는 데에 무리가 있을 때는 계상을 사용한다. 계상에는 전장식 계상(그림 7-3 참조)과 반장식 계상(그림 7-2 참조)이 있다. 전장식 계상을 사용하느냐, 반장식 계상을 사용 하느냐의 결정은 양봉의 형태 또는 양봉산물의 생산목표에 따라 다르기 때문에 어느 쪽이 유리하느냐 하는 것은 한마디로 표현하기는 어렵다.

〈그림 7 - 3〉 단상식 벌통과 계상식 벌통

(2) 소광과 소비

소광(巢框)은 벌집이 지어질 나무틀을 말하며 소비(巢脾)란 소광에 인
공소초를 붙여 벌집이 완성된 벌집틀을 일컫는다.

소광 소광(comb frame)은 인공소초(人工巢礎)를 붙여 벌집을 조성시

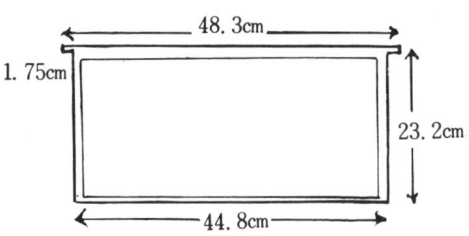

〈그림 7 - 4〉 소광의 칫수

킬 나무틀을 일컫는데 소광은 상잔(上棧)과 하잔(下棧)이 있고 양쪽에 측
잔(側棧)으로 된 네모틀이다. 소광의 칫수는 그림 7-4에 표시된 바와 같
이 상잔의 칫수는 48.3cm, 하잔의 칫수는 44.8cm, 측잔의 칫수는 23.2cm
이며 상잔의 폭은 약 3.5cm로 한다. 소광을 만드는 재료는 소나무 또는 나
왕을 사용하는데 특히 상잔은 벌집 전체의 무게를 지탱해야 하므로 하잔이나
측잔에 비하여 두텁고 단단해야 한다. 상잔 밑부분에는 홈을 파서 인공소
초를 붙일 때 이 부분에 인공소초가 끼워지도록 만든다. 상잔의 양 갓을 약
간 길게 하여 벌통내에 걸치도록 만들고 상잔의 양쪽 귀퉁이는 다른 부분에
비하여 약간 좁게 하여 소비를 들어내는데 편하도록 만든다. 소광의 측잔에
는 벌통내에 배열하였을 때 일정 간격이 유지되도록 자거장치를 만든다.

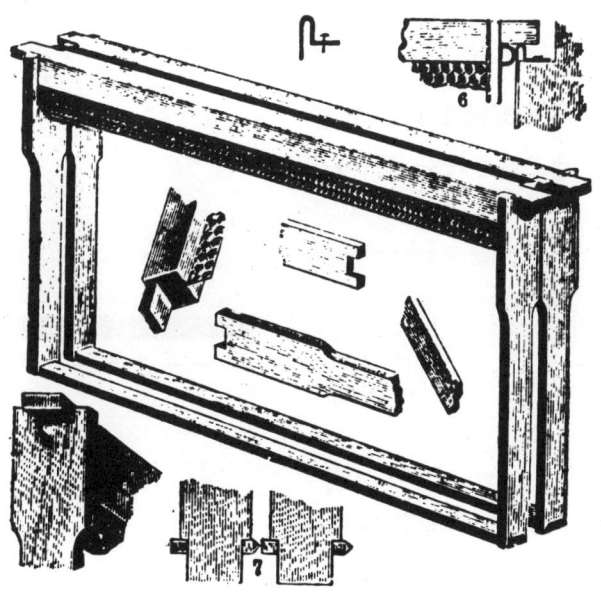

〈그림 7 - 5〉 소광과 자거장치 모양

소초광 제작　소광에 인공소초를 붙인 것을 소초광(巢礎框)이라 한다. 인공소초를 소광에 붙이기 전 먼저 21–22번선 철선을 맨다(그림 7 – 7 참

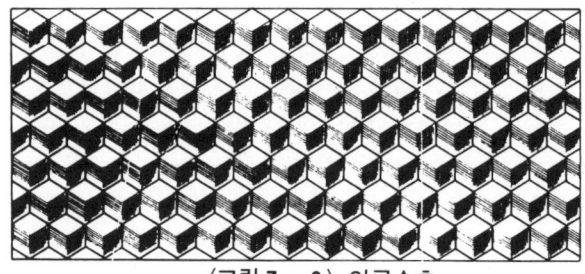

〈그림 7 – 6〉 인공소초

조). 철선을 매지 않으면 벌집이 완성된 다음 벌집의 지탱이 어려우므로 반드시 철선을 매야 한다. 철선을 매고 팽팽하게 당긴다. 철선을 매는 모양

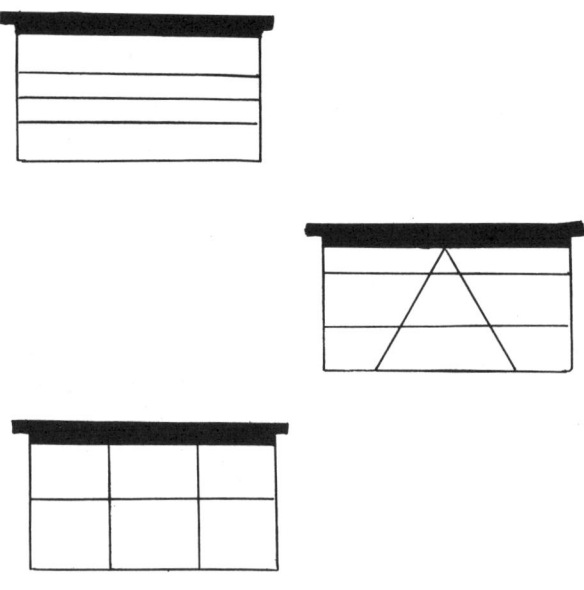

〈그림 7 – 7〉 소광에 철선을 매는 법

은 그림 7 - 7에서 보는 바와 같이 사람의 취향에 따라 어느 형태로 해도 상관 없다.

철선을 소초에 메우기 철선 매기가 끝나면 인공소초의 한쪽을 소광 상잔 밑쪽의 소초구(巢礎溝)에 끼고 소초광을 눕힌 다음 철선이 위로 오게 하고 밑에 매선대(埋線台)로 받친다. 인공소초 밑에 매선대를 매어 매선기(埋線器)로 철선을 가볍게 누르고 철선을 따라 나가면 철선의 한쪽이

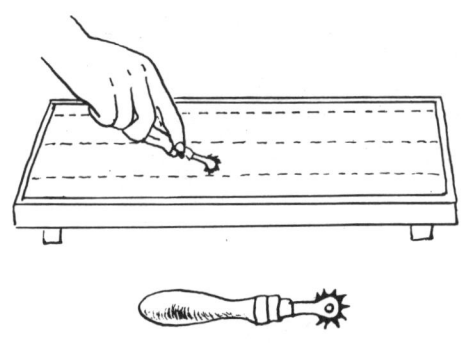

〈그림 7 - 8〉 철선을 소초에 매선하는 모습

인공소초에 묻히게 되는데 이 위에 약간의 밀납을 녹여 군데군데 발라 놓으면 인공소초에서 철선이 떨어지는 것을 방지할 수 있다. 철선을 인공소초에 매선하는 방법으로는 앞에서와 같은 롤러식매선기(roller式 埋線器)를 사용하는 이외에 전열(電熱)을 이용하는 전기매선법(電氣埋線法)이나 인두에 열을 가해 매선하는 인두식매선법이 있다. 전기식매선법이나 인두식매선법은 별도로 밀납을 녹여 붙일 필요가 없어 작업은 능률적이지만 온도를 잘 조절치 못하면 인공소초를 망가뜨릴 염려가 있으므로 상당한 숙련을 요하기 때문에 롤러식매선법을 따르는 것이 안전하다.

소비 소비(巢脾)란 소광에 인공소초를 붙여 소초광을 만든 다음 유밀기(流蜜期) 중 세력이 왕성한 봉군에 넣어 벌집을 완성한 것을 뜻한다. 유밀기중이라도 세력이 약한 봉군에서는 벌집을 잘 짓지 않거나 설사 벌집을

짓는다고 하더라도 벌집의 춤이 낮거나 또는 벌집면이 고르지 못한 소비가
조성되거나 숫벌방이 많이 생기는 소비가 되기 쉽다. 소비는 꿀이나 화분

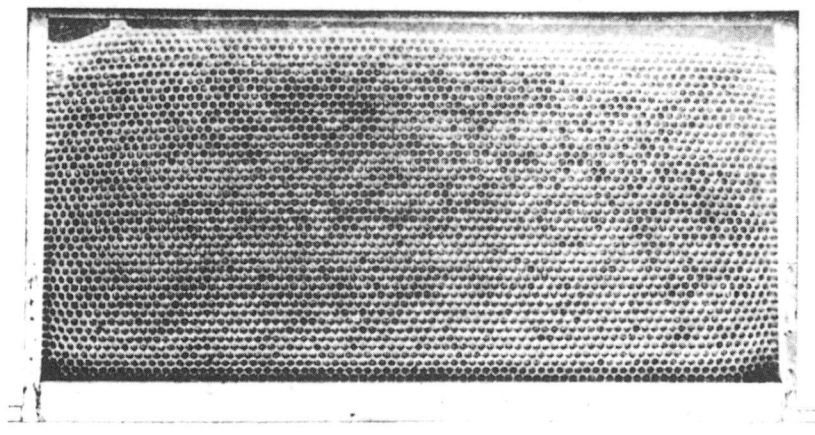

〈그림 7 - 9〉 완성된 소비

을 저장하는데 이용될 뿐만 아니라 여왕벌의 산란과 새끼벌이 자라는 방
이므로 완성된 소비는 소중히 다루어야 한다.

(3) 격왕판(隔王板)

격왕판이란 여왕벌의 왕대를 차단하여 산란육아실(産卵育兒室)과 저밀
실(貯蜜室)을 별도로 만들어 주는데 사용하는 기구이다. 격왕판의 틈새
(0.5cm)는 철선이 일정 간격으로 되어 여왕벌과 숫벌은 통과할 수 없으
나 일벌은 자유롭게 왕래할 수 있다. 격왕판에는 계상에서 사용하는 평면
격왕판(平面隔王板)과 단상에서 사용하는 수직격왕판(垂直隔王板)이 있다.
단상 벌통에 꿀벌이 가득 차도록 세력이 불어나면 계상을 하여 공간을 넓
혀 주는 동시에 밑벌통은 산란육아실로, 윗벌통은 저밀실로 활용하게 되
는데 밑벌통과 계상 사이에 격왕판을 사용하지 않으면 여왕벌이 계상에
올라가 알을 낳게 되므로 별도의 저밀실 확보가 어렵다. 그러므로 밑벌통
과 계상 사이에 여왕벌의 왕래를 차단하는 평면격왕판을 설치해야 산란육

〈그림 7 - 10〉 평면격왕판(계상용)

아실과 저밀실의 확보가 가능해진다. 이와 같은 목적으로 단상에서 사용하는 격왕판이 수직격왕판이다. 단상에서 소비 사이에 수직격왕판을 삽입해 두면 여왕벌은 벌통 한쪽에 가둬져 산란육아실이 되고 다른 쪽은 저밀실이 된다.

〈그림 7 - 11〉 수직격왕판(단상용)

(4) 격리판 (隔離板)

0.5cm 두께의 널판을 소비크기만하게 만든 판대기로서 소비맷수에 따라 쓸데 없는 공간이 생기는 것을 막는데 사용한다. 10매 소비가 가득찬

벌통에서는 불필요하지만 10매 이하의 소비가 든 벌통에서는 꼭 필요하다. 소비를 벌통 한쪽으로 모으고 빈쪽 소비 맨 가장자리에 격리판을 끼워두는데 이때 격리판을 끼워주지 않으면 쓸데 없는 빈 공간이 생길 뿐만 아니라 맨 가장자리의 소비에는 벌들이 붙지않아 빈 소비가 되며 벌집나

〈그림 7 – 12〉 격리판

방(巢虫)의 피해를 받기 쉽다. 또한 이 격리판은 월동포장을 할 때는 꿀벌이 붙은 소비를 벌통 중앙으로 모으고 양쪽 가장자리에 끼워 격리판 역할 뿐만 아니라 보온판(保温板)의 역할도 겸할 수 있다.

2) 봉군 관찰용 기구

이따금 벌통을 열어 내검하거나, 채밀을 위해 벌통을 열거나 또는 그밖에 봉군의 관리상 부득이 벌통을 열어볼 필요가 있을 때 사용하는 몇 가

지 필수 기구가 있다. 봉군의 관찰이나 관리에 필수적으로 필요한 기구로는
복면포(覆面布)·훈연기(燻煙器)·하이브툴(hive tool)이 있다.

(1) 복면포 (bee veil)

복면포란 망사나 한냉사로 만든 머리와 얼굴을 가리기 위해 만든 망포
인데 복면포를 쓰면 일벌의 쏘임을 막을 수 있어 봉군을 취급하기에 편하
다. 봉군의 취급중 벌침을 가장 잘 쏘이는 부분이 얼굴과 머리 부분이기
때문에 복면포를 쓰고 봉군을 취급하면 봉군을 보다 편하게 다룰 수 있다.

〈그림 7 - 13〉 복면포를 쓴 모습

(2) 훈연기 (smoker)

훈연기란 그림 7-14에서 보는 바와 같이 연기를 뿜는 기구이다. 꿀벌은 연기를 무서워해 연기를 뿜어대면 꿀벌의 활동이 잠잠해지기 때문에 꿀벌을 다루는데 편하며 연기를 뿜으면 벌침을 쏘는 일도 적어진다.   훈연기는 함석이나 동판으로 만든 것도 있고 최근에는 스텐레스판으로 만든 것

〈그림 7 - 14〉 훈연기

이 많다. 훈연기에 넣어 연기를 피울 재료는 아무 것이나 상관은 없지만 마른나무 조각, 신문지, 대패밥, 마른잡초 등이 많이 사용되며 이를 훈연기통에 넣고 불을 붙여 불꽃이 나오지 않는 상태에서 연기만 뿜을 수 있으면 된다.

(3) 하이브툴 (hive tool)

꿀벌은 수지물 (樹脂物)을 수집, 벌통내 허술한 곳을 봉교 (蜂膠)로 싸

발라 놓는 습성이 강하다. 특히 소비와 소비사이 또는 벌통을 봉교로 싸
발라 소비를 들어내기 힘들며 그들을 그대로 잡아떼다 보면 잘 떨어지지
않을 뿐더러 자연히 무리를 빚게 된다. 그러므로 벌통을 열고 내피를 제
치면 우선 봉교로 엉겨붙은 소비를 제쳐 움직여 놓는데 하이브툴이   필요

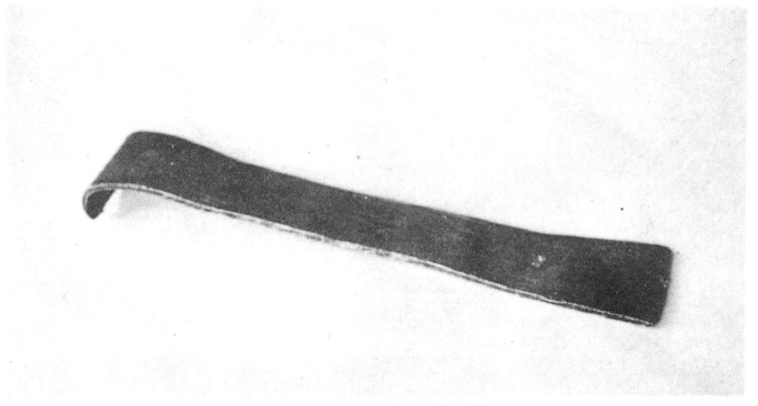

〈그림 7 - 15〉 하이브툴

하다. 하이브툴은 철제인데 그림 7-15에서 보는 바와 같이 한쪽 끝은 넓
적하게 둔한 날이 서 있고 다른 한쪽은 갈퀴와 같이 끝이 굽어져 봉교를
긁어내는데 사용하기 편하게 만들어져 있다. 보기에는 아주 간단하고 하
찮은 모양을 하고 있지만 벌통을 열어 소비를 하나하나 움직여 놓는 데
꼭 필요한 기구이다.

3) 채밀용 기구

벌통에 채워진 꿀은 채밀할 때는 앞에서 든 복면포·훈연기·하이브툴
이외 꿀을 분리해 내기 위한 채밀용 기구가 필요하다.

(1) 채밀기

채밀기(honey extractor)란 벌집(소비)에 저장된 꿀을 분리해 내는데

사용하는 기구를 일컫는다. 채밀기는 양봉의 규모에 따라 수동식채밀기 (手動式採蜜機) 와 동력식채밀기 (動力式採蜜機) 로 대별하는데 우리나라 에서 사용되는 채밀기는 모두 수동식채밀기에 해당한다. 수동식채밀기에 는 고정식채밀기 (固定式採蜜機) 와 반전식채밀기 (反轉式採蜜機) 가 있다.

　　고정식채밀기　고정식채밀기란 저밀소비를 넣고 돌리면 바깥쪽 꿀이 분리되고 반대쪽 꿀을 분리하려면 회전을 멈추고 소비의 방향을 일일이 바꿔줘야 한다.

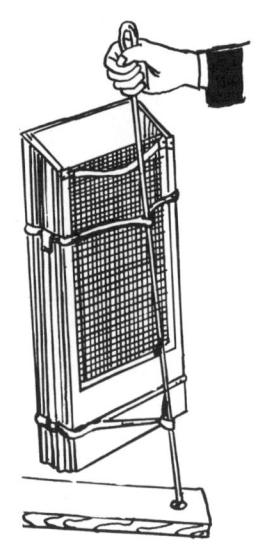

〈그림 7 - 16〉 고정식채밀기 (1 매용)

　고정식채밀기는 한번에 들어가는 소비맷수에 따라 1매식, 2매식, 3매식, 또는 한 장거리, 두 장거리, 석 장거리 채밀기로 나누기도 한다. 한 장거리 채밀기는 1회에 들어가는 소비맷수는 1매로서 아주 간단하다. 이는 한 두통의 꿀벌을 치는 사람들이 이따금 사용하나 채밀작업이 무척 불편하 다 (그림 7 - 16참조). 소비 2 - 3매들이 고정식채밀기는 둥근 함석통 또는 스텐레스통 (그림 7 - 17참조) 으로 되어 있으며 통안에 저밀소비를 수용

〈그림 7 - 17〉 고정식채밀기 (2 ~ 3 매용)

하는 철망통이 있고 통 중앙의 축은 치차식으로 핸들과 연결되어 핸들을
돌리면 철망통이 돌도록 만들어졌다. 저밀소비를 넣고 핸들을 시계바늘
방향으로 돌리면 소비 바깥쪽 꿀이 분리된다. 핸들을 멈추고 저밀소비의
방향을 바꿔낀 다음 핸들을 돌려 반대쪽의 꿀을 채밀한다.

　　반전식채밀기 반전식채밀기도 2~3매들이 고정식채밀기와 마찬가지
로 둥근 함석 또는 스텐레스통인 점에서는 같으나 채밀기의 통이 고정식
에 비하여 훨씬 크다. 고정식채밀기로 채밀할 때는 저밀소비의 방향을 일
일이 바꾸어 가면서 채밀작업을 하였으나 반전식채밀기에서는 그럴 필요
가 없다.

　　채밀기통내 철망통에 저밀소비를 넣고 핸들을 회전시키면 저밀소비 한
쪽의 꿀이 분리되고 회전시키던 핸들을 갑자기 멈추면 저밀소비가 든 철
망통의 방향이 자동적으로 회전해서 소비의 방향이 바꾸어지므로 다시
핸들을 돌리면 나머지 부분의 꿀이 채밀되도록 되어 있다. 그러므로 고
정식채밀기에서 소비의 방향을 하나하나 바꿔주는 번거로움이 없으므로
반전식채밀기로 채밀하는 것이 훨씬 능률적이므로 규모가 큰 양봉장에서
는 반전식채밀기를 사용하고 있다. 또한 회전부위에 베어링이 들어 있어
고정식채밀기에 비하여 회전이 부드럽고 채밀시 진동이 적어 채밀작업에
힘이 덜 들 뿐만 아니라 채밀시 유충이나 알이 튀어나오는 일이 적으므로
훨씬 유리하다. 반전식채밀기에도 1회에 들어가는 소비맷수에 2매식, 4매

〈그림 7 - 18〉 반전식채밀기

식 또는 8매식들이가 있다.

(2) 밀려기 (蜜濾器)

함석으로 만든 깔대기 모양의 기구인데 안쪽에 눈목이 작은 철망이 붙어있다. 밀려기는 채밀기의 꿀 유출구를 통해 꿀을 받을 때 유출구에 매달고 꿀통에 꿀을 받으면 꿀에 혼입된 벌집쪽이나 벌새끼 등의 잡물이 밀려기 안에서 모두 걸러낼 수 있다.

〈그림 7 – 19〉 밀려기

(3) 벌비 (봉솔)

채밀을 하려면 먼저 소비에 있는 꿀벌을 털어야 한다. 소비의 양 귀를 양
손으로 꽉 잡고 위에서 아래쪽을 향해 충격을 가하면 대부분의 꿀벌이 털
어진다. 손으로 흔들어 탈봉을 하고 나면 일부의 꿀벌이 소비에 남아 있
다. 이때 벌비를 이용해서 나머지 벌을 쓸어 내린다. 벌비는 연한 짐승털
로 만든 것이 가장 좋은데 그렇지 않은 것도 많다. 털부분을 연하게 하기
위해 사용할 때는 이따금 물에 담궈가면서 사용하기도 한다.

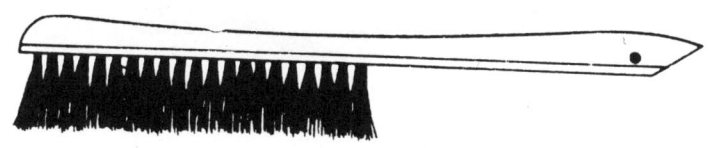

〈그림 7 – 20〉 벌비 (봉솔)

(4) 밀도 (蜜刃)

밀도(honey knife) 란 저밀소비의 밀개(蜜蓋)를 제쳐내는데 사용되는
기구이다. 벌집(소비)에 꿀이 가득차 꿀이 완숙되면 밀납과 화분을 섞어
싸바르게 되는데 이를 밀개라 한다. 밀개된 저밀소비를 채밀기에 넣어 채
밀하기 전 먼저 밀도를 이용해서 밀개를 제쳐내야 한다. 그림 7-21에서
보는 밀도(빙함식)의 둘레는   모두 예리한 날이 서 있어 밀개를 제치는

〈그림 7 - 21〉 밀도(빙함식)

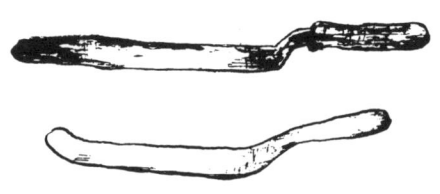

〈그림 7 - 22〉 쿠인비식 밀도

데 유리하다. 끈끈한 꿀이 묻으면 칼날이 둔해지므로 뜨거운 물이 든 그릇에 담가서 사용한다. 밀도는 그 모양에 따라 빙함식 이외 쿠인버식 밀도 (그림 7-22)가 있는데 쿠인버식 밀도는 밀도의 끝이 약간 굽어 있어서 이는 움푹 들어간 곳의 밀개를 제쳐내는데 편하게 사용할 수 있다. 그 밖에 손잡이 끝에 고무줄을 연결해서 증기가 통하게 만든 증기식 밀도, 일명 루트식 밀도가 있다.

4) 사양용 기구

사양용 기구 (飼養用 器具) 란 설탕액을 줄 때 사용하는 기구이다. 양봉을 수행하다 보면 저밀의 부족이나 밀원의 부족 또는 그 밖의 여러가지 사정으로 말미암아 먹이 부족현상이 발생하여 사양을 하지 않으면 안될 부득이한 예가 자주 있다. 사양방법은 양봉가에 따라 여러 가지 기구를 사용하고 있으나 소정 사양용 기구를 갖추고 그를 사용하면 간편하고 능률적이다.

광식사양기 광식사양기 (框式飼養器) 는 소비 크기만한 상자식 사양기인데 사양기 제작에 사용되는 재료는 함석판이나 나왕판 또는 나무판대기가 사용된다. 설탕액을 준비하여 광식사양기에 부어 넣어 벌통내 맨 가장자리에 삽입해서 사용한다. 광식사양기 사용에는 꿀벌이 빠져 죽기 때문에 사양기 설탕액에 콜크판대기나 나무쪽을 띄워 놓는 것이 안전하다.

〈그림 7 - 23〉 광식사양기

　소문용 사양기 주로 함석으로 만든 소형 상자형인데 그림 7-24에서 보는 바와 같이 사양기 한쪽이 길게 뻗어 설탕액이 이 부분으로 조금씩 흘러나온다. 사양기에 설탕액을 넣고 설탕액이 흘러나오는 쪽을 소문으로 밀어 넣으면 벌통안에서 꿀벌들이 설탕액을 물어들인다. 꿀벌이 설탕액을 빨아 옮기면 통안의 설탕액이 조금씩 흘러나온다. 이 사양기를 사용

하면 벌통을 열 필요가 없어 편리하나 급이되는 설탕액의 양이 적고, 설탕액이 든 통이 밖에 노출되어 사양액이 냉한 상태가 되기 쉬운 결점이 있다.

5) 매선용 기구

매선용기구 (埋線用器具) 란 인공소초를 소광의 철선에 붙이는데 사용되는 기구이다.

매선기 매선기 (埋線器) 란 철선을 인공소초에 묻히게 하는데 사용하는 기구이다. 매선기에는 로울러식매선기와 인두식매선기, 전기식매선기 등 세 종류가 있는데 우리나라에서는 로울러식과 인두식이 많이 사용되고 있

〈그림 7 - 25〉 로울러식과 인두식 매선기

다. 로울러식매선기는 치차와 같이 돌아가므로 그 부분을 철선에 대고 가볍게 누르면서 철선을 따라 가면 철선의 한쪽이 소초에 묻힌다. 인두식 매선기에는 불에 가열한 다음 소광의 철선 한쪽에 대면 열이 전도되어 소초가 약간 녹으면서 철선의 한쪽이 묻힌다.

매선대 로울러식매선기를 사용할 때는 밑에 평면이 고른 판대기가 필

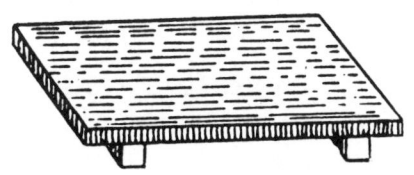

〈그림 7 - 26〉 매선대

요한데 이를 매선대라 한다. 이는 매선에 사용할 목적으로 만들어졌기 때문에 매선시 편하게 사용할 수 있다.

용납관 매선기로 철선을 소초에 묻히게 한 다음에는 밀납을 녹여 군데군데 발라 둘 필요가 있다. 이때 밀납을 녹이는데 사용하는 주전자 모양의 소형기구를 용납관이라 하는데 용납관은 이중으로 되어 바깥쪽은 물을 붓게 되어 있고 안쪽은 밀납쪽을 넣어 녹이도록 되어 있다. 밀납을 직접 녹이면 타기 쉬우므로 중탕을 통해서 녹이는 것이 안전하다.

〈그림 7 - 27〉 용납관

6) 채납용 기구

채납용기구(採蠟用器具)란 헌 벌집 또는 벌집부스러기를 수집해서 이들의 밀납을 녹여 짜내는 기구를 일컫는데 이들에 사용하는 기구를 채납기(採蠟器)라 한다. 채납기의 종류로는 일광채납기·증기채납기·열탕채납기 등이 있는데 우리 나라에서는 이들 채납기를 사용하기 보다는 묵은 벌집이나 소비쪽을 물에 끓여 면포 또는 베포에 싸서 짜내는 것이 보통이다. 그러나 많은 밀납생산에서는 그림 7-28에서 보는 바와 같이 증기압식채납기를 사용하면 편리하다.

증기압식채납기는 동판이나 아연판으로 만든 기구인데 채납자료를 통안에 넣고 관을 통해 증기를 보내 밀납을 녹인 다음 핸들을 돌려 압력을 가하면 녹은 밀납이 유출구를 통해 흘러 나온다.

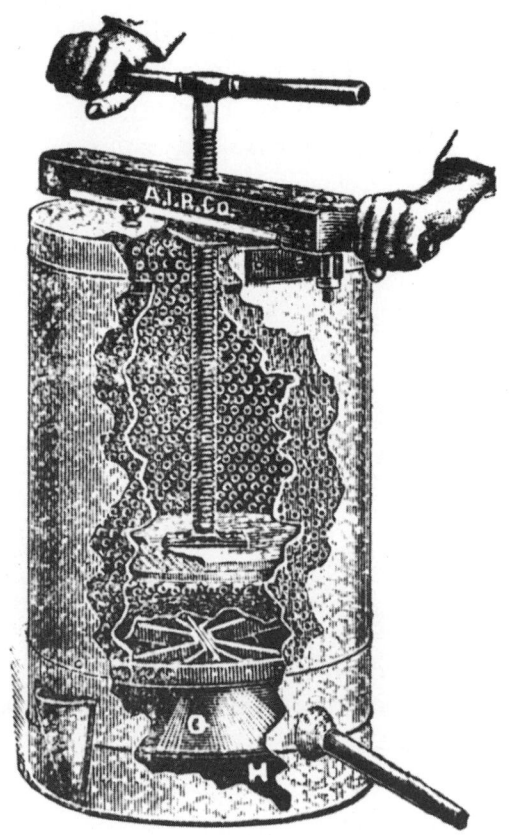

〈그림 7 - 28〉 증기압식 채납기

7) 왕유생산용기구

왕유(로얄젤리) 생산은 벌꿀 생산과는 달라 여러가지 사소한 기구들이 필요하다. 왕유생산용기구 또는 도구들로서는 왕완, 채유광, 이충침, 이충용 핀셋, 채유기구, 예리한 칼, 소비대, 채유병, 냉동장치 등이 필요하다.

왕완　왕완(王椀)이란 왕대의 기초가 되는 소형기구인데　밀납으로 만든 납완이 있고 플라스틱으로 만든　왕완이 있다.　밀납으로　만든 왕완은 여왕벌 생산에서 많이 사용하고 왕유생산에는 플라스틱으로 만든　왕완이 사용되고 있다.　플라스틱 왕완은 싼 값으로 양봉기구상에서 구입할 수 있다.　낱개로 되어 있는 것과 5개씩 붙어 있는 것이 있는데　5개씩　붙어 있는 것을 사용하는 것이 작업상 편리하다.

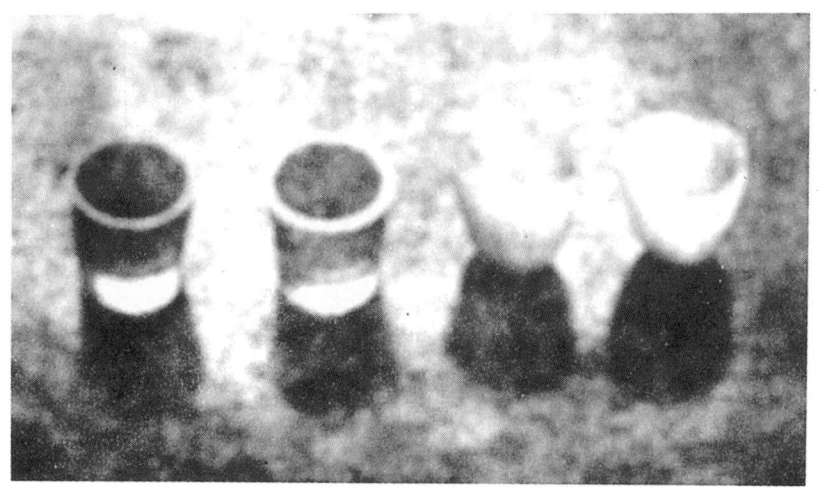

〈그림 7 - 29〉 납완과 플라스틱 왕완

채유광　채유광(採乳框)이란 그림 7 - 30에서 보는 바와 같이 라식 소광의 크기인데 폭을 반정도로 줄이고 소광에 왕대를 붙일 가로막대를 2〜3단으로 하고 가로막대 밑에 왕완을 붙여 만든다.　라식벌통용 소광에 가로막대를 대어 그대로 사용하는 예도 있으나 이것은 일벌들의　왕유분비작업에 불편할 뿐만 아니라 왕대의 보온면에 불편하므로 채유광용　소광은 별도로 제작 또는 구입해서 사용하는 것이 바람직하다.

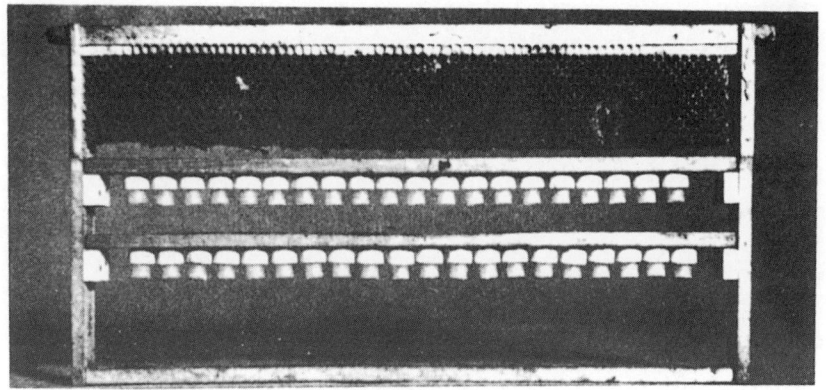

〈그림 7 - 30〉 채유광

이충침 이충침 (移虫針) 이란 끝이 귀이개와 같은 모양을 한   기구로서

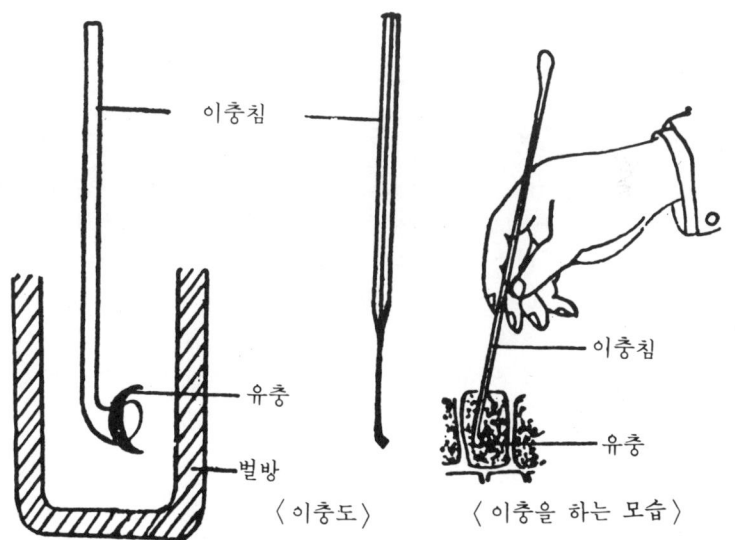

〈이충도〉   〈이충을 하는 모습〉

〈그림 7 - 31〉 이충침과 이충모습

일벌방의 유충을 채유광의 왕완에 옮겨 넣는데 사용한다.

이충침은 유충을 옮길 때 유충이 상하지 않도록 이충침 끝은 녹은 밀납 용액에 담가 얇은 밀납막을 입혀 사용하는 것이 좋다. 이충침은 대나무로 만든 것도 있으나 철제로 만든 것도 많다. 최근에는 이충의 작업능률을 높이기 위해 자동식 이충용기구(그림 7-32)를 사용하는 예도 있으나 이충중 유충이 상할 염려가 있으므로 사용상 세심한 주의가 필요하다.

〈그림 7 - 32〉 자동식 이충용 기구〉

이충용 핀셋 특별한 기구는 아니지만 끝이 비교적 예리한 일반 핀셋인데 금속성보다는 플라스틱이나 대나무로 만든 것이 좋다. 이 핀셋은 왕대내의 왕유를 채취하기전 유충을 집어내는데 사용하는 기구로서 대수롭지는 않으나 왕유를 채취하기전 유충을 꺼내 내는 데는 반드시 필요하다.

채유기구 왕대내에 왕유가 차면 먼저 왕대부분을 예리한 칼로 잘라내고 유충을 이충용 핀셋으로 집어내고 왕유를 채유(採乳) 한다. 왕대내에서 왕유를 떠내는데는 대나무나 플라스틱으로 만든 소형 채유수저를 사용한다. 최근에는 채유의 능률을 높이기 위해 채유흡입장치를 만들어 사용하기도 한다. 채유흡입장치는 수도의 수압을 이용하는 수압식흡입장치가 있고 진공배기펌프를 이용한 진공펌프식 흡입장치가 사용되고 있는데 작업능률이 높을 뿐만 아니라 위생적으로 왕유를 생산할 수 있기 때문에 대

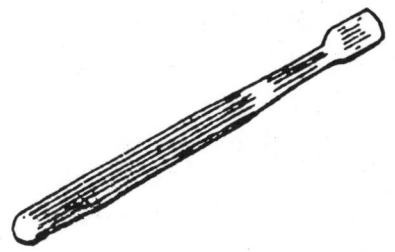

〈그림 7 - 33〉 채유수저

량 왕유생산 양봉에서는 이들 채유기구들이 많이 사용된다.

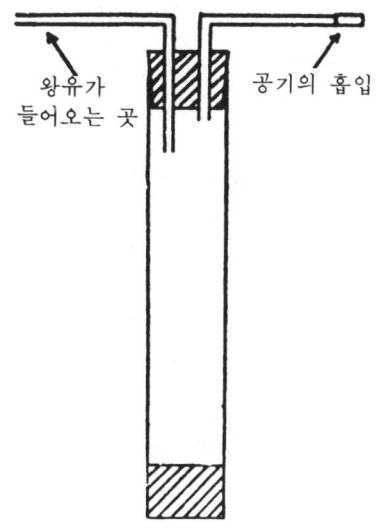

왕유가
들어오는 곳

공기의 흡입

〈그림 7 - 34〉 왕유흡입장치의 기본원리

칼 왕완에 왕유가 채워지면 왕완끝을 이어 왕대를 지어 올린다. 왕유
를 떠내기전 이 부분을 잘라내는데 예리한 칼이 필요하다.

　채유광대   채유광대(採乳框台)란 채유광의 왕완에 이충할 때　채유광을 45°정도로 기울어지게 하는데 필요한 받침대이다.

　채유병   채유병(採乳瓶)이란 왕유를 담는 소형병으로서 갈색 유리병이나 폴리에치렌제 병이 사용되는데 보통 50g들이 병이 많이 사용된다. 어느 병을 사용해도 상관은 없으나 차광이 잘 되는　갈색병을 사용하는 것이 좋다.

　냉동장치   생산된 왕유를 채유 즉시 저온에 보관할 필요가 있다. 고정 양봉장에서는 인가 주변이므로 냉장고를 사용하면 되지만 이동양봉의 경우는 냉장고의 확보가 어려우므로 아이스 박스(얼음통)나 저온 보온병을 사용한다. 아이스 박스의 냉동은 얼음보다는 드라이 아이스를　이용하는 것이 좋다. 이들 아이스 박스는 생산된 왕유의 운반이나 수송에도　이용된다.

8) 화분생산용 기구

　최근 화분의 이용성이 높아짐에 따라 화분생산량이 큰 활기를 띠고 있는데 화분생산을 위한 기구로서는 화분채집기와 화분건조기가 필요하다.

〈그림 7 - 35〉 화분채집기

화분채집기 과거에는 화분채집기 (花粉採集器) 를 함석판으로 만들어 사용하였으나 최근에는 플라스틱 화분채집기가 주로 사용된다. 화분채집기는 꿀벌이 드나드는 여러개의 구멍과 떨어지는 화분을 받는 설합으로 되어 있다. 화분채집기를 소문에 설치하면 외역에서 화분을 채집하여 돌아온 일벌들은 화분채집기의 구멍을 통과하는 과정에서 화분농의 화분하 (花粉荷) 가 떨어지는데 이들 화분하는 화분채집기의 설합에 모이게 된다.

화분건조기 화분채집기를 이용해서 생산된 화분은 수집되는대로 잘 말려야 품질이 우수한 화분하를 생산할 수 있다. 화분건조기로 별도 제작된 것은 아직 없으나 실험실에서 사용되는 일반 건열기를 사용할 수 있다. 화분의 건조에서는 온도의 조절이 중요하다. 화분의 건조는 40℃ 전후에서 실시해야 하므로 화분건조기에는 온도 조절기가 붙어 있는 것이 바람직하다. 일반적으로 생산된 화분을 햇볕에 펼쳐 말리는데 햇볕에 말리면 화분의 독특한 색채의 유지가 어려울 뿐더러 독특한 향기도 유지하기 어려우므로 좋은 방법이라고 할 수는 없다.

9) 기타 양봉기구

양봉을 하는 데는 앞에 열거한 기구 이외에도 그 종류가 대단히 많다. 그들 기구를 간단히 소개하여 그 용도를 설명하면 다음과 같다.

(1) 합봉망 (合蜂網)

합봉망이란 단상에서 2개의 봉군을 합봉할 때 사용하는 기구로서 그림 7-36에서 보는 바와 같이 소광 정도의 틀에 가는 철망이 대어 있다. 이 합봉망을 합봉하려는 두 봉군사이에 삽입해서 합봉망을 경계로 두 봉군을 대치시켜 두면 시간이 경과함에 따라 두 봉군이 친숙해지는데 이때 합봉망을 빼내면 두 봉군은 별 무리 없이 합봉된다.

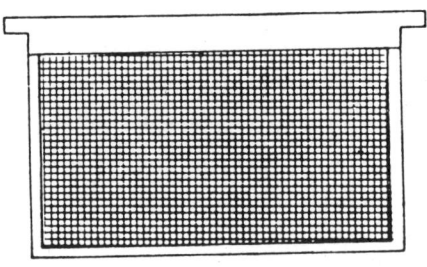

〈그림 7 - 36〉 합봉망

(2) 포봉기 (捕蜂器)

포봉기는 자연분봉군이 높은 나뭇가지에 매달려 있는 것을 잡아 내리는 데 사용하는 기구이다. 포봉기를 긴 장대 끝에 매고 뚜껑 한쪽에 줄을 매

〈그림 7 - 37〉 포봉기

어 열린 채로 분봉군에 접근시켜 충격을 주어 분봉군을 포봉기 안으로 떨어지게 한 다음 줄을 당겨 뚜껑을 닫아 분봉군을 잡아 땅으로 내린다. 포봉기의 한편에 좁은 문이 있으므로 벌통 소비사이에 대고 뚜껑을 열면 포봉기내 꿀벌이 벌통으로 몰려 들어간다.

(3) 탈봉기 (脫蜂器)

탈봉기란 그림 7-38에서 보는 바와 같이 철망으로 만든 3각형 한쪽부분에 가는 철망이 대 있고 3각형 정점부위는 얇은 시계 태엽형 작은판이 어긋나게 대어져 있으며 3각형 정점 반대쪽 3각형저변 약간 넓은판이 대어있는 곳은 일벌들이 들어갈 수 있는 긴 문이 나 있다. 3각형 정점 부위를 소문으로 밀어 넣으면 밖에 있는 일벌들은 들어갈 수 있으나 벌통내 일벌들은 다시 나올 수 없고 탈봉기의 위치를 반대로 놓으면 벌통내 일벌들은 나올 수는 있으나 밖에 있는 일벌들은 들어갈 수 없게 하는 역할을 한다. 밑벌통과 계상사이에 널판지를 대고 한 귀퉁이에 탈봉기를 설치하면 계상

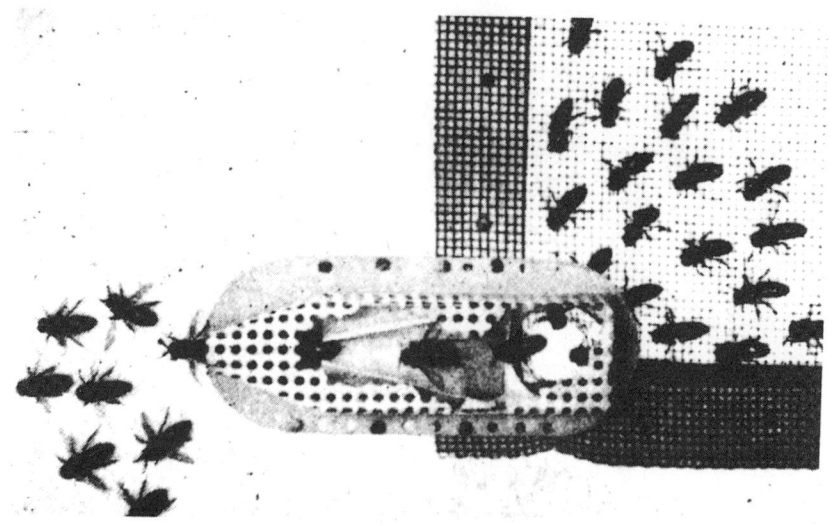

〈그림 7 - 38〉 탈봉기와 꿀벌의 탈봉모습

의 일벌을 모두 밑벌통으로 몰아낼 수 있다. 탈봉기의 용도는 목적에 따라 여러가지로 사용할 수 있다. 예를 들어 낮에 갑자기 벌통을 이동하려할 때 소문에 탈봉기를 설치하면 외역중인 일벌들을 모두 불러들일 수 있다. 또는 계상양봉에서 계상에 있는 일벌을 밑벌통으로 몰아 탈봉하는 데도 이용할 수 있다.

(4) 왕대보호기 (王台保護器)

그림 7-39에서 보는 바와 같이 철선을 깔대기 모양의 코일식으로 감아만든 기구이다. 완성된 왕대를 절취하여 왕대보호기에 넣어 소비면에 꽂아두면 왕대를 안전하게 보호하면서 새여왕벌을 출방시킬 수 있다. 완성된

〈그림 7 - 39〉 왕대보호기

왕대를 그대로 무왕군이나 일반 벌통에 넣어 주면 왕대를 공격하는 일이 있으므로 왕대를 그대로 직접 넣어주는 일은 위험하다. 같은 목적으로 사용하면서 출방한 여왕벌을 왕롱에 갇히도록 하는 격왕출방롱(隔王出房籠)을 사용할 수도 있다.

〈그림 7 – 40〉 격왕출방롱

(5) 왕롱 (王籠)

〈그림 7 – 41〉 왕롱의 일종

철망으로 만든 소형 철망통인데 이는 여왕벌을 일시 격리하거나, 새여
왕벌을 무왕군에 유입시킬 때 또는 여왕벌을 운반할 때도 사용한다. 일반
적으로 많이 사용하는 왕롱의 크기는 길이 5.5cm, 폭 3cm, 두께 2.5cm 정
도인데 왕롱의 유형에 따라 모양이나 크기가 다양하다.

(6) 분봉방지기 (分蜂防止器)

분봉군이 출방할 기미가 보이는 벌통소문에 그림 7-42 와 같은 분봉방
지기를 설치하면 여왕벌은 분봉방지기내에 갇혀 분봉을 떠나지 못한다. 여

〈그림 7 - 42〉 분봉방지기

왕벌이 분봉방지기내에 갇히면 본래의 벌통을 다른 곳으로 옮기고 이곳에
새벌통을 갖다 놓고 여왕벌을 잡아 넣으면 분봉을 떠나려던 일벌은 다시
여왕벌이 있는 벌통으로 되돌아 온다.

8. 밀원식물(蜜源植物)

꿀벌의 기본식량인 꿀과 화분은 각종 식물의 꽃에서 비롯되므로 꽃이 없으면 양봉은 이룩될 수 없다. 꿀과 화분의 생산성은 식물의 종류와 품종 또는 계통에 따라 차이가 있을 뿐만 아니라 주어진 환경조건에 따라 큰 차이가 있기 때문에 이들에 관한 이해는 양봉의 성패와 밀접한 관계가 있다.

이 지구상에는 약 35만종의 식물이 살고 있는데, 이들중 현화식물(顯花植物)에 해당하는 식물은 약 25만종에 이른다. 우리나라에 살고 있는 관속식물은 약 4,600여종에 이르는데 경제적으로 이용이 가능한 식물은 약 2,500여종이나 되어 식물상(植物相)이 비교적 다양하다. 현재 우리나라 양봉에서 활용되는 밀원식물은 약 250종으로 보며 앞으로 계획적인 증식을 꾀한다면 밀원식물로서의 이용이 가능한 식물은 무려 800여종에 이를 것으로 본다.

1) 밀원의 뜻과 구비조건

(1) 밀원이란

꿀벌이 수집하는 화밀(花蜜)과 화분(花粉)은 각종 식물의 꽃에서 생성되는데 이들 식물들을 밀원식물(蜜源植物) 또는 밀원(蜜源)이라 한다. 밀원식물에는 목본식물(木本植物)도 있고 초본식물(草本植物)도 있으며 밀원식물의 종류에 따라서는 화밀과 화분을 함께 생성하는 종류가 있는가 하면 화밀만 생성하는 종류, 화분만 생성하는 종류들이 있다. 꿀벌들이 수집하는 벌꿀은 꽃의 밀선(蜜腺)에서 분비되는 화밀을 수집해서 생산하는 것이 원칙이지만 식물의 종류에 따라서는 잎자루〔葉柄〕나 잎몸〔葉身〕에 밀선이 있어 단물질을 분비하는데 꿀벌들은 이들 단물질을 수집하는 일도 있으나 이들을 밀원식물로 취급하지는 않는다. 또한 매미목

곤충에 속하는 진딧물·깍지벌레들은 단 배설물인 감로(甘露)를 내는데 밀원이 부족할 때는 감로를 수집, 저장하여 감로꿀을 생산한다. 그러나 이들을 밀원으로 취급하지는 않는다.

(2) 주요밀원과 보조밀원

밀원식물은 그들의 종류에 따라 화밀의 분비량이 많은 것과 적은 것이 있는데 일반적으로 화밀분비량이 많은 것은 주요밀원 (主要蜜源), 화밀분비량이 적은 것은 보조밀원(補助蜜源)이라 하나 그것만으로 주요밀원과 보조밀원으로 구분하는 것은 잘못이다. 왜냐하면 양봉에서 요구되는 밀원은 양적으로 다루어지기 때문이다. 화밀의 분비량이 많은 밀원이라 하더라도 밀원의 수 또는 양이 적으면 채밀이 어려울 뿐만 아니라 꿀벌의 식량이 되지 못한다. 한편 화밀의 분비량은 약간 적어도 밀원의 수나 양이 많으면 꿀벌의 먹이 충족은 물론 때로는 채밀이 가능한 경우도 있다. 그러므로 주요밀원이라 함은 채밀이 가능한 밀원을 말하며 보조밀원은 채밀은 어렵지만 꿀벌의 생활유지에 필요한 식량의 보급이 가능함을 기준으로 삼는 것이 옳다.

(3) 밀원의 구비조건

꿀벌이 좋아하는 꽃은 꽃의 모양이나 색 또는 향기에 따라 좌우되거나 화밀이나 화분을 많이 생성하는 꽃 임에는 틀림없으나 실제 양봉에서 요구되는 밀원의 구비조건은 그것보다 다양하다. 밀원으로서 구비해야 할 조건을 요약해서 열거하면 다음과 같다

(가) 화밀과 화분을 많이 생성하는 밀원

(나) 개화기간이 긴 밀원

(다) 꿀벌이 활동하는 범위내에 양적으로 많이 분포하는 밀원

(라) 동일종의 식물이 수적으로 많이 분포하는 밀원

(마) 화통이 굵어 꿀벌이 꽃속에 들어가 수밀작업이 가능한 밀원

(바) 화통이 가는 꽃이라도 꿀벌의 혀가 미쳐 수밀작업이 가능한 밀원

(사) 청명한 날 낮에 피는 밀원

(아) 화밀분비 시간과 꿀벌의 활동시간이 일치하는 밀원
(자) 꽃의 방향이 꿀벌의 수밀작업에 유리하게 취해진 밀원
(차) 화밀이나 화분에 독소를 함유하지 않은 밀원

2) 밀원과 환경

밀원식물의 종류는 무척 다양하다. 그들 밀원식물의 개화, 개화기간, 화밀생산량들은 주어진 환경에 따라 차이가 있을 뿐만 아니라 그들 내용은 같은 환경 조건이라 하더라도 밀원식물의 종류에 따라서도 큰 차이가 있어 밀원은 환경과 밀접한 관계가 있음을 잘 알수 있으므로 대상 밀원은 항상 주어진 환경 조건과 관련시켜 이해하지 않으면 안된다.

(1) 개화와 기상

밀원의 개화와 개화기를 파악하는 일은 양봉상 극히 중요하다. 밀원식물의 개화와 개화기는 기상 요인과 밀접한 관계가 있어 같은 밀원식물이라도 위도에 따라 개화와 개화기가 달라지는 것은 당연하다. 또한 같은 밀원식물이 같은 장소에 있어서도 해에 따라 기상 조건이 달라지기 때문에 개화기가 빨라질 수도 있고 늦어질 수도 있다.

1968~1975년 사이에 조사된 수목밀원의 개화와 개화기의 범위를 요약하면 표 8 −1 과 같다.

밀원식물의 종류에 따라 개화에 큰 차이가 있을 뿐만 아니라 개화가 해에 따라 빠르기도 하고 늦기도 하여 해에 따른 변동폭이 좁은 것과 넓은 것이 있음을 알 수 있다. 이와 같은 조사를 전국적으로 실시하면 같은 밀원식물이라 하더라도 지역에 따라 개화기에 큰 차이가 있음을 알 수 있는데 이는 지역에 따라 온도와 일장의 차이가 있기 때문이다.

〈표 8 - 1〉 홍능 수목원산 수목밀원의 개화초일의 범위(임양재, 1986)

나 무 이 름	개화초일의 범위 (월, 일)	평균초개화일 (월, 일)	조사년수
1. 개 나 리	3. 25 - 4. 10	4. 2	6
2. 고광나무	5. 10 - 5. 18	5. 14	5
3. 고추나무	4. 28 - 5. 4	5. 1	5
4. 골 담 초	4. 23 - 5. 7	4. 30	6
5. 꼭지윤노리나무	5. 6 - 5. 12	5. 9	5
6. 꽃아카시아	5. 7 - 5. 15	5. 11	5
7. 괴불나무	5. 4 - 5. 4	5. 9	5
8. 국수나무	5. 11 - 5. 23	5. 17	5
9. 나도국수나무	5. 16 - 5. 22	5. 19	4
10. 땅비싸리	5. 15 - 5. 23	5. 19	4
11. 댕강나무	5. 6 - 5. 12	5. 9	5
12. 댕 강 목	4. 14 - 4. 24	4. 19	4
13. 때죽나무	5. 10 - 5. 21	5. 16	5
14. 덜꿩나무	5. 5 - 5. 13	5. 9	5
15. 만 리 화	3. 24 - 4. 8	4. 1	6
16. 말발도리	5. 9 - 5. 23	5. 16	6
17. 매자나무	5. 2 - 5. 14	5. 9	6
18. 모과나무	4. 25 - 5. 7	5. 1	6
19. 물 참 대	5. 3 - 5. 13	5. 8	6
20. 미선나무	3. 27 - 4. 8	4. 2	6
21. 박태기나무	4. 9 - 4. 27	4. 18	5
22. 병꽃나무	4. 23 - 4. 29	4. 26	6
23. 병아리꽃나무	4. 23 - 5. 1	4. 27	6
24. 복사나무	4. 14 - 4. 26	4. 20	4
25. 산괴불나무	4. 30 - 5. 8	5. 4	4
26. 산 사	5. 4 - 5. 14	5. 9	6
27. 산 수 유	3. 10 - 4. 11	3. 25	6
28. 산 철 쭉	4. 10 - 4. 26	4. 18	6
29. 생강나무	3. 11 - 4. 2	3. 22	6
30. 섬개야광나무	5. 2 - 5. 6	5. 4	5
31. 섬국수나무	4. 18 - 4. 28	4. 23	6

32. 섬벗나무	3. 8-4. 15	3. 27	6
33. 수수꽃다리	4. 9-4. 19	4. 14	6
34. 아그배나무	4. 27-5. 5	5. 1	5
35. 앵도나무	4. 4-4. 18	4. 11	5
36. 옥 매	4. 14-4. 26	4. 20	6
37. 용가시나무	5. 16-5. 20	5. 18	5
38. 이팝나무	5. 9-5. 17	5. 13	6
39. 자두나무	4. 12-4. 20	4. 16	5
40. 자목련	4. 18-4. 24	4. 21	4
41. 장수만리화	3. 26-4. 11	4. 3	5
42. 조팝나무	4. 14-4. 24	4. 19	6
43. 죽 도 화	4. 19-5. 1	4. 25	6
44. 진 달 래	3. 27-4. 14	4. 5	6
45. 해 당 화	5. 8-5. 22	5. 15	4
46. 홍 매	4. 15-4. 29	4. 22	4
47. 화살나무	4. 29-5. 7	5. 3	6
48. 황 매 화	4. 15-4. 25	4. 20	6

온도의 영향 밀원식물은 그 종류에 따라 낮은 온도에서 잘 자라고 높은 온도에서는 자라지 못하며 휴면(休眠)하거나 죽어 없어지므로 종자로 지내다가 다시 서늘해지면 발아해서 자라는 저온성식물(低溫性植物)이 있고 높은 온도에서는 잘 자라지만 낮은 온도에서는 휴면하거나 얼어 죽어 종자로 월동하여 이듬해 봄 따뜻해지면 발아하여 자라기 시작하는 고온성식물(高溫性植物)이 있다. 우리나라는 온대지역에 속하므로 추운 겨울철을 지나 봄이되면서 따뜻해지고 무더운 여름철을 지나 가을에 서늘해지는 온도가 되풀이 되므로 밀원식물은 바로 이와 같은 온도 주기의영향을 받는다.

배나무의 개화는 3월중의 기온이 높을수록 빠르고 기온이 낮을수록 늦어지며 벚나무의 개화는 기온이 높을수록 빠르고 낮을수록 늦어진다. 일반적으로 기온이 높으면 일시에 고르게 피고 개화최성일이 빠르며 기온이 낮으면 개화최성일이 늦어지는 것이 보통이다. 밀원의 개화일은 기온의 상승과 밀접한 관계가 있는 것이 보통이나 어느 식물에서나 반드시 그렇다고 볼 수는 없다. 벗나무는 기온의 상승이 늦어짐에 따라 개화일이 늦어지기도 하지만 그것은 시기에 따라 달라지기도 한다. 일반적으로 봄철에 개화하는 밀원식물은 기온이 개화에 영향을 주어 높은 기온이 개화를 촉진하나 가을철 기온이 내려갈 때 개화하는 밀원식물의 개화일은 높은 기온의 영향을 받지 않는 것도 있는데 그 예로서는 메밀꽃을 들 수 있다. 그러므로 가을에 개화하는 메밀꽃은 추운 지방에서 빠르고 따뜻한 지방에서 늦어진다.

일장의 영향 우리나라는 1년을 춘분(春分)·하지(夏至)·추분(秋分)·동지(冬至)로 나누고 이를 다시 15일 간격으로 등분하여 24절후로 나누어 밤낮의 길이를 기본으로 하고 있는데 이는 바로 일장(日長)을 나타내고 있다. 이 지구상의 자연환경의 주기적 변화중 가장 정확하게 변하고 있는 것은 일장의 변화라 볼 수 있다. 그렇기 때문에 지구상의 식물은 일장에 대단히 민감한 반응을 나타낸다. 고온성식물은 봄에 발아하여 여름동안 자라 가을에 꽃이 피고 겨울에 얼어 죽어 버리는데 이와 같은 식물은 낮 길이가 점점 짧아지는, 즉 일장이 점점 짧아질 때 꽃이 피는 단일성식물(短日性植物)이다. 일반적으로 단일성식물은 낮의 길이가 어느 한계보다 짧아질 때 꽃이 피는데 그 한계일장은 식물의 종류뿐만 아니라 품종 또는 계통에 따라 차이가 있다. 하지 이후에 개화하는 것은 대부분의 경우 단일성식물로 보는데 6월말경 개화하는 것은 조생종(早生種), 7월말에서 8월 초순경에 개화하는 것은 중생종(中生種), 9월 이후 개화하는 것은 만생종(晚生種)으로 보고 있다. 그러나 대부분의 경우 식물의 조·중·만생종을 일률적으로 말하기는 어렵다. 식물은 본래의 개화기가 있어 이를 기준으로 빠른 것은 조생종, 늦은 것은 만생종으로 구분되어 같은 조생종이라도 식물의 종류에 따라 개화기가 전혀 달라질 수 있다. 따라서 봄에 개화하는 종류라도 그 종류 나름대로의 개화기를 중심으로 빠른 것은 조생종, 늦은 것은 만생종이 되며 가을에 개화하는 종류라도 그 종류 특유 개화기를 중심으로 빠른 것은 조생종 늦은 것은 만생종이 되기도 한다. 장일성식물들도 종류나 품종에 따라 개화에 필요한 일장에 차이가 있을 뿐만 아니라 같은 종류내에서도 그 식물이 자라는 위치에 따라 저온요구도(低溫要求度)와 한계일장(限界日長)에 차이가 있다. 그러므로 식물 특유의 한계일장에 따라 개화기가 달라지며 꽃이 빨리 피는 것은 조생종, 늦게 피는 것은 만생종이 되는데 장일성식물의 경우에는 한계일장이 짧으면 조생종이고 길면 만생종이 된다.

우리나라 산 식물 891종에 대한 개화시기를 봄·여름·가을 세 계절로 나누어 분류한 바에 의하면 봄철에 꽃이 피는 식물이 583종(71,0%) 가을철에 꽃이 피는 식물이 174종(21,0%) 으로서 여름철에 꽃이 피는 식물이 가장 많고 다음이 봄철, 가을철의 순이다, 이들 819종의 식물을 과(科)별로 분류하면 표 8 -2 와 같다

〈표 8 - 2〉 한국산 밀원식물의 개화시기(이영노, 1969)

계절별 과별	밀원식물의 종수와 비율			종 수 합 계
	봄 (3, 4, 5월)	여 름 (6, 7, 8월)	가 을 (9, 10, 11월)	
국 화 과	30	199	127	217
십자화과	30	40	1	48
제비꽃과	43	10	—	45
장 미 과	19	52	6	83
미나리아재비과	32	86	12	133
양귀비과	20	9	2	25
콩 과	19	85	13	116
붓 꽃 과	10	10	1	14
백 합 과	38	80	9	93
물푸레나무과	31	12	1	45
계	272(33.2%)	583(71.0%)	174(21.0%)	819

(2) 등개화선도

밀원식물의 꽃이 피는 개화일 (開花日)은 그 지방의 기상 조건과 밀접한 관계가 있기 때문에 같은 종류의 밀원식물이라도 지역에 따라 개화

일에 차이가 있기 마련이다. 같은 종류의 밀원식물의 개화일을 전국적으로 조사하여 개화일이 같은 지역끼리 선을 이어 그려 표시한 것을 등개화선도(等開花線圖)라 하는데 이는 밀원식물의 계획적 이용면에서 중요하며 특히 이동 양봉가들에게는 중요한 정보가 된다. 아직 이에 관한 조사연구가 미흡하나 앞으로는 이에 관한 연구를 밀원식물의 종류별로 실시한다면 양봉에서 긴요하게 사용될 수 있을 것으로 본다. 한 지방의 같은 밀원식물이라도 그 해의 기상 조건에 따라 개화일이 빠를수도 있고,

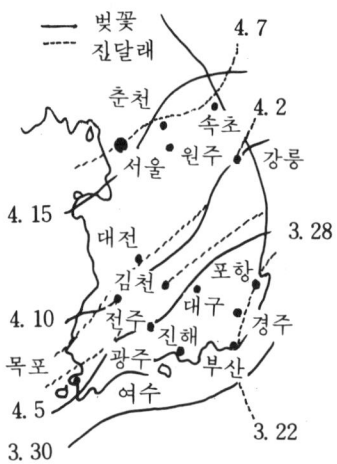

〈그림 8 - 1〉 벚꽃과 진달래꽃의 등개화선도

늦을수도 있으므로 여러해의 조사 결과를 기초로 등개화선도를 작성해야 이용성이 높으며 이와 같은 결과를 기초로 해마다의 개화일을 예측할 수 있어야 한다.

(3) 화밀의 분비기능

밀선(蜜腺)이란 단 물질을 분비하는 일종의 꿀샘을 일컫는데 특별히 분화, 발달한 식물의 분비샘(分泌腺)의 일종이다. 밀선은 꽃에 있는 것

과 꽃 이외 잎자루〔葉析〕이나 잎몸〔葉身〕에 있는 것들이 있어 밀선의
위치에 따라 화내밀선(花內蜜腺)과 화외밀선(花外蜜腺)으로 대별하는
데 양봉에서 다루는 밀선은 화내밀선이다.

  밀선에서 화밀이 분비 되려면 우선 밀선을 이루고 있는 세포들이 수분
또는 당분으로 꽉 차 있어야 하므로 화밀분비는 자연히 토양수분의 영향
을 받아 토양수분이 부족하면 따라서 화밀의 분비능력이 저하되는 결과
를 초래한다. 밀선에 가득찬 화밀은 밀선의 외피를 통해 분비되는데 토
양으로부터 뿌리를 통해 흡수한 영양 물질을 식물 체내에 저장하였다가
밀원식물의 개화기에 수분의 상승과 더불어 꽃으로 이동하면서 그 일부
는 꽃의 밀선을 통해 분비되어 화밀이 된다. 밀원식물은 탄수화물(炭水
化物)과 질소(窒素)를 함유하고 있다가 개화와 더불어 탄수화물은 화밀
로 분비되는데 탄수화물의 비율이 높을 때 화밀분비가 좋아지는 결과가
된다. 화밀분비는 화분이 성숙한 무렵에 많고, 꽃의 수정이 끝나면 정지
되며 이와 같은 화밀의 분비량이나 당분 농도는 밀원식물의 종류뿐만 아니
라 환경조건에 따라 큰 차이가 있다.

(4) 화밀분비를 지배하는 요인

  화밀분비는 밀원식물 자체가 지니고 있는 요인과 주어진 환경요인에
따라 차이가 있는데 밀원식물 자체가 지니고 있는 요인으로는 밀원식물
의 종류나 품종 또는 계통,꽃이 달린 위치,꽃의 일령, 나무의 나이〔樹今〕
해걸이의 유무 등이 있고 환경요인으로는 일광, 온도, 습도, 비, 토양,
고원지 등이 있다.

  밀원의 종류 밀원식물의 종류에 따라 화밀분비량에 큰 차이가 있어
많은 것과 적은 것이 있는데 몇가지 밀원식물의 꽃 한송이에서 분비되는
화밀의 분비량을 살펴보면 표 8 -3 과 같다.

  밀원식물의 종류에 따라 화밀의 분비량에 차이가 있을 뿐만 아니라 밀
원식물의 종류나 품종 또는 계통에 따라 화밀이 지닌 당분의 함량에도
큰 차이가 있는데 몇가지 밀원식물에 대한 것을 살펴보면 표8 -4 와 같
다.

〈표 8 - 3〉 밀원의 종류별 꽃 한송이당 화밀분비량

밀 원 식 물	화밀분비량(mg / 꽃)
벚나무꽃	3.0
유 채 꽃	3.0
아카시아 나무꽃	7.9
앵두나무꽃	11.1
감귤나무꽃	14.4
피나무꽃	15.7

〈표 8-4〉 밀원식물의 종류에 따른 화밀의 당함량

밀 원 식 물	화밀의 당함량(%)
살구나무꽃	14
붉은색 클로바꽃	31
흰색 클로바꽃	35
메 밀 꽃	46
해바라기꽃	49
유 채 꽃	51
아카시아나무꽃	55
사과나무꽃	63

꽃의 위치 수목밀원의 경우에는 꽃이 어느 곳에 달렸느냐에 따라 화밀분비량에 큰 차이가 있을 때가 있다. 일반적으로 아래쪽에 달린 꽃에서 화밀분비량이 많고 위로 올라갈수록 화밀분비량도 적어 당함량도 낮아진다. 또한 나무의 원줄기에서 가까울수록 화밀분비량이 많고 멀수록 화밀분비량이 적어지는데 이와 같은 밀원식물의 좋은 예로서는 아카시아 나무를 들 수 있다. 그러므로 아카시아나무 꽃에서 꿀벌의 방화활동을 보면 나무의 선단부로 갈수록 꿀벌의 방화율이 낮아지고 아래쪽이나 원줄기에 가까울수록 꿀벌의 방화율이 높아지는 것은 바로 화밀분비량의 차이 또는 당함량의 차이 때문이다.

꽃의 일령 꽃이 핀 후 몇 시간이 되었느냐에 따라 화밀분비에 차이가 있는데 이는 밀원식물의 종류에 따라 차이가 있다.

나무딸기꽃은 개화 60시간 이내에는 화밀분비가 많고 그 이후에는 급격히 감소하여 해바라기꽃은 개화 당일에는 화밀분비량이 많으나 다음 날이 되면 화밀분비량은 개화 첫날의 그것에 비하여 반 정도에 불과하다.

나무 나이 같은 종류의 밀원식물이 같은 장소에서 자라고 있어도 나무의 나이 차이에 따라 화밀분비량에 따라 큰 차이가 나는데 일반적으로 어린 나무에서 화밀분비량이 낮고 큰 나무에서 화밀분비량이 많다. 이와 같은 현상은 수목밀원에서 자주 볼 수 있는데 밤나무·아카시아 나무에서 큰 나무라야 꿀이 잘 나고 어린 나무에서는 꿀이 나지 않는 것은 바로 이 때문이다.

해걸이 현상 초본식물은 당년에 영양생장과 생식생장을 하지만 목본식물은 영양생장과 생식생장이 당년에 이루어지는 것이 아니라 해에 따라 영양생장과 생식생장을 달리한다. 그러므로 특히 수목밀원은 해에 따라 꿀이 많이 나는 해가 있고 적게 나는 해가 있어 해걸이 현상이 나타나는데 영양생장을 주체로 하는 해에는 꿀이 나지 않고 생식생장을 주체로 하는 해에는 꿀이 많이 난다.

일광조건 밀원식물 체내에서 영양물질의 제조에는 일광이 필요하므로 일광조건이 불충분 하면 화밀분비가 정상적으로 이루어질 수 없다. 그러므로 같은 종류의 밀원식물이라도 햇볕을 잘 받으면 화밀분비가 좋아지고 잘 받지 못한 밀원식물이 화밀분비가 잘 안되는 것은 당연하다. 일반적으로 햇볕 쪼이는 시간이 긴 조건하에서 화밀분비가 양호해지고 짧은 조건하에서 화밀분비는 불량해진다.

온도조건 일반적으로 따뜻하고 바람이 없는 조건에서 화밀분비가 좋아지며 밀원식물의 종류에 따라 다르기는 하지만 일정온도 수준에 이르지 못하면 화밀분비 기능이 낮아지는 것이 있는데 밀원식물의 종류에 따라 그 온도수준의 범위에 차이가 있다. 흰색클로바(white clover)의 화밀분비 능력은 $27 \sim 33℃$ 범위에서 가장 왕성하고 $35℃$ 를 넘거나 $23℃$ 이하에서는 화밀분비 가능이 크게 떨어진다. 일반적으로 일정 온도만 계속 되는 것 보다는 낮의 온도는 높고 밤의 온도는 낮은, 즉 낮과

밤의 온도교차 범위가 넓은 조건에서 화밀분비가 좋아진다. 그 이유는
식물체의 당분 제조에는 고온이 필요하고 당분의 저축에는 저온이 요구
되기 때문이다. 낮과 밤의 온도교차는 북쪽 지방이나 산악 지대에서 넓
고 남쪽 지방이나 평야 지대에서 좁은 것이 일반적인 현상인데 싸리꽃이
나 메밀꽃이 북부 산악 지대에서는 꿀이 잘 나지만 남쪽 평야 지대에서
꿀이 잘 나지 않는 이유는 바로 이 때문이다.

습도조건 대기중의 습도가 높으면 잎의 수분증발이 억제되어 식물체
내에 축적되므로 화밀분비량이 낮을 뿐만 아니라 분비된 화밀에 수분함
량이 높아 절대 벌꿀 생산량이 낮아지며, 이와는 반대로 습도가 너무 낮
으면 화밀분비에 불리하여 화밀분비량이 크게 준다. 일반적으로 화밀분
비에 적합한 대기의 관계습도는 60~70% 범위이다.

비오는 조건 비오는 조건은 식물의 생장에 직접 영향을 끼칠 뿐만 아
니라 화밀분비에도 영향을 끼친다. 개화중 비오는 조건은 대기중의 습도
를 높여 화밀분비에 불리한 조건이 되기도 하지만 개화전에 비가 오거나
또는 개화기중 저녁에 약간의 비는 토양수분을 조절하여 오히려 화밀분
비를 촉진하는 경우도 있다. 그러나 일반적으로 개화기중 비오는 조건은
꿀벌의 방화활동을 방해할 뿐만 아니라 개화전 많은 비는 식물의 웃자람
을 촉진하여 화밀분비를 저하시키거나 개화기간중 비오는 조건은 화밀의
당 농도를 낮게 하여 낙화를 촉진시키고 또한 개화기간을 짧게 하므로
양봉상 불리한 조건이 된다.

토양조건 토성(土性)은 밀원식물의 생장이나 개화에 직접 영향을 끼
치므로 밀원식물의 종류에 따라 알맞는 토양조건에 심겨지지 않으면 화
밀분비가 정상적으로 이루어지지 않는다. 그러므로 밀원식물의 종류가
같아도 어떠한 토양조건에 심겨지느냐에 따라 꿀이 많이 날 수도 있고 적
게 날 수도 있기 때문에 밀원식물의 종류에 따라 알맞는 토양조건에서
재배되는 일은 대단히 중요하다. 일반적으로 대부분의 밀원식물은 산성
토양조건 보다는 알칼리성 토양조건에서 생장도 좋고 화밀분비량도 많다.
십자화과 밀원식물은 칼륨(K)이 부족한 토양에서 재배하면 화밀분비량
이 낮을 뿐만 아니라 화밀의 당함량이 낮아지고 질소(N)·칼륨(K)·
인(P)이 부족한 토양조건에서 재배하면 꽃송이 수가 적게 달리거나 개

화기간이 짧아진다. 일반적으로 메밀은 사질토양에서, 흰색클로바는 석
회분이 풍부한 토양에서, 딸기는 산성토양에서, 목화는 중점토에서 자라
야 화밀분비가 좋아지며 수목밀원은 토양수분이 높고 비옥한 토양에서
화밀분비가 좋아 꿀 생산이 많다. 아카시아나무꽃은 화밀분비가 좋은
밀원식물이지만 사질토양에서 자라면 꽃송이 수도 적고 화밀분비도 좋지
않아 꿀 생산이 크게 낮아진다.

　　고원지대 고원지대(高原地帶)는 해발높이가 높은 지대를 일컫는데 이
와 같은 지대는 평원지대(平原地帶)에 비하여 화밀분비에 좋은 조건이
되는 것이 보통이다. 일반적으로 고원지대는 햇볕이 강하고 일조시간이
긴데다가 낮과 밤의 온도교차가 커 화밀분비에 유리한 조건이 되는 것으
로 해석된다.

3) 우리나라의 주요밀원

　우리나라에는 약 4,600여종의 관속식물이 서식하고 있는데 이들중 경
제적으로 유용한 식물은 약 2,500여종이나 되어 비교적 다양한 식물상
을 이루고 있다. 이들중 밀원식물로 활용될 수 있는 식물은 약 800여종
에 이를 것으로 추정되나, 현재 밀원식물로 활용이 가능한 종류는 약
250여종에 이른다. 그러나 이들 밀원식물이 모두 실제 양봉에서 활용하
기에는 수적으로,양적으로 아직 크게 부족하여 주요밀원이나 보조밀원으
로 이용할 수 있는 밀원식물의 종류는 그 보다 훨씬 적은 수에 불과하다.

(1) 밀원식물의 분류

　밀원식물의 분류는 식물의 계통분류학적 체계를 따라 분류할 수도 있
으나 재식밀원이나 천연밀원으로 나누기도 하고 국내밀원이나 도입밀원
으로 나누기도 하며 일반적으로 대상밀원의 대상유형에 따라 다음과 같
이 분류한다.

　(가) 농작물 밀원 : 유채, 메밀, 들깨, 참깨, 해바라기, 파 등.

(나) 목초밀원 : 화이트클로바, 레드클로바, 버어드포트 트레포일, 알사
이크클로바, 스위트클로바, 알팔파, 크림손클로바, 러시안컴푸리
등.
(다) 녹비작물 밀원 : 자운영.
(라) 과수밀원 : 밀감나무, 사과나무, 감나무, 밤나무, 배나무, 복숭아
나무, 포도나무, 살구나무 등.
(마) 화훼밀원 : 리아트리스, 코스모스.
(바) 수목밀원 : 아까시나무, 산초나무, 싸리, 붉나무, 피나무, 바이텍
스, 수유나무, 칠엽수, 튜립나무 등.
(사) 잡초밀원 : 민들레, 고들빼기, 까치수영, 향유, 금밀초, 꿀국화,
물봉선 등.

(2) 밀원지대의 구분

우리나라의 밀원지대를 명확히 구분하기는 어렵지만 주요밀원을 대상
으로 양봉의 가능지역을 개략적으로 구분할 수 있을 것으로 본다.

봄철 밀원지대 봄철에는 주요밀원이 많아 채밀이 가능하나 여름철이
나 가을철에는 채밀이 어려운 밀원지대를 일컫는데 유채밀원이 풍부한
제주도와 전라남도의 일부 농촌지대가 이에 속한다.

봄·가을철 밀원지대 봄과 가을에는 주요밀원이 있어 채밀이 가능하
나 여름철에는 밀원이 크게 부족하여 양봉이 어려운 지대가 이에 속한
다. 봄에 유채나 자운영 또는 아카시아나무에서 채밀이 가능하고 가을에
는 싸리·메밀·향유와 같은 또는 가을잡초,들깨 등에서 채밀이 가능하
며 남쪽지방 산간지대가 여기에 해당한다.

여름철 밀원지대 여름철에 개화하는 피나무·밤나무·칠엽수·산초나
무 등을 대상으로 채밀이 가능한 깊은 산간지대가 이에 속한다.

봄·여름·가을철 밀원지대 봄·여름·가을 어느 시기나 주요밀원이
있어 양봉이 가능한 지대를 일컫는데 우리나라에서는 이와같은 밀원지대
를 찾아보기는 어렵다. 봄부터 가을까지 계속 주요밀원이 지속될 수 있
으므로 가장 이상적인 밀원지대임에는 틀림없으나 앞으로 밀원식물을 계

획적으로 증식해가면 이와 같은 밀원지대의 확보는 가능할 것으로 본다.
풍부한 자연밀원이 있는 곳에 재식밀원을 보완해 가면 이와 같은 밀원지
대의 조성도 쉽게 이룩될 것으로 본다. 이같은 밀원지대가 조성되려면
유채·과수·자운영·아카시아나무·화이트클로바·밤나무·피나무·붉
나 무·산초나무·칠엽수·싸리·들깨·참깨·메밀 ·해바라기 ·향유 등
계획적으로 밀원지대를 조성하면 결코 불가능하지는 않을 것으로 본다.
이와 같은 밀원지대를 조성하여 확보한다면 경제적 고정양봉을 수행할
수 있을 것이다.

(3) 주요밀원의 특성

주요밀원은 지역에 따라 그 종류에 차이가 있으므로 우리나라 전역에
걸친 주요밀원은 거의 찾아보기 어렵다. 우리나라에서 채밀이 가능한 주
요밀원을 대상으로 그의 특성을 살펴보기로 한다.

유채 유채는 일명 평지라 하기도 하며 보통종, 재래종, 순무우종 등

〈그림 8 - 2〉 유채

이 있는데 우리나라에서 재배되는 유채는 보통종에 속한다. 제주도에서
재배되고 있는 품종으로는 목포 11호, 목포 19호, 아사이 등이 있고 육
지에서 재배하는 품종으로는 유달·용당 등이 있다. 우리나라에서 유채
의 재배는 제주도와 전라남도·경상남도 지방에서 재배되며 종자는 유채
기름을 짜는데 이용한다. 유채는 십자화과에 속하는 월년생 작물로서 초
장이 90~120cm에 달하며 곁가지를 친다. 꽃은 배추꽃과 같이 황색이며
밑에서 위로 향해 피어 올라간다. 일조량이 많고 토양수분이 많은 토양
에서 잘 자라며 중점토나 건조한 사토가 아니면 어떤 토양에서도 잘 자
라는데 특히 비옥한 식양토나 사양토에서 가장 잘 자란다. 개화기간은
제주에서는 3~4월에 걸쳐 1개월이나 되는데 개화최성기는 개화시작
10~12일이다. 화밀분비량은 기상조건의 영향을 받기 쉬우므로 해에 따
라 큰 차이가 있으며 유채꿀은 엷은 황색인데 잘 결정하는 특성이 있다.

메밀 메밀은 역귀과에 속하는 일년생 식물로서 옛날에는 많이 재배하
여 채밀이 가능하였으나 점차 재배면적이 크게 줄어 채밀이 가능한 곳

〈그림 8 - 3〉 메밀

은 극히 드물다. 메밀꽃은 충매화이며 화밀을 많이 분비하여 훌륭한 밀원이 될 수 있다. 메밀꽃은 밑에서 위로 향해 피어 올라가며 메밀의 개화기간은 30여일이나 되어 벌꿀생산량이 많다. 메밀은 서늘하고 습기가 많은 기후를 좋아하며 낮과 밤의 온도교차가 심한 환경에서 화밀이 잘 분비되므로 우리나라에서는 고냉지나 산간계곡에서 재배되는 것이 좋으며 양분 흡수력이 강하여 토박한 땅에서도 잘 자란다. 메밀은 생육이 빨라 파종 1개월 정도에서 꽃이 피기 시작하며 메밀꿀은 갈색 내지 흑갈색이다.

  들깨 들깨는 꿀풀과에 속하며 우리나라 전역에 걸쳐 재배되는 일년생 유류작물이다. 들깨꽃은 아래에서 위로 향해 피어 올라가며 들깨의 개화시기는 8∼10월인데 지방에 따라 큰 차이가 있다. 대개 자화수정을 하지만 꿀이 많이 나기 때문에 꿀벌들이 잘 방화한다. 들깨꿀은 담황색이며 꿀에서 들깨 특유의 맛을 내어 쉽게 구분할 수 있다.

  화이트클로바 클로바 따위로는 화이트클로바(white clover) 이외 레

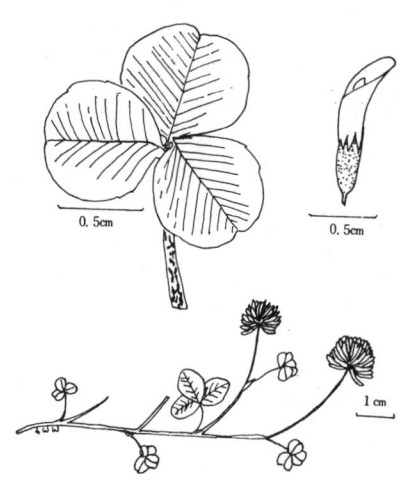

〈그림 8 - 4〉 화이트클로바

드클로바(red clover), 알사이크클로바(alsike clover),   스위트클로바
(sweet clover), 크림손클로바(crimson clover), 라디노클로바(ladino
clover) 등 그 종류가 많으며 이들은 콩과 목초로 재배되어 외국에서는
주요밀원으로 이용되고 있으나 우리나라에서는 아직 이들의 목초재배가
적어 밀원으로 이용하고 있지는 못하나 앞으로 재배면적이 넓어질 가능
성이 크다. 이들 중 화이트클로바는 전국 어느 곳에나 널리 분포하여 자
생하고 있어 주요밀원 또는 보조밀원으로 널리 이용되고 있다. 화이트클
로바는 콩과에 속하는 다년생 초본이며 줄기는 포복성으로서 마디에서
화경이 나와 끝에 둥근 화두(花頭)를 형성 많은 첩형화를 지닌다. 꽃은
밑부분에서 윗부분을 향해 피어 올라가며 5월중에 개화를 시작 7월까
지 계속되지만 개화 최성기는 6월인데 이때 유밀이 잘 된다.   화이트클
로바꿀은 담황색이며 꿀의 맛과 향기가 좋아 상등품으로 여긴다.

　감귤나무 감귤나무는 제주도에서 많이 재배되는 상록과수로서 5월에
서 6월에 걸쳐 흰색꽃이 피며 유밀이 잘 되므로 제주도에서만   채밀이

〈그림 8 - 5〉 감귤나무꽃

가능하다. 감귤은 과수밀원중 유밀이 가장 잘 되는 밀원식물이기는 하나
개화기간이 짧은 데다가 기상의 영향을 받기 쉬운 흠이 있고 농약살포가
잦아 양봉가들이 기피하는 문제가 있다. 감귤꿀은 황색이고 꿀의 맛과
향기가 좋으며 감귤 특유의 맛과 향기를 지니고 있어 다른 꿀과 쉽게 구
분할 수 있다.

  사과나무 사과나무는 낙엽성 과수로서 전국에 걸쳐 재배되는데 사과
를 많이 재배하는 대구지방에서는 채밀이 가능하나 농약살포가 잦아 사

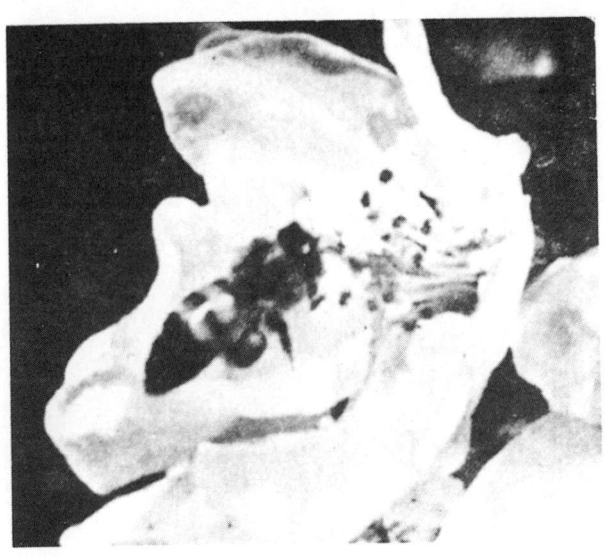

〈그림 8 - 6〉 사과꽃과 꿀벌

과밀원을 충분히 활용치 못하는 문제가 있다. 사과나무의 개화기는 품종
에 따라 차이가 있는데 대개 4 ~ 5 월에 개화한다. 사과꽃은 타화수분을
해야 하므로 개화기에 농약살포를 규제하여 꿀벌에 의한 화분매개도 꾀
하고 사과꿀도 생산할 수 있었으면 한다. 사과꿀은 담황색으로서 품질이
우수하다.

  밤나무 밤나무는 산야에 자생하는 것도 있지만 최근 산에 유실수 재

〈그림 8 - 7〉 밤나무꽃

배의 권장으로 재배면적이 엄청나게 많아져 전국 각지에서 주요밀원 또
는 보조밀원으로 널리 활용되고 있다. 수꽃은 가늘고 긴 수상화서(穗狀
花序)를 이루고 암꽃은 수꽃의 밑부분에 세 개씩 붙어 있는데 밤나무꽃
에서는 화밀과 화분이 많이 생산된다. 어린 밤나무에서는 꿀이 나지 않
으나 큰 밤나무에서는 꿀이 잘 나는데 해걸이 현상이 있어 해에 따라 채
밀이 어려운 때도 있다. 밤꿀은 암갈색이며 꿀의 맛과 향기는 다른 꿀에
비하여 뒤진다.

　감나무 감나무는 내한성이 약하여 서울 이북 추운지방에서는 재배가
어렵다. 유밀이 잘 되는 해에는 채밀이 가능한 곳도 있다. 감나무꽃은 암
꽃과 수꽃이 따로 있으므로 화분매개에 방화곤충이 절대로 필요하다. 6
월초에 담황색꽃이 피며 화밀이 잘 분비되므로 꿀벌의 방화가 왕성하나
개화기간이 짧고 해걸이 현상이 심한 흠이 있다. 감꿀은 황색이고, 꿀의
향기와 맛이 좋아 상등품으로 여긴다.

　아카시아 나무 아카시아나무는 콩과에 속하는 수목밀원으로
에서는 가장 우수한 밀원식물로 손꼽히는 밀원이다. 5월 중·하순경에 꽃

〈그림 8 - 8〉 아카시아꽃

이 피는데 남쪽에서는 빠르고 북쪽에서 늦는데 곳에 따라서는 6월초에 꽃이 피는 곳도 더러 있다. 아카시아 꽃은 흰색 첩형화로서 총상화서를 이루며 꽃송이는 아래로 늘어진다. 아까시나무는 대부분의 지방에서 주요밀원임에는 틀림없으나 개화기간이 짧고 바람이나 비에 약하여 낙화가 쉽게 되는 흠이 있다. 개화기간은 10일 정도로 보나 실제 유밀기간은 1주일에 불과하다. 다행히 꽃이 남쪽에서 빨리 피고 북쪽에서 늦게 피어 2～3회 봉군의 이동을 통해 많은 꿀을 생산할 수 있다. 아카시아 나무는 적응력이 강하기 때문에 황무지의 사방용은 물론 그 밖에 가로수·정원수·공원수·철도 연변에 심어 주요밀원으로 활용할 수 있는 잇점도 있다. 아카시아꿀은 수백색 내지 엷은 황색을 띠며 꿀의 맛과 향기가 엷어 우리나라산 꿀중 최상급에 속한다.

　　싸리 싸리류는 콩과 식물에 속하는 낙엽성 관목으로서 전국 산간지대에 널리 분포하여 채밀이 가능한 곳이 많으나 최근 산림의 울창으로 채밀량이 줄어드는 아쉬움이 있다.

　　싸리류에는 싸리·참싸리·조록싸리·털조록싸리·풀싸리·흰풀싸리·

〈그림 8 - 9〉 싸리꽃

늦싸리·고양싸리·진도싸리·해변싸리·꽃싸리·개싸리 등 그 종류가 대단히 많다. 유밀 정도는 싸리의 종류에 따라 큰 차이가 있는데 밀원으로서 가장 널리 활용되는 것은 싸리(*Lespedeza bicolor*)이다. 일반적으로 싸리는 추운지방의 고원지나 산간계곡에서는 유밀상태가 좋으나 평탄지에서는 유밀상태가 좋지 않으며 고원지에서도 다습한 조건에서 유밀이 잘 되나 해걸이 현상이 심하여 해에 따라 채밀이 어려운 때가 많다. 싸리의 유밀은 비온 후 날씨가 깨끗이 개고 낮기온이 높을 때 양호하다. 싸리꿀은 담황색에 약간의 녹색을 띤 것이 특색이며 꿀의 맛과 향기는 좋으나 잘 굳는 특성이 있다.

피나무 피나무는 피나무과에 속하는 낙엽성 교목으로서 우리나라에 자생하는 종류와 외국으로부터 도입한 피나무가 있다. 한국산 피나무속 밀원식물로는 피나무·뽕잎피나무·털피나무·연밥피나무·섬피나무·찰피나무·웅기피나무·개염주나무·염주나무·보리자나무 등 10종이 있고 도입된 피나무속 밀원식물로는 구주피나무가 있다. 우리나라에 가장 널리 분포하는 것은 피나무(*Tilia amurensis*)이다. 피나무는 유밀상태가

〈그림 8 - 10〉 피나무꽃

좋아 꿀벌의 방화가 왕성할 뿐만 아니라 꿀생산량이 많아 양봉가들의 애호를 받는 수목밀원의 일종이다. 피나무의 개화기는 지역에 따라 또는 피나무의 종류에 따라 큰 차이가 있다. 피나무의 개화기는 7월 중하순이며 개화기간은 약 15일 정도이다. 피나무의 큰 결점은 심한 연절현상인데 해에 따라 전혀 꿀이 나지 않는 때도 있다. 피나무꿀은 담황색이며 꿀의 맛과 향기가 좋아 상품으로 여긴다.

붉나무 붉나무는 옻나무과에 속하며 일명 오배자나무라 부르기도 한다. 산간지대에서 많이 자생하는 낙엽성 관목으로서 큰 나무는 높이가 7m에 이르는 것도 있다. 지역에 따라 차이는 있으나 8～9월에 개화하고 꽃은 황백색이며 원추화서(圓錐花序)로서 그 길이는 15～30cm에 달한다. 유밀이 잘 되어 전국 여러 곳에서 채밀이 가능하며 붉나무꿀은 담황색 내지 황색으로서 향기도 엷고 비교적 맛이 순하다.

산초나무 산초나무는 운향과에 속하는 낙엽성 관목으로서 전국 산지에 널리 분포하며 가시의 유무 또는 잎의 모양에 따라 인산초·전주산초·좀산초 등의 계통이 있다. 지역에 따라 다르기는 하지만 9월에 엷은

〈그림 8 - 11〉 붉나무꽃

녹색꽃이 피며 산방화서(橵房花序)이다. 유밀은 좋으나 채밀할　정도의
주요밀원은 못되지만 보조밀원으로는 주요한 몫을 할 것으로 본다.

〈그림 8 - 12〉 산초나무

 바이텍스 바이텍스(*Vitex negundo*)는 도입밀원의 일종이다. 바이텍
스의 원산지는 아프리카였는데 1900년 경 미국 양봉인들에 의하여 미국
에 도입되어 지금은 미국에서 주요밀원으로 이용되고 있다. 우리나라에
는 1969년 주한 미국 평화봉사단의 손을 거쳐 도입되어 현재는 전국 각
지에 널리 분포되어 있다. 바이텍스꽃은 청자색 작은 꽃이 피는데 곁가
지를 치며 계속 피기 때문에 7월부터 약 3개월간 꽃이 계속 피며 유밀
이 잘 되어 꿀벌의 방화상태가 좋다. 적응력이 강하므로 빈 공터 아무 곳
에나 심어도 잘 자라므로 밀원조성에 쓸모가 있다. 바이텍스꿀은 엷은
녹색을 띠며 꿀의 향기와 맛이 좋다.

〈그림 8 - 13〉 바이텍스

9. 봉군의 취급요령과 봉군의 증식

꿀벌은 고유의 습성을 지니고 있기 때문에 그들이 지닌 습성을 무시하고 봉군을 취급해서는 안된다. 봉군을 내검(內檢)하거나 봉군을 이동하거나 그들이 지닌 습성에 순응해 가면서 봉군을 다루지 않으면 무리가 생겨서 뜻하지 않은 피해 또는 손실을 입게 된다. 양봉을 하다 보면 세력이 약한 약군이 발생하여 생산양봉을 수행하지 못하게 되며 또한 세력이 강한 강군이 되면 분봉열이 발생, 분봉하려는 현상이 생겨 양봉산물의 생산이 뜻대로 되지 않는다. 그러므로 봉군을 관찰하는 요령을 터득하는 일, 벌통을 이동하거나 약군을 합봉하는 요령을 배우는 일, 분봉열을 막는 요령 또는 봉군을 증식하는 요령들을 익히지 않으면 양봉을 정상적으로 수행하지 못한다.

1) 봉군의 취급요령

(1) 봉군을 다루는 태도

봉군을 다루려면 꿀벌의 생태 또는 꿀벌의 습성을 이해하고 취급요령을 터득할 필요가 있다. 일반적으로 양봉초심자들이 벌통에 접근해서 벌통을 열어보는 것을 꺼리는 이유는 꿀벌이 사람을 쏜다는 선입감 때문인데 꿀벌은 무턱대고 사람을 쏘지는 않는다. 우선 양봉장에서 봉군을 다루려면 복면포를 머리에 쓰고 옷깃을 여미고 훈연기와 하이브툴을 준비한 다음 벌통 옆에 선다. 벌통의 겉뚜껑을 열고 한손에 훈연기를 들고 연기를 뿜어대면서 한손으로 내피를 들어 제쳐나간다. 다음은 하이브툴을 이용해서 달라붙은 소비를 조금씩 제쳐 움직여 놓고 소비를 한장 한장 끄집어 내는 순서를 밟는다.

봉군을 다루는데 기본적으로 알아야 할 일들은 첫째 난폭한 태도로 소비를 함부로 다루는 일, 둘째 소문앞에 우뚝 서서 꿀벌의 활동을 방해하는 일, 세째 벌통의 위치를 함부로 바꾸는 일, 네째 벌침에 쏘였을 때

당황하거나 뛰어 달아나는 일, 다섯째 양봉장에서 이리저리 뛰어다니는 일, 여섯째 벌통을 오랫동안 열어놓고 잡담하는 일 등은 꿀벌의 습성을 무시한 일들이 되므로 좋지 않다. 꿀벌은 항상 정숙한 태도로 조용히 다루어야 하고 꿀벌의 습성에 저촉되는 행위를 해서는 안된다.

(2) 봉군의 관찰요령

양봉을 하는 사람은 양봉장을 자주 돌아다니면서 꿀벌의 동태를 살펴야 하고 이따금 벌통을 열어 벌통내부의 동태를 살필 필요가 있다. 봉군은 외부관찰과 내부관찰(내검)을 통해서 여러가지 상황을 살펴서 그들의 원인을 파악하고 대책을 그때 그때 세워 봉군을 관리해야 한다.

외부관찰 소문을 드나드는 꿀벌의 활동상황이나 소문근방에서 발생하는 여러 가지 상황을 살펴 봉군을 관찰하는 일들을 외부관찰이라 한다. 일반적으로 소문을 드나드는 꿀벌의 수나 꿀벌의 비행속도 또는 꿀벌의 여러가지 행동을 통해서 밀원의 종류 또는 유밀상태를 추정할 수 있으며 때로는 도봉발생 여부를 확인할 수도 있다. 또한 꿀벌의 유희비상이나 선풍활동 정도를 통해서 봉군의 내부상황을 어느 정도 추정할 수 있다. 만약 소문앞에 꿀벌들이 죽어 있거나 죽으려고 신음하는 행동들을 보면 그 원인이 어느 질병에 의한 것인지, 아니면 농약피해로 인한 것인지 그 원인을 찾아 확인해서 대책을 세워 봉군의 안전을 꾀해야 한다. 또는 이따금 꿀벌들이 유충벌을 벌통밖으로 끄집어 내는 일이 있는데 그것이 저밀부족이나 화분부족에서 오는 것인지 또는 질병에 걸린 유충벌인지, 얼어 죽은 유충벌인지, 아니면 다른 원인에 의한 것인지 살펴 확인할 수 있어야 한다.

내검관찰 외부관찰을 통해 봉군의 상황을 어느 정도 추정할 수 있으나 벌통내의 모든 상황을 정확히 판단하기는 어렵다. 그러므로 이따금 벌통을 열어 벌통내부를 관찰할 필요가 있는데 이를 내검(內檢)이라 한다. 내검을 실시하려면 복면포·훈연기·하이브툴을 준비하여 벌통을 열고 소비를 한장 한장 끄집어 낼 필요가 있다. 내검에서 살필 일들은 내검시기 또는 목적에 따라 다르지만 일반적으로 내검에서 다루어야 할 사항은 벌통내의 건습 정도, 봉군의 세력 정도, 산란상태와 육아의 진행상태, 저밀상태, 화분의 저장상태, 왕대의 유무, 채밀여부, 소비의 과부족 등이다. 이들 사항을 정확히 살펴 필요한 대책을 마련해 양봉에 차질이 없도록 봉군을 관리해 나가야 한다. 내검이 끝나면 다시 소비를 정위치에 정비해 넣은 다음 내피를 덮고 겉뚜껑을 덮어 내검을 끝낸다.

(3) 봉군의 이동요령

꿀벌은 자기집의 위치를 기억하고 있기는 하지만 방향감각 또는 주변환경의 기억으로 자기집을 찾아 들어가기 때문에 벌통의 위치를 함부로 이리저리 옮겨서는 안된다. 그러나 부득이 벌통의 위치를 바꾸려 하거나 다른 곳으로 옮겨 가려면 꿀벌의 습성에 어긋나지 않게끔 이동요령에 맞추어 실시해야 한다.

동일양봉장내의 이동 벌통을 50cm 이내에서 이동하면 자기집의 위치를 바로 찾아 들어가지만 50cm 이상 몇 미터씩 옮기면 자기집의 위치를 찾지 못하고 혼동을 일으킨다. 그러므로 동일양봉장내에서 벌통을 옮기려면 원하는 방향으로 매일 50cm 이내씩 옮겨가면 되고 두 봉군을 합봉하기 위해 벌통을 이동할 때는 두 봉군을 매일 옮겨가게 되므로 1m씩 좁혀지는 결과가 된다. 이와 같이 동일양봉장내에서 벌통을 옮겨갈 때는 맑고 바람이 없는 조용한 날 꿀벌의 외역활동이 왕성한 정오 경에 실시하는 것이 좋다. 비가 오거나 강한 바람으로 꿀벌의 외역활동이 없는 날에는 벌통을 옮겨서는 안된다.

원거리 이동 외역봉의 유효한 활동범위는 벌통을 중심으로 2km이내이다. 그러므로 그동안 활동하였던 주위환경은 비교적 잘 알고 있지만 2km 이상 먼 거리의 주변환경은 생소하여 알지 못한다. 2km 이상 먼 거리에 벌통을 이동하려면 외역봉이 모두 돌아온 저녁때 소문을 막고 원하는 장소에 옮겨가면 되고, 대낮에 벌통을 옮기려면 소문에 탈봉기를 설치하여 외역봉이 모두 돌아온 후 원하는 장소에 벌통을 옮겨간다. 목적지에 도착하여 벌통을 배치한 다음 소문을 열어주면 주변환경이 생소하기 때문에 주어진 환경을 다시 익혀 가면서 점차 활동범위를 넓혀 간다. 원거리 이동시는 소문을 닫고 벌통밑 공기창을 열어 주었다가 이동이 완료되면 공기창을 닫고 소문을 열어 준다.

폐쇄법 꿀벌의 정확한 기억력은 24시간 정도 지속한다. 그러므로 꿀
벌의 외부활동을 차단하고 어둡게 하여 가둬 두면 과거의 기억력이 상실
된다. 이와 같은 꿀벌 습성을 이용해 벌통을 옮기는 방법이 폐쇄법이다.
외역봉이 모두 돌아온 후 소문을 차단하고 어둡게 만들어 주고 공기유통
만 가능토록 만들어 주어 3일 이상 가둬 두면 과거의 기억을 완전히 잊
는다. 이와 같은 상태에서 벌통을 옮기면 원거리 이동에서와 마찬가지로
새로운 환경에 옮겨준 결과가 된다. 폐쇄법은 동일양봉장에서 뿐만 아니
라 2km 이내의 범위에서 벌통을 옮겨 갈 때 이용한다.

(4) 봉군의 합봉요령

두 봉군을 하나의 봉군으로 합해 주는 일을 합봉(合蜂)이라 하는데 양
봉을 하다 보면 이따금 합봉을 해야 하는 예가 있다. 합봉을 해야 되는
예로서는 봉군의 세력이 너무 약하여 도저히 강군으로 회복될 가망이 없
을 때, 또는 여왕벌이 늙어 산란력이 크게 저하되었거나 여왕벌이 갑자
기 죽어 없어진 상태에서 여왕벌의 보완 또는 보충이 불가능할 때이다.

합봉을 하는 데는 알아야 할 기본적인 요령과 조건이 있다. 합봉을 실
시하려 할 때는 반드시 두 봉군중 조금이라도 약한 쪽의 봉군을 강한 쪽
의 봉군에 합봉해야 하며 합봉효과는 계절이나 시간에 따라 차이가 있어
일반적으로 가을철의 합봉에 비하여 봄철의 합봉이 효과적이다. 하루 중
합봉에 적합한 시간은 꿀벌의 외역활동이 끝나는 해질무렵이다. 외역활
동이 왕성한 낮이나 어두운 밤중의 합봉은 유해하며 자칫하면 실패하기
쉽다. 또한 유밀기에는 합봉이 잘 되나 무밀기에는 합봉이 잘 되지 않을
뿐더러 합봉효과가 낮다. 합봉할 두 봉군 중 보다 약한 쪽의 봉군에서
여왕벌을 제거하고 두 봉군의 간격은 50cm이내로 옮겨진 상태에서 합봉
을 실시해야 한다.

합봉 방법으로는 직접합봉법(直接合蜂法), 신문지합봉법 (新聞紙合蜂
法), 박하유합봉법(薄荷油合蜂法), 합봉망합봉법(合蜂網合蜂法), 훈연합
봉법(燻煙合蜂法) 등 여러 가지 방법이 있으나 이들 중 효과적인 방법으

로는 신문지합봉법, 합봉망합봉법, 훈연합봉법 등이 있다.

신문지합봉법 이 방법은 계상양봉에서 실시하는 합봉법이다. 여왕벌이 든 벌통의 외피와 내피를 제치고 이 위에 신문지를 깔아 군데 군데 작은 구멍을 낸 다음 이 위에 여왕벌이 없는 벌통을 계상한다.   합봉할 두 봉군은 잔 구멍이 난 신문지를 경계로 대치한 상태가 되는데 양쪽에 대치하고 있는 일벌들은 신문지의 작은 구멍을 뚫어 찢고 공격할 기세를 보인다. 신문지의 구멍을 찢어 넓히는 동안 두 봉군의 일벌들은 점차 친해져 신문지 구멍이 찢어지면 두 봉군은 쉽게 합봉된다.

합봉망합봉법 이 방법은 단상양봉에서 실시하는 합봉법이다. 먼저 여왕벌이 든 소비를 벌통 한쪽으로 몰아놓고 여기에 합봉망을 삽입한 다음 벌통 빈곳에 여왕벌이 제거된 벌통에서 소비를 옮겨 넣는다. 무왕군쪽의 소문을 차단하여 출입을 차단하고 내피와 외피를 덮은 다음 2～3일간 방치해 둔다. 두 봉군은 합봉망을 경계로 대치하게 되는데 처음에는 상대쪽을 공격할 태세를 취하지만 시간이 지나면서 점차 일벌들은 친해져 이때 합봉망을 빼내면 두 봉군은 아무 무리없이 합봉된다.

훈연합봉법 꿀벌들이 심한 연기를 쏘이면 상대편에 대한 판별력을 잃게 되는 습성을 이용한 합봉법이다. 합봉할 두 봉군을 나란히 놓고 소문을 향해 강하게 훈연기로 연기를 뿜어 꿀벌의 활동을 저지시킨 다음 벌통을 열어 무왕군쪽의 소비를 유왕군쪽에 옮겨 넣고 내피와 외피를 덮은 다음 다시 소문을 향해 연기를 강하게 뿜어 준다. 연기를 세게 뿜어준 다음 소문을 좁혀 두면 두 봉군은 합봉이 끝난다.

앞에 든 세 가지 방법을 통해서 합봉을 한 다음 2～3일간 절대 안정이 필요하다. 3일이 지나면 내검하여 소비를 정비한다.

(5) 봉군의 균세 요령

꿀벌을 키우다 보면 같은 양봉장에서도 봉군의 세력이 강한 것과 약한 것이 있다. 이때 강한 쪽에서 일부의 일벌을 약한 쪽에 옮겨 주어 봉군 상호간의 세력을 조절하는 방법을 봉군의 균세법이라 한다. 그렇다고 해서 무턱대고 일벌을 털어 넣거나 소비를 옮겨 넣어서는 안된다. 봉군 상호간의 균세에는 갓 출방한 일벌만 붙어 있는 소비나 소비의 일벌들을 털고 갓 출방할 봉개소비를 넣어 주는 두 가지 방법이 있으나 갓 출방한 어린 일벌만 붙어 있는 소비를 골라내기는 어려우므로 봉군의 균세는 봉개소비를 이용하는 것이 가장 안전하고 효과적이다. 강군의 벌통 가운데 부분에서 봉개소비를 한 두 장 들어 내어 벌을 턴 다음 이들 봉개소비를 약군의 벌통 내 소비사이에 삽입해 준다. 한 장의 봉개소비는 출방 후 2매벌이 되기 때문에 약군의 세력은 곧 세력이 크게 강화되어 정상군으로 된다. 이와 같은 균세법은 채밀할 때 채밀이 끝나는대로 강군과 약군에 봉개소비를 조정해 넣어 봉군의 균세를 꾀할 수도 있다.

2) 분봉과 봉군의 증식법

분봉(分蜂)이란 하나의 봉군을 두 개 봉군으로 나누어 주거나 나눠지는 현상을 일컫는데 분봉은 꿀벌이 지닌 습성이기는 하나 뜻하지 않은 분봉은 생산 양봉에서 불리한 결과가 되므로 양봉에서 분봉관리는 대단히 중요하다. 분봉은 언제나 불리한 현상만은 아니다. 봉군의 증식이란 측면에서 볼 때는 분봉이 없어서는 안 될 현상이다. 그러므로 생산 양봉을 위해서는 분봉현상을 억제해야 하고 봉군의 증식을 위해서는 분봉현상은 바람직한 현상으로 받아 들여야 한다.

(1) 분봉열과 분봉

새 일벌이 많이 태어나고 유밀이 왕성해지면 봉군의 세력이 크게 불어나 여왕벌은 더 이상 알을 낳을 곳이 없어지고 일벌들은 더 이상 꿀이나 화분을 저장할 장소에 제한을 받아 봉군의 세력에 비해 비좁음을 느끼게 된다. 이와 같은 상태는 꿀벌사회의 무진한 번영에 저해가 되므로 일벌들은 두 봉군으로 나누어지려는 준비를 서두르게 된다.

분봉열 벌통이 비좁아졌다고 해서 하루 이틀 사이에 분봉이 발생하는 것은 아니다. 분봉을 위해서는 상당기간 분봉 준비 기간이 필요한데 분봉 준비 기간에는 여러 가지 증상이 나타난다. 준비기간중에 나타나는

여러 가지 증상을 분봉열(分蜂熱)이라 한다. 분봉열의 증상으로는 숫벌
양성, 왕대조성, 왕대의 봉개, 외역활동 격감, 여왕벌의 산란중단, 집결연습
등을 들 수 있다. 분봉열의 가장 첫 출발은 숫벌양성으로부터 시작된
다. 숫벌이 출방하기 시작하면 왕대를 지어 새 여왕벌양성에 돌입한다.
왕대를 짓는 순서는 첫째왕대가 지어져 왕대에 알을 낳으면 4~5일 후
에 둘째왕대에 알을 낳고, 그 후 3~4일 후에 셋째왕대에, 2~3
알 후에는 네째왕대에 알을 낳다가 그 후에는 일시에 여러개의 왕대를 동
시에 짓고 알을 낳는다. 분봉열의 성숙은 왕대가 봉개되면서 시작되는데
이 무렵이 되면 일벌의 외역활동이 급격히 줄고 일벌들은 소문근방에서
모이는 연습을 하며 여왕벌은 산란을 중단하며 배가 홀쭉해지는 현상으
로 진행된다.

분봉군 출발 분봉준비가 끝나 첫째왕대에서 여왕벌이 태어나기 약 2
일전에 어미여왕벌은 일부의 일벌을 동반하고 분봉을 떠난다. 여왕벌이

〈그림 9 - 1〉 나뭇가지의 분봉군

날아 양봉장 주변 나뭇가지에 앉으면 분봉을 계획한 일벌들이 따라 나선다. 어미여왕벌이 제 1 차 분봉을 떠난 다음 그대로 방치해 두면 둘째왕대에서 여왕벌이 태어나기전 첫째왕대에서 태어난 처녀여왕벌은 서둘러 제 2 차 분봉을 떠나며 이와같은 분봉군 출발은 왕대가 지어진 순서대로 제 3 차 분봉, 제 4 차 분봉 등으로 계속한다. 어미여왕벌이 이끄는 분봉 이외 분봉은 처녀여왕벌이 이끄는 분봉인데 이는 해로운 분봉이 되어 처녀여왕벌이 이끄는 제 1 차 분봉 이후의 분봉을 후분봉(後分蜂)이라 한다. 후분봉을 허용하는 일은 양봉상 해로우므로 후분봉이 발생치 않도록 봉군을 관리해야 한다. 원래 여왕벌은 자기 이외 다른 여왕벌의 출생을 무척 꺼려 새여왕의 발생을 저지하려는 습성이 강하다. 분봉을 위해 양성된 왕대도 공격해서 없애버리고 싶지만은 분봉을 위해 지어진 왕대는 일벌들이 철통같이 지키고 있어 여왕벌은 자기의 안전을 위해 분봉을 떠나는 도리밖에 없다. 어미여왕벌이 이끄는 제 1 차 분봉은 따뜻하고 맑은 날, 그리고 바람이 없는 날 오전 10시에서 오후 2 시 사이에 분봉을 떠나지만 후분봉군은 날씨나 시간에 구애되지 않고 아무때나 떠나는 습성이 있다.

분봉군 수용 분봉군은 양봉장 주변 나뭇가지에 집결하는 것이 보통이다. 이 분봉은 계속 같은 장소에 머물지 않고 몇시간 후에는 다른 장소로 옮겨 떠나는데 장소를 옮길 때마다 먼 거리로 옮겨가므로 분봉군이 안착되는 대로 서둘러 분봉군을 잡아 새벌통에 수용해야 한다. 분봉군이 낮은 나뭇가지에 있을 때는 소비와 소초광이 든 벌통을 갖다대고 수용하면 되지만(그림 9 - 2 참조), 높은 나뭇가지에 봉군이 앉아 있을 때는 포봉기를 사용하거나 나무에 올라가 분봉군을 조용히 잡아내려야 한다. 분봉군을 수용한 다음에는 벌통을 일정한 곳에 놓고 안정을 꾀한다. 2 ~3일 후 벌통을 열어 소비 또는 소초광을 재정비한다.

〈그림 9 - 2〉 자연분봉군의 직접수용모습

(2) 분봉의 예방과 방지

분봉은 꿀벌의 번영인 동시에 봉군의 증식이므로 당연히 있어야 할 현
상이기는 하지만 생산양봉을 정상적으로 수행하는 면에서는 불리한 현상
이므로 분봉열이 발생하지 않도록 봉군을 관리하는 일은 양봉상 대단히
중요하다. 분봉관리는 분봉열이 발생치 않도록 봉군을 관리하는 예방적
인 대책과 발생한 후에 그를 막는 방지대책이 있다.

예방대책 분봉의 예방대책이란 분봉열이 발생하는 원인을 파악해서 분봉이 발생하지 않도록 사전에 예방하는 대책을 일컫는다. 분봉열이 발생하는 가장 근본적인 원인은 봉군의 세력에 비하여 벌통내 공간이 비좁아 더 이상 여왕벌이 알을 낳을 곳이 없거나 꿀을 더 이상 저장할 곳이 없을 때 발생하므로 분봉의 예방대책은 여왕벌이 충분히 알을 낳을 곳을 마련해 주고 꿀을 저장할 곳을 충분히 마련해 주어 봉군의 밀집을 막고 벌통내의 환기를 좋게 하여 충분한 공간이 유지되도록 만들어 주는데 있다. 분봉의 습성은 벌종 또는 품종에 따라 차이가 있으므로 분봉성이 적은 벌종이나 품종을 선종하는 일도 아울러 생각할 필요가 있다. 최근 외국에서는 분봉성이 적은 벌종을 개량하고 있으므로 분봉성이 적은 개량종을 선정하는 일도 분봉의 한 예방책이 될 수 있다. 또한 여왕벌이 노쇠하여 산란력이 떨어져 여왕벌의 갱신을 위한 분봉열의 경우에는 산란력이 왕성한 여왕벌을 보유하는 일도 유의할 필요가 있다.

　방지대책 예방대책만으로 분봉열을 완전히 막아내기는 어렵다. 분봉을 막기위해 예방대책을 철저히 관리하였다고 하더라도 분봉이란 꿀벌이 지닌 습성이기 때문에 예방대책만으로 분봉을 막기란 어려운 때가 대단히 많다. 분봉의 방지대책이란 분봉열이 발생하여 분봉준비가 진행되고 있을 때 이를 미리 탐지해서 막는 일을 일컫는데 방지대책은 분봉열이 성숙하기전에 막아야지 분봉열이 성숙할수록 분봉은 막아내기 어려워진다. 분봉을 막기위해 여왕벌을 격리 또는 제거하거나 왕대를 제거해 주는 일이 많은데, 여왕벌을 격리 또는 제거하는 일은 여왕벌의 산란을 한동안 중단시키는 결과가 되므로 추천할만한 분봉방지대책이라고는 할 수 없다. 다음은 왕대를 따내는 일을 통해 분봉을 막는 일이 자주 있는데 왕대를 제거해 내는 일은 왕대가 봉개되기 전에 실시해야 한다. 봉개된 왕대를 따내면 때로는 분봉열을 더욱 촉진해서 분봉의욕을 높이는 결과가 되기 쉽다. 왕대를 계속 따내어 주면 분봉을 일시적으로 지연시킬 수는 있지만 완전히 진압시키는데는 문제가 있다. 또한 왕대를 제거하려면 소비의 벌을 털어야 하기 때문에 많은 노력이나 잔품을 요한다. 일반적으로 유밀기(流蜜期) 약 15일 전에 내검을 실시해서 왕대짓기의 기미가 없을 때는 유밀기중 분봉의 염려는 없는 것으로 간주해도 무방하다. 만약 분봉의 우려가 있을 때는 계상을 실시하면 분봉을 막을 수 있다. 만약 유밀기전 분봉열이 성숙한 단계에 있다면 오히려 인공분봉(人工分蜂)을 실시하거나 분봉열이 발생하지 않은 상태에서는 두 봉군으로 나누어 무왕군에서 변성왕대(變成王台)를 짓도록 하여 인공분봉을 꾀하는 것도 한가지 방법이다. 계상양봉에서는 분봉방지가 쉽지만 단상양봉에서는 분봉방지가 어려우므로 계상양봉을 실시하면 분봉방지대책을 세우기 쉬우므로 계상양봉을 실시하는 것도 한가지 방지대책이 될 수 있다.

후분봉 방지대책 어미여왕벌이 이끄는 분봉(제 1 차 분봉) 후 처녀여왕벌이 이끄는 분봉(제 2 차, 3 차 분봉 등)을 모두 후분봉(後分蜂)이라 한다. 후분봉은 무의미하거나 유해한 분봉이므로 제 1 차 분봉 이후 후분봉이 발생치 않도록 대책을 세울 필요가 있다. 일반적으로 후분봉의 방지는 제 1 차 분봉이 출발한 후 그 벌통에서 왕대를 찾아 하나만 남기고 다른 왕대는 모두 파괴하여 왔으나 이 방법은 왕대를 찾는데 잔품을 요할 뿐만 아니라 왕대를 하나만 남기지 못하면 역시 후분봉을 막지 못하는 결과가 된다. 이보다는 제 1 차 분봉군을 수용해서 원벌통 위치에 놓고 왕대가 든 벌통을 다른 곳으로 위치를 바꿔 놓는 방법이 훨씬 수월하다. 원벌통의 위치를 다른 곳으로 옮겨주면 왕대가 든 벌통의 외역봉은 모두 분봉군이 수용된 벌통에 수용되므로 왕대가 든벌통에는 내역봉(內役蜂)만 남는 결과가 된다. 내역봉만 있는 벌통의 첫째왕대에서 처녀여왕벌이 태어나면 분봉을 떠나지 못하며 그 처녀여왕벌은 나머지 왕대를 모두 파괴하기 때문에 그 벌통에서의 후분봉은 쉽게 막을 수 있다.

(3) 봉군의 증식법

분봉을 통해서 봉군의 번영을 꾀하는 현상은 꿀벌이 지닌 습성이기도 하지만 인위적으로 봉군을 늘려나가는 일은 양봉상 대단히 중요하다. 봉군의 증식방법에는 꿀벌 자신들에 의한 자연분봉(自然分蜂)에 의한 방법과 인공분봉(人工分蜂)에 의한 두 가지 방법이 있다.

자연분봉 꿀벌은 봉군의 세력이 강해져 그 세력에 비하여 벌통 내부가 비좁아지면 분봉열이 발생하며 왕대가 조성되어 출방할 무렵이 되면 어미여왕벌은 일부 일벌들을 대동하고 분봉을 떠나게 되는데 이를 자연

분봉이라 한다. 이 자연분봉군을 새벌통에 수용해서 봉군을 증식하는 것
이 자연분봉을 통한 봉군의 증식방법이다. 자연분봉군은 벌집을 잘 짓고
수밀력이 왕성해서 봉군의 번영속도가 무척 빨라 좋다. 그러나 분봉군
수용에 잔품을 요하고 자칫하면 분봉군을 잃어버릴 염려가 있는 결점이
있으며 많은 수의 봉군을 증식하는데 무척 오랜시간이 걸려 계획적인 봉
군의 증식에는 문제가 있다.

   인공분봉 인공분봉은 자연왕대를 이용하는 경우 또는 인공왕대를 이
용해서 봉군을 증식하는 방법이 있고 변성왕대를 이용해서 봉군을 증식
하는 두 가지 방법이 있다.

   일반적으로 분봉기에 접어 들면 자연왕대가 발생하는데 왕대가 봉개되
어 자연분봉이 출발하기 전에 어미여왕벌과 5～6매의 육아소비를 새벌
통에 수용하고 자연왕대가 든 벌통을 다른 곳으로 옮겨가면 그 벌통에는
내역봉과 왕대만 있어 하나의 봉군이 형성되며 후분봉도 발생하지 않는
다. 여러개의 왕대가 있을 때는 그 자연왕대를 이용해서 보다 계획적으로
많은 수의 봉군을 증식할 수도 있다. 상업적으로 여왕벌을 대량 생산하
는 경우에는 인공왕대에 이충법(移虫法)을 통해서 여왕벌을 양성할 수
있으며 출방 전에 왕대를 절취하여 교미군(交尾群)에 넣어 교미를 시킨
다음 그를 통해서 계획적으로 봉군을 증식할 수도 있다.

   또 한편 봉군의 증식은 변성왕대(變成王台)를 통해서 봉군을 증식할
수 있는 방법이 있다. 산란육아가 활발히 진행되는 강군에서 몇매의 산
란육아 소비를 꺼내 분할군(分割群)을 만들면 무왕군 상태가 되므로 변
성왕대가 발생하는데 이를 통해서 봉군의 증식이 가능하다.

   이와 같은 인공분봉은 시간과 노력이 적게 들고 봉군의 망실이 없다는
점에서는 유리하나 인공분봉은 자연분봉에 비하여 벌집짓는 일이나 수밀
력이 저조하여 봉군의 번영 또는 발전속도가 뒤지는 결점이 있다.

10. 양봉의 착수와 경영방식

꿀벌의 생태와 습성을 터득한 다음에는 봉군을 구입해서 양봉에 착수하게 되는데 양봉은 입지적인 조건이나 자신의 주어진 여건에 따라 어떠한 규모로 어떻게 경영할 것인가를 계획해야 한다.

1) 양봉의 성패를 좌우하는 요인

양봉은 누구나 성공하지는 못한다. 사람에 따라 성공하는 일도 있고 실패하는 일도 있다. 그러므로 양봉에 성공하려면 어떤 점을 갖춰야 하고 성공으로 이끄는 데는 어떠한 비결이 있는지에 관해서 알아둘 필요가 있다.

(1) 양봉의 3대 요소

양봉에 성공하려면 우선 풍부한 밀원식물의 확보에다 우수한 벌종 또는 우수한 품종의 확보가 필요하며 여기에다 양봉가의 열성적인 노력이 필요한데 이를 양봉의 3대요소라 한다. 밀원이 풍부하면 어느 곳에서나 양봉은 가능한 것이지만 꿀벌의 활동범위내에 양적으로 풍부한 밀원에다가 그들의 개화기간이 길고 유밀상태가 양호한 조건이 요구되며 계획적으로 육종 개량된 벌종을 확보하여 수밀력의 증대, 내병성의 향상, 봉군 세력의 강화, 활동력의 증진을 꾀할수 있는 우수한 벌종 또는 품종이나 계통을 확보하여 생산성을 높이고 안정적인 양봉을 꾀할 필요가 있다. 이와같은 여건의 조성이나 확보에는 양봉가 자신의 열성적이고 지속적인 노력이 필요하다

(2) 양봉성공의 비결

　양봉의 성공은 앞에 든 양봉성공 3대요소만 갖췄다고 이룩되는 것은 아니다. 양봉성공의 3대요소를 갖춘 여건에다가 꿀벌의 습성에 순응하는 양봉관리와 점진적인 양봉을 경영할 수 있는 차분한 노력이 따라야 양봉에 성공할 수 있다.

　꿀벌은 고유의 3대 습성인 자연성·고유성· 자유성이 있기 때문에 이들에 순응하는 봉군관리가 있어야 하고 여기에다 계절·날씨·기후의 3대 환경요인에 순응하는 봉군관리가 따라야 양봉에 성공할 수 있다.

　양봉의 3대요소를 갖추고 꿀벌이 지닌 3대 고유특유성과 3대 환경요인에 순응하는 봉군관리에다 점진적인 양봉계획이 필요하다.　어떠한 일이나 사업에 성공을 하려면 작은 경험이나 체험을 바탕으로 한걸음 한걸음 나아가야 성공할수 있듯이 양봉에 있어서도 소규모 양봉을 통해서 작은 경험이나 여러가지 체험을 겪으면서 대규모 양봉을 계획해야 실패 없는 양봉성공의 대열에 설 수 있다.

　양봉은 작은 꿀벌을 대상으로 하고 있기 때문에 소나 돼지를 키우는 축산경영과는 다른 점이 많다. 상당수준의 꿀벌에 관한 과학적인 지식이 필요하며 봉군관리에 많은 경험과 체험이 필요하다. 경험적으로 볼 때 양봉을 부업적으로 처음 시작하는 경우에는 2∼3군, 전업적으로 처음 시작하는 경우라도 10군을 넘어서는 안된다는 점을 강조하고 싶다.

2) 양봉의 적지선정

　고정양봉을 하든 이동양봉을 하든 양봉에는 적지와 부적지가 있으므로 양봉적지를 선정하는 일이 중요하며 적지선정을 마치면 어떠한 장소에 양봉장을 정하며 어떻게 벌통을 배치할 것인가를 착안해야 한다.

(1) 양봉의 적지

　기후적으로 볼 때 우리나라는 남쪽으로는 제주도에서 북쪽으로는 함경도·평안도에 이르기까지 전국 어느 곳에서나 양봉은 가능하다. 그러나 양봉의 대상은 밀원이 중요하므로 어떠한 종류의 밀원이, 얼마만한 양의 밀원이, 언제 개화하며 유밀상태가 어떠한 가를 파악해야 하고 군당 채밀성적을 토대로 사양군 수를 결정할 필요가 있다. 또한 양봉의 적지는 주요밀원과 보조밀원이 조화있게 구성되어 있는 곳이 양봉의 적지임에 틀림없는데 고정양봉의 적지에서는 그것이 더욱 중요하게 요구된다.

(2) 양봉장의 선정

꿀벌의 유효한 활동범위는 벌통을 중심으로 반경 2km 이내이므로 이 범위내에 있는 밀원상황을 토대로 양봉장을 선정하게 되는데 양봉장은 밀원의 위치에 비하여 낮고 평탄한 곳을 택해야 한다. 그 밖에 양봉장의 위치는 햇빛이 잘 드는 곳, 습지가 아닌 건조한 곳, 넓고 평탄한 곳, 하천연변이나 도로연변이 아닌 곳이어야 한다. 양봉장을 잘못 선정하면 봉군관리상 불편할 뿐만 아니라 환경주변의 영향으로 꿀벌의 불안정, 꿀벌의 질병유발, 홍수로 인한 봉군의 손실이 발생하기 쉬우므로 양봉장은 여러 가지 주변환경을 면밀히 검토한 연후에 선정함이 바람직하다.

(3) 벌통의 배치

양봉장내 벌통배치는 꿀벌의 활동에 유리하고 봉군관리나 그 밖에 여러 가지 작업에 편리하면서 한정된 양봉장을 경제적으로 활용할 수 있는 점도 고려해야 하지만 벌통배치를 잘못하면 꿀벌의 표류현상을 조장하는 결과가 되므로 여러 가지 점을 고려해 벌통을 배치해야 한다. 벌통과 벌통사이의 간격은 1～2m씩 떨어지게 배치하고 적당한 통로를 유지하여 봉군관리나 작업에 편하도록 하며 소문의 방향이 엇갈리도록 하여 표류현상이 적게 발생토록 배치한다. 벌통색을 한가지로 하기 보다는 벌통간에 색의 구별을 쉽게 하기 위해 벌통색을 달리해 주는 일도 고려할 필요가 있다. 꿀벌은 주위환경의 급변 또는 기상조건이 급변할 때 표류하여 의외로 막대한 피해를 보는 일이 있다. 표류현상은 여러 가지 요인의 지배를 받는 것은 사실이지만 특히 소문의 방향을 동일하게 일렬로 배치하였을때 가장 심하다. 또한 한 양봉장에 수용하는 벌통 수는 20～30군 정

〈그림10 - 1〉 벌통의 배치상태

도로 배치하는 것이 좋다.

3) 봉군 구입시기

양봉의 시작은 일년중 아무때나 할 수는 있지만 우리나라와 같이 4계의 구분이 뚜렷하고 계절에 따라 알맞는 시기가 있는 곳에서는 양봉의 시작을 언제 하느냐에 따라 유리할 수도 있고 불리할 수도 있다. 양봉을 시작하려면 우수한 벌종의 선정, 구입에 알맞는 시기의 결정과 적당한 봉군수를 결정해야 한다.

(1) 벌종의 선정

우수한 벌종을 확보하는 일은 양봉성패와 관계가 깊다. 우리나라는 동양종(토종)과 서양종(개량종)이 있는데 벌종은 서양종을 택하는 것이 근대양봉을 수행하는데 훨씬 유리하다.

서양종중에는 여러 가지 품종 또는 계통이 있어 서양종이라 하더라도 우열에 차이가 있으므로 그들의 선정에 신중한 고려가 있어야 한다. 서양종중 표준봉으로 삼는 것으로는 이탈리안 (Italian), 카니올란 (Carniolan), 코카시안 (Caucasian) 세 품종이 있는데 최근에는 이들 표준품종들을 바탕으로 개량된 품종 또는 계통이 많으므로 그들 품종 또는 계통의 특성을 충분히 파악하여 벌종을 구입해야 한다. 벌종의 선정에 고려할 요인은 그 벌종의 수밀력·여왕벌의 산란력 · 분봉성 · 내병성 · 월동력 · 점잖음성 · 활동성 · 번영성 등을 들 수 있다.

(2) 봉군의 구입시기

봉군은 벌종의 품종 또는 계통에 따라 우열이 있을 뿐만 아니라 우수한 벌종을 선정하였다고 하더라도 봉군의 상태에 따른 우열도 있으므로 봉군을 구입할 때는 여왕벌의 나이 · 봉군의 세력 · 봉아의 유무와 육아상태 · 저밀 정도 등을 살펴 그에 알맞는 가격으로 봉군을 구입할 필요가 있다. 봉군의 구입시기는 양봉의 시작시기와 같게 마련인데 우리나라에서는 양봉의 시작이 3 ~ 4 월 경이므로 구입시기를 그 시기에 맞추기도 하나 그 지방의 제 1 차 주요 유밀기 1 개월 전으로 맞춰도 무방하다. 봉군의 구입은 월동군을 구입하는 것이 양봉상 유리하다. 봄철 대유밀기를 지나 분봉군을 구입하면 벌통값은 싸서 좋으나 양봉상 불리하며 여름철 · 가을철 봉군구입은 더욱 불리하다.

(3) 적정군수의 결정

구입할 봉군수의 결정은 양봉자의 능력이나 앞으로 양봉의 경영을 부업, 또는 전업적으로 할 것이냐에 따라 결정해야 하는데, 부업양봉을 계획하는 초심자는 2 ~ 3 군, 전업양봉을 계획하는 초심자는 10여군으로 하는 것이 좋다. 양봉에 전혀 경험이 없거나 있다고 하더라도 양봉경험이 미비한 상태에다 주요밀원 · 보조밀원의 확보가 불투명한 상태에서 무턱대고 많은 수의 봉군을 구입하는 일은 절대 있어서는 안된다.

4) 양봉의 종류와 양봉의 경영방식

양봉은 산물의 생산 목표에 따라 종류에 여러 가지가 있으나 한 사람이 다양한 양봉산물의 생산을 꾀하는 예도 많다. 또한 양봉의 경영도 양봉자의 주어진 입장에 따라 경영방식이 무척 다양하다. 어떠한 종류의 양봉을 하느냐 또는 어떠한 양봉경영을 계획할 것이냐는 그 지방의 밀원의 종류와 양, 양봉가의 입장, 양봉기술 정도, 또는 양봉산물의 시장성 등을 충분히 고려해서 결정해야 한다.

(1) 양봉산물과 양봉의 종류

최근 양봉산물의 종류로는 벌꿀·왕유·화분하·웅봉저·봉교·봉독액 등을 들 수 있는데 이들 생산물의 종류에 따라 양봉경영형태를 달리할 수 있다. 이들 양봉산물의 종류에 따라 양봉경영에 전문성을 지닌 것이 보통이나 우리나라에서는 한 양봉가가 몇 가지 양봉산물을 생산하는 예가 많으므로 그들 생산물에 따라 양봉경영을 분명히 나누기는 어렵다.

벌꿀생산양봉 벌꿀생산을 목표로 꿀벌을 치는 양봉을 일컫는데 가장 일반적인 양봉의 종류이다. 벌꿀 생산양봉은 단상을 이용하는 경우 또는 계상을 이용하는 경우가 있는가 하면 분리밀(分離蜜)이나 소밀(巢蜜)을 생산하는 경우도 있어 그 내용이 다양하다.

왕유생산양봉 왕유의 생산을 목적으로 양봉을 하는 경우인데 전문적으로 왕유생산에만 목표를 두고 양봉을 하는 예도 있으나 우리나라에서는 벌꿀생산 중 여가를 이용 왕유를 생산하는 양봉가가 많다. 최근 왕유의 유효성이 인정되면서 시장성이 높아 이 분야의 양봉이 점차 활기를 띠어 가고 있으며 높은 수익성을 지니고 있다.

화분하생산양봉 꿀벌이 수집, 운반해 들이는 화분하의 높은 영양학적 가치가 인정되면서 화분하 생산이 활기를 띠고 있는데 벌꿀생산과 겸하는 것이 보통이다. 화분생산이 많은 시기에 소문에 화분채집기를 설치, 생산하는 양봉의 종류인데 화분하의 시장성이 높아지면서 벌꿀 생산과 겸해서 많은 수익을 올릴 수 있게 되었다.

웅봉저 생산양봉 숫벌 번데기를 생산, 그들을 통조림 제조에 이용하는 예가 있는데 그를 목적으로 숫벌 번데기를 생산하는 양봉의 한 종류이다. 아직 우리나라 양봉에서는 다루고 있지 못한 분야이다.

밀납생산양봉 밀납은 벌집을 짓는 기초재료로서 일벌의 몸에서 분비된 물질이다. 밀납은 소초제작에는 물론 여러 분야의 공업원료로 사용되기 때문에 귀중한 양봉산물의 일종이다. 일반적으로 밀납을 생산하기 위해 꿀벌을 치는 예는 드물고 대부분 벌꿀생산양봉의 부산물로 생산되는 것이 보통이다. 그러나 외국에서는 밀납만을 생산키 위해 양봉을 하는 예도 더러 있다. 헌 벌집이나 소비쪽 또는 소초쪽을 수집해서 밀납을 생산하면 양봉가의 수입원이 될 수 있다.

봉교생산양봉 봉교란 외역봉이 각종 나무의 진을 수집해서 벌집을 짓는데 재료로 사용하기도 하고 벌통 여러 곳에 싸발라 벌통내의 방어물질로 쓰이기도 한다. 최근 봉교의 성분은 각종 의약품 제조에 활용되어 외국에서는 봉교생산이 자못 활기를 띠고 있다. 아직 우리나라에서는 생소한 양봉분야이기는 하나 앞으로 이 분야에 관한 연구와 아울러 시장성이 확보되면 봉교의 생산성을 향상시켜 양봉가들의 수입원으로 발전시킬 수 있을 것으로 본다.

봉독액 생산양봉 봉독액이 사람의 각종 질병치료에 효과가 있음이 확인되면서 봉독액을 생산하는 양봉이 외국에서는 이미 활기를 띠고 있다. 우리나라에서는 환자의 환부에 직접 벌침을 쏘이는 직침이나 벌침을 뽑아 환부에 발침하여 쏘이는 일이 최근 유행되고 있으나 여기서 말하는 봉독액 생산양봉은 그를 뜻하는 것이 아니고, 일벌을 희생시키지 않고 봉독액을 생산하여 그를 의약품 제조에 이용하는 것을 뜻한다. 국내 몇몇 양봉가들이 봉독액 생산연구에 몰두하고 있어 멀지않은 장래에 우리나라에서도 봉독액 생산을 통해 양봉가들의 소득증대에 큰 몫을 차지할 것으로 본다.

화분매개 양봉 꿀벌을 활용해서 각종 농작물의 원활한 화분매개를 도모하는 양봉분야인데 화분매개를 요하는 시기에 봉군을 빌려주고 봉군을 빌려준 댓가로 임대료를 받기 때문에 일명 임대양봉(賃貸養蜂)이라 하기도 한다. 미국은 임대양봉이 잘 발전한 나라로서 지역에 따라 임대양봉

조합이 설립된 곳도 많다. 최근 우리나라에서도 딸기 비닐하우스 재배에서 봉군을 구입, 딸기의 화분매개에 꿀벌을 이용하려는 시도가 유행하고 있으나 아직 이용기술의 미숙으로 외국에서와 같은 효과를 거두고 있지 못한 실정이다. 꿀벌을 이용한 화분매개는 비닐하우스내 딸기뿐만 아니라 각종 과수나 채소 또는 그 밖의 여러 가지 농작물에서 필요하므로 화분매개양봉을 보다 발전시켜 위기에 처해 있는 각종 농작물의 화문매개 문제에 대처해 나가야 할 것으로 본다.

종봉생산양봉 우수한 여왕벌을 생산하여 우수한 벌종을 생산, 판매하거나 우수한 벌종을 증식하여 그 봉군을 판매, 수익을 보는 양봉을 종봉생산양봉이라 한다. 종봉생산양봉은 우수여왕벌을 확보하여 계속적인 생산은 물론 꿀벌의 품종개량을 시도하여 보다 우수한 벌종을 증식, 보급할 수 있어야 하는데 우리나라에는 전문 종봉생산 양봉가는 거의 찾아보기 어렵다. 일부 양봉가들이 봉군을 증식하여 여분의 봉군을 판매, 경제적 소득원으로 삼고 있는데 이는 종봉생산양봉이라 보기는 어렵다. 앞으로 우리나라 양봉이 보다 발전하려면 종봉생산 양봉가가 필요한데 종봉생산에는 넓고 격리된 장소와 막대한 예산 또는 고도의 학술적 지원이 동원되어야 하는 어려움이 있다.

(2) 양봉의 경영형태

양봉은 양봉의 규모에 따라 대·중·소경영의 형태로 분류하기도 하고 양봉자의 주어진 입장 또는 소득 규모에 따라 취미양봉·부업양봉·겸업양봉·전업양봉으로 대별할 수 있다. 대경영은 많은 봉군을 가지고 이동하면서 전업적으로 양봉을 하는 경우이고, 중경영은 적은 수의 봉군을 가지고 부업 또는 겸업적으로 양봉을 하는 것인데 이따금 근거리 이동을 실시하면서 하는 경우이며 소경영이라 함은 적은 수의 봉군을 가지고 부업 또는 겸업적으로 고정양봉을 실시함을 뜻한다.

취미양봉 10군 이하의 적은 봉군을 가지고 취미로 벌꿀을 치는 형태의 양봉으로서 생산물은 자가소비로 하는 경우를 취미양봉이라 한다.

부업양봉 10~20군의 봉군을 가지고 농사일을 하면서 여가를 활용,

농가주변의 밀원식물을 대상으로 양봉을 하는 경우인데 양봉을 통해 생산된 산물은 판매하여 가계비의 일부에 보탬이 되는 정도의 양봉을 뜻한다.

　겸업양봉 20~50군의 봉군을 가지고 농업이 아닌 다른 종류의 직업에 종사하면서 경영하는 양봉을 겸업양봉이라 하는데 양봉을 통해 얻어진 수익금은 생계의 반정도를 차지하는 양봉경영이 이에 해당한다.

　전업양봉 50군 이상 몇백군 또는 그 이상의 봉군을 가지고 양봉에만 전념함은 물론 생계의 거의 전부를 양봉산물의 판매수입에만 의존하는 양봉을 전업양봉이라 한다. 우리나라에서는 밀원이 풍성치 못하여 이동양봉을 주체로 하지 않으면 전업양봉은 이룩될 수 없다.

(3) 양봉의 운영형태

　앞에서 언급한 바와 같이 양봉은 그 규모에 따라 대경영·중경영·소경영으로 나누고 양봉을 통한 소득원이 생계에 어느 정도의 몫을 차지하느냐에 따라, 취미·부업·겸업·전업양봉 등으로 대별할 수 있는데 그것이 어떻게 운영되느냐에 따라 고정양봉·이동양봉·위탁양봉 등으로 나눈다.

　고정양봉 벌통을 이동하지 않고 지정된 장소에 계속 놓아 두고 운영하는 양봉을 고정양봉(固定養蜂)이라 하는데 일명 정사양봉(定飼養蜂)이라 하기도 한다. 고정양봉은 봉군을 이동하지 않으므로 봉군의 이동에 잔품이나 비용이 들지 않아 양봉의 운영상 편리하기는 하나 한정된 밀원을 대상으로 양봉을 해야 하기 때문에 일반적으로 생산성이 낮아 장소를 잘 선정하지 않으면 양봉경영이 무척 어렵다. 고정양봉이 운영되려면 1년에 2~3회의 주요밀원과 계속적인 보조밀원이 없는 곳에서는 양봉운영이 무척 어려워진다. 고정양봉은 취미·부업·겸업양봉의 운영은 가능하나 전업양봉의 운영은 불가능하다. 다만 왕유생산양봉을 할 때는 가능하나 그것도 밀원이 부족한 상태에서는 계속 급이를 해서 사양해야 하므로 경제적 양봉의 운영은 어렵다.

　이동양봉 주요밀원의 개화시기에 따라 봉군을 이동하면서 운영하는 양봉을 이동양봉(移動養蜂)이라 하는데 일명 전사양봉(転飼養蜂)이라 하기도 한다. 이동양봉은 봉군의 이동에 많은 노력과 많은 비용이 소요되며 집을 떠나 객지생활을 계속해야 되는 어려움이 있을 뿐만 아니라 이동중 봉군의 피해와 적지선정의 어려움이 많다. 그러나 이동양봉은 1년에 여러차례의 채밀이 가능하고 생산성이 좋아 소득이 높으므로 주로 전업양봉에서 운영되는 양봉의 운영형태이다.

위탁양봉 한 장소 주요밀원에서 채밀이 끝나면 다른 곳의 주요밀원 소재지 양봉가에게 벌통만 보내 채밀토록 봉군을 위탁하였다가 봉군을 다시 되돌려 받고, 위탁중 생산된 양봉산물을 분배하는 양봉의 운영방식을 위탁양봉(委託養蜂)이라 한다. 이와 같은 양봉은 따뜻한 지방의 양봉가와 추운지방의 양봉가들 사이에 이루어지거나 아니면 부업 또는 겸업양봉가와 전업양봉가간에 이루어질 수 있는 양봉 운영형태이다. 이와 같은 양봉을 운영하면 양봉의 생산성을 높일수 있을 뿐만 아니라 다른 직업에 계속 종사할 수 있게 되므로 운영의 묘를 잘 살리면 이동양봉 수준정도의 생산성을 기대할 수 있다는 점에서 대단히 유리하다.

11. 꿀벌의 질병과 해적

꿀벌에 유해한 꿀벌의 질병과 꿀벌을 해치는 해적의 종류는 대단히 많아 이들 피해로부터 꿀벌을 보호하는 일은 대단히 중요하며 이들 피해로부터 꿀벌을 안전하게 보호하는 양봉관리가 없으면 정상적인 양봉의 운영은 무척 어려운 지경에 이르고 만다. 이들 꿀벌의 질병이나 해적과 더불어 꿀벌의 농약피해나 각종 환경오염을 통해서 오는 꿀벌의 피해는 엄청나므로 근대 양봉에 있어서 꿀벌의 안전 보호 관리 문제는 양봉관리상 가장 어려운 문제로 삼기에 이르렀다. 꿀벌의 보호문제는 질병의 종류와 방제, 해적의 종류와 방제, 농약피해와 대책 순으로 서술코자 한다.

1) 꿀벌의 질병과 방제

꿀벌에 해를 끼치는 질병은 그 종류가 대단히 많은데 병에 걸리는 꿀벌의대상 또는 유형에 따라 유충벌에 걸리는 질병, 성충벌에 걸리는 질병, 응애병으로 대별할 수 있다.

(1) 유충벌의 질병

유충에 걸리는 주요 질병으로는 부저병, 낭충봉아부패병, 석고병을 들 수 있는데 그들 질병의 발병 생태와 방제 대책을 알아보기로 한다.

부저병 꿀벌의 유충벌에 병원균이 침해하여 유충벌을 부패케하는 질병을 총충하여 부저병이라 하는데 여기서의 부저병은 미국 부저병과 구라파 부저병만을 다루고자 한다.

〈미국 부저병〉

미국 부저병은 유충벌의 질병중 가장 무서운 세균성 질병인데 병원균은 포자를 형성하는 박테리아의 일종 *Bacillus   arvae* White이며 약자로 AFB(American foul brood)라 부르기도 한다. 미국 부저병의 초기증상은 병에 걸린 유충의 채색이 유백색을 나타내다가 시간이 경과함에 따라 점차 갈색으로 변해가는 것이 특징이며, 주로 일벌의 유충벌에 걸리는데 때로는 숫벌, 여왕벌 유충에 걸리는 때도 있다. 이 병에 걸린 유충은 체색이 갈색으로 변하면서 물러 터지는데, 이 때에 시큼한 생선 썩는 냄새가 난다. 죽은 유충 또는 번데기의 시체는 점주성이 있다가 나중에는 벌방 밑에 딱지로 말라 붙는다. 유충 또는 번데기가 죽은 봉개는

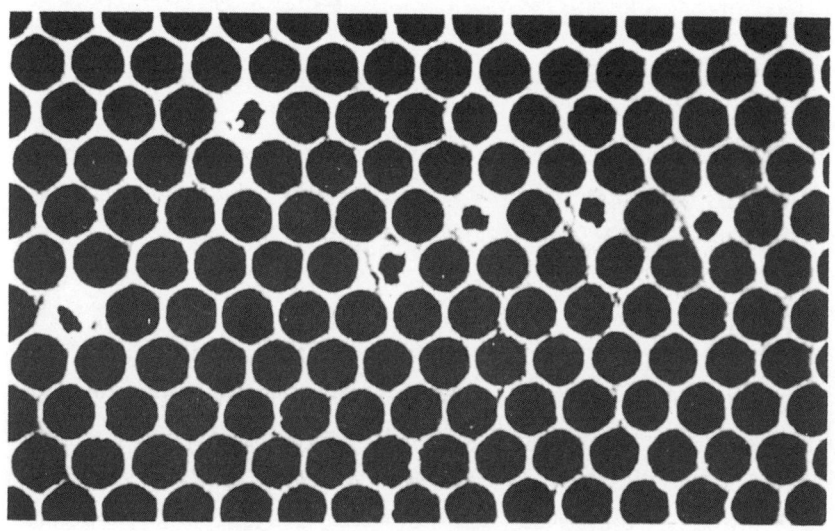

〈그림11-1〉 미국 부저병으로 뚫린 봉개

갈아 앉아 움푹 들어 가던가, 죽은 유충이 변색된 상태가 되면 봉개 부위가 뚫어지거나 찢어진 상태가 되며 썩은 유충은 찐득찐득해 지는데 성냥개비 같은 것으로 찍어 올리면 그림11-2와 같이 실모양으로 길게 따라 올라온다. 이와 같은 증상으로 미국 부저병을 판단할 수 도 있으나 그 밖에도 몇가지 시험 방법을 통해서 미국 부저병을 진단할 수 있다. 병에 걸려 죽은 시체를 햇빛에 비추면 강한 형광빛을 발산하고, 또는 우유시험법을 통해서 확인할 수도 있다. 우유시험법이란 병에 걸려 죽은 유충의 시체에 우유를 몇방울 떨어뜨리면 우유는 1분 이내에 응고되나, 약

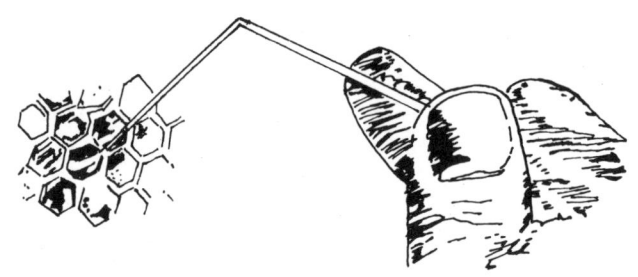

〈그림11- 2 〉 썩은 유충의 체액을 성냥개비로 찍어올린 상태

15분 정도 지나면 다시 용해 되는데 그것은 유충벌에 든 카제인 성분이
시체에 있는 효소들에 의하여 분해되기 때문이다. 더욱 간단하게 시험하
려면 슬라이드글라스 유리판대기에 병든 유충을 올려 놓고 우유 두방울
정도를 떨어뜨리면 1분 이내에 우유가 응고하고 구라파 부저병은 2분
정도, 병에 걸리지 않은 건강한 유충벌에서는 약 10여분 정도 걸린다.
더욱 정확한 병의 확인은 세균의 간상 (2.5～ 5 mm×0.5～0.8mm) 과
아포(1.3×0.6mm)의 크기를 측정하는 일이다. 미국 부저병의 전염은 감
염 봉군에서 채밀한 오염된 꿀의 재사용, 오염된 기구의 사용이나 교환,
또는 도둑벌(도봉)들에 의하여 유충에서 유충으로, 한 봉군에서 다른 봉
군으로 또한 한 양봉장에서 다른 양봉장으로 옮겨간다. 유충이 포자를
먹으면 장내에서 증식한 후, 다른 조직으로 점차 퍼져 유충 전체가 썩어
들어간다. 장내에 들어간 포자는 24시간 이내에 발아, 증식을 계속한다.
미국 부저병의 방제는 예방적인 대책과 치료를 위한 대책이 있다. 예방
적인 대책으로는 도봉방지, 오염된 벌꿀의 사양금지, 오염 봉군의 처치,
오염 소비의 소각,오염 양봉기구의 소독을 실시하고 저항성 벌종을 구입
하는 일을 들 수 있고 오염원의 근절을 위해서는 병에 걸린 봉군을 발견
되는대로 불에 태워 버리는 일과 나머지 양봉 기구는 에칠렌옥사이
(e thylene oxide)의 훈증소독을 철저히 실시한다. 미국 부저병에 걸린 봉
군에서는 소디움설파다이아졸(sodium sulphadiazole)이나 옥시테트라싸
이클린(oxytetracycline)을 설탕액에 타서 급여 하는데 소디움설파다

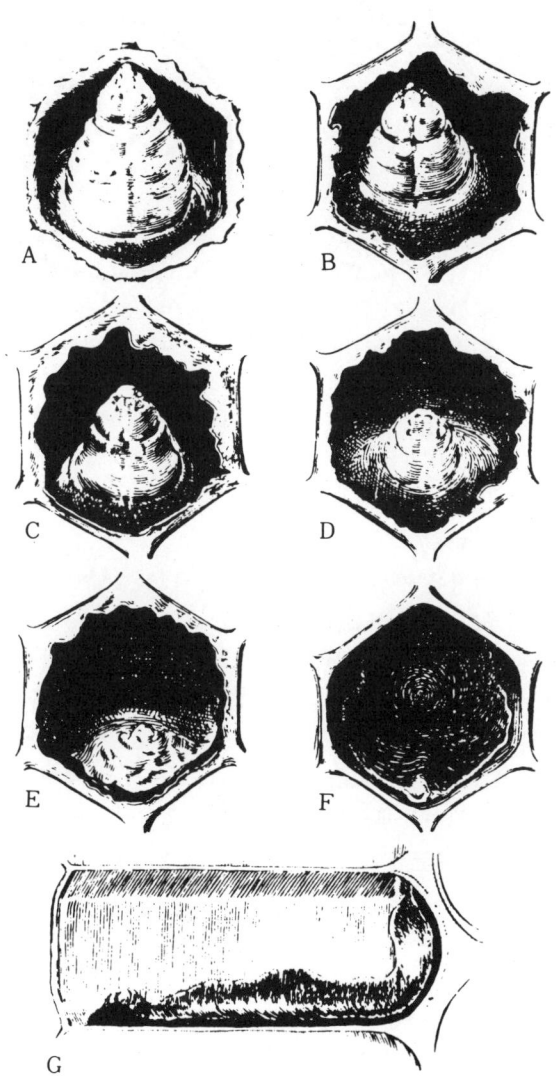

〈그림11- 3〉 미국 부저병에 의한 유충벌의 부패과정

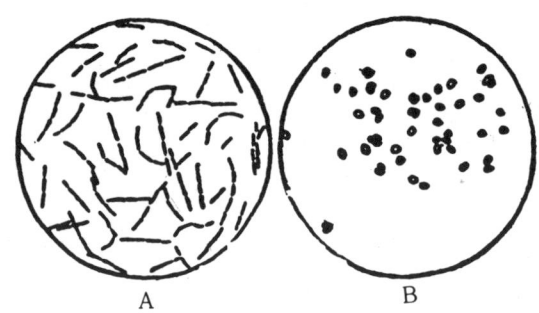

〈그림11- 4〉 미국 부저병의 간상형과 아포형 포자

이아졸은 설탕액 10리터에 1g, 옥시테트라싸이클린은 설탕액 10리터에 0.5g을 타서 4일 간격으로 3회 급여해서 방제한다. 이들 약제의 약량을 높여주면 꿀벌에 유해하므로 사용량을 잘 지켜야 한다.

〈구라파 부저병〉

구라파 부저병은 세균성 질병인데 병원균은 *Melissococcus   pluton* White이며 약자로 EFB(European foul brood)라 부르기도 한다. 유충벌이 섞어 죽는 과정이나 전염 경로는 미국 부저병과 유사한 점이 있으나 미국 부저병에 비하여 병세가 가볍고 썩어 죽은 유충은 별로 찐득찐득하지 않으며 썩어 죽은 유충의 마른 딱지가 벌방밑에 놓이지만 잘 떨어져 청소벌들에 의하여 쉽게 제거된다. 미국 부저병에 걸려 죽은 유충에서는 여러 종류의 세균들이 발견되고 있는데 그들의 대부분은 2차 감염에서 유래한 세균들이다. 구라파 부저병의 방제는 미국 부저병의 방제에 비하여 훨씬 쉽다. 예방대책으로서는 발병원을 근절하는일, 양봉기구에 에칠렌옥사이드 훈증소독, 도봉방지, 봉군의 세력강화 등이 있고 발병봉군에서는 설탕액 10리터에 옥시테트라싸이클린(테라마이신) 0.5g을 타서 사양하여 방제한다.

낭충봉아부패병

이 병에 걸린 유충은 벌방내에서 썩어 말라 붙는 점에서는 얼듯보기에 미국 부저병이나 구라파 부저병이 같으나 낭충봉아 부패병은 바이러스병

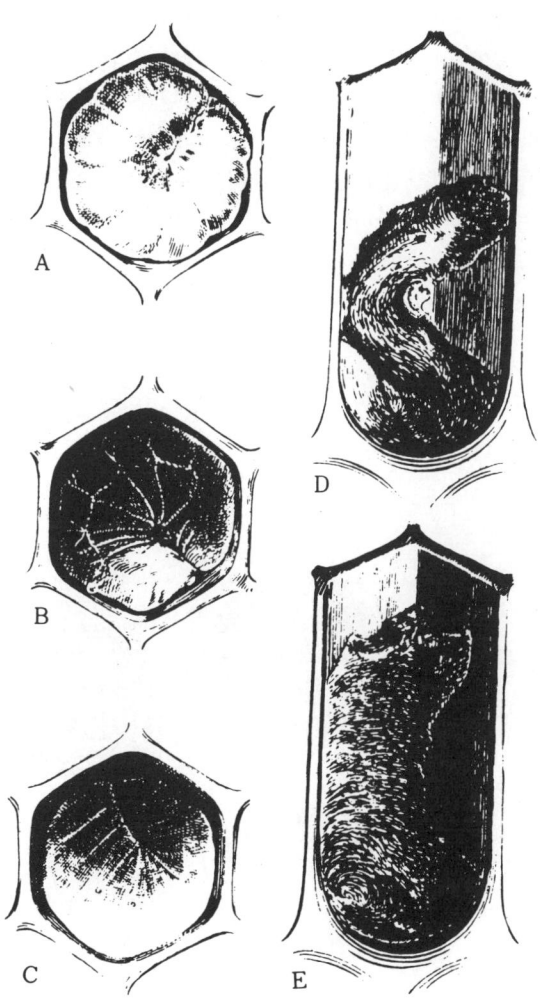

〈그림11- 5〉구라파 부저병의 부패과정

이므로 앞에서 언급한 부저병과는 전혀 다르다. 이 병은 발병 초기에 물
집이 생긴 모습을 보여 낭충병(sacbrood)이라 부르기도 한다. 병에 걸
린 유충들은 몸에 물집이 생긴 듯 액이 꽉 차고 피부가 굳어지기 시작하
며 몸은 백색에서 점차 회황색으로 변해 가다가 머리 쪽부터 갈색내지
회갈색으로 되어 나중에는 암갈색으로 변하면서 점차 말라 벌방에 남는
다. 말라 죽은 유충은 청소벌들이 쉽게 제거된다. 병원 바이러스의 크
기는 30nm의 전자현미경적 생물체로서 성충벌의 몸내에 머물러 증식해
있다가 바이러스 입자가 유충벌들의 몸에 들어가는데 주로 먹이를 통해
체내에 들어간다. 감염 2일 후부터 병징이 나타나 진행되며 한 마리의
죽은 유충벌은 100만 마리 정도의 유충벌을 죽이는데 요하는 바이러스
입자를 보유하고 있어 경계를 요하는 질병의 하나이다. 이 병에 걸린 유
충들은 허물을 벗지 못하여 번데기가 되지 못하는데 이것은 탈피를 위해
필요한 키타나제(chitinase)의 생성을 저해하는 데서 비롯되는 것으로 해
석되고 있다. 최근 우리나라에서도 이 질병이 곳곳에서 발생하여 큰 피
해를 보이고 있다. 이 병의 전문적인 치료법은 아직 없다. 병에 시달리

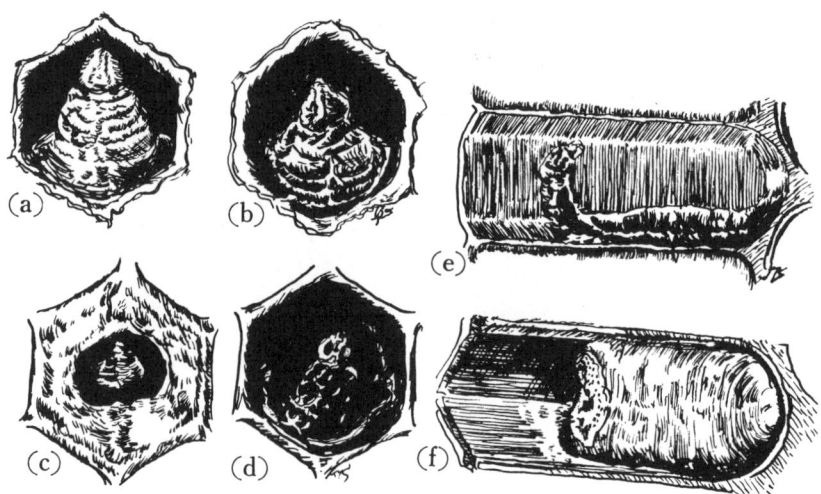

〈그림11-6〉 낭충봉아부패병의 진행과정

다 유밀이 왕성해지면 병세가 차차 줄어드는 것으로 보아 봉군의 세력강화는 이 병을 극복하는데 중요한 한가지 대책이 될 것으로 본다.

석고병 석고병은 영어의 쵸크부르드(chalkibrood)에서 비롯된 병명인데 사람에 따라서는 영어를 그대로 번역해서 백묵병이라 부르기도 한다. 석고병은 곰팡이병의 일종으로서 병원체는 *Ascosphaera apis*이며 유충이 이 병에 걸리면 봉개 후 죽는다. 죽은 유충의 시체는 처음에는 솜처

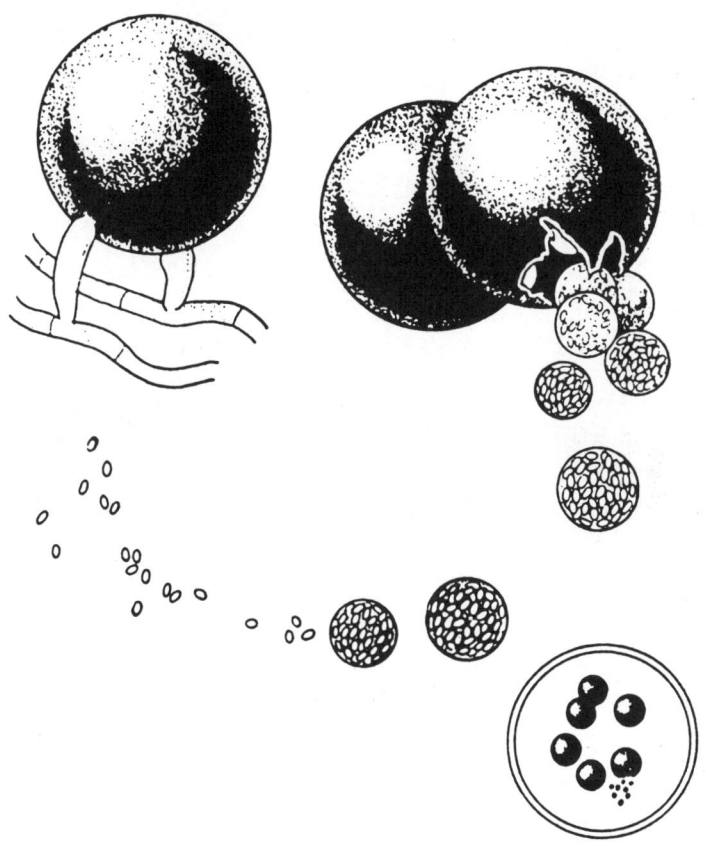

〈그림11-7〉 석고병의 병원균 모양

럼 다소 팽대되어 죽어 균사(菌絲)가 차차 자라면서 유충의 체액이 말라 나중에는 백묵과 같이 딱딱하게 굳는다. 말라 죽은 시체는 일반적으로 백색을 띠는데 때로는 청회색 또는 흑색을 띠는 것도 있다. 병원균은 유충벌의 먹이와 함께 장내에 들어가는데 장내에서 발아하여 균사가 자라면서 포자를 형성한다. 감염 적온은 약 30℃ 전후이지만 서늘하고 다습한 조건에서 발생하기 쉬우며 강군에 비하여 약군에서 발생하기 쉽다. 이 병은 세계적으로 널리 분포되어 있으며 우리나라에서는 1984년도 경상북도 포항 지역에서 발생하여 현재는 전국 모든 양봉장에서 거의 발생되고 있다. 석고병의 전문 치료약은 아직 없다. 일부 양봉가들에 의하여 빵의 방부제를 살포하여 석고병의 방제를 시도하고 있으나 아직 뚜렷한 효과를 거두고 있지 못하고 있다. 외국에서도 여러 가지 방제 시험이 보고되고 있으나 앞으로 유망시되는 석고병의 방제는 QAC(quartary ammoniac compound), 프로피오닉산 버미 쿨 레이트 화합물(propionic vermicalate compound) , 트리클로리네이티드 아이소싸아뉴릭산(trichlorinated isocyanuric acid), 아스코씨딘(Ascocidin)들이 유망할 것으로 전망하나 현재 유효한 약제의 추천은 어렵다고 본다.

(2) 성충벌의 질병

꿀벌 성충에 걸리는 주요 질병으로는 노세마병, 마비병, 설사병 등이 있다. 이들 질병의 발병 생태와 방제법에 관하여 알아보기로 한다.

　노세마병 이 병의 병원체는 단세포 원생동물의 일종 *Nosema apis* Zander이며 포자(胞子)는 먹이와 함께 내장 위벽에 들어가 증식되면서 발병이 시작된다. 위벽에 이른 포자는 극사(極絲)를 내어 원형체(原形体)가 되면서 포자각을 떠나 영양체(営養体)가 된다. 영양체는 낭체(娘体)로 변해 생식체(生殖体)가 되며 생식체는 포자를 형성 다시 세포벽에서 생활환을 되풀이하고 일부는 배설물과 함께 몸 밖으로 나온다. 노세마병의 발병은 위장벽이 주이지만 때로는 말피씨관 또는 하인후두선 조직 속에서도 발병한다. 노세마병에 걸린 일벌들은 설사를 겸하는데 그것은 체내에 수분이 많이 축적되어 있기 때문에　병에 걸린 일벌

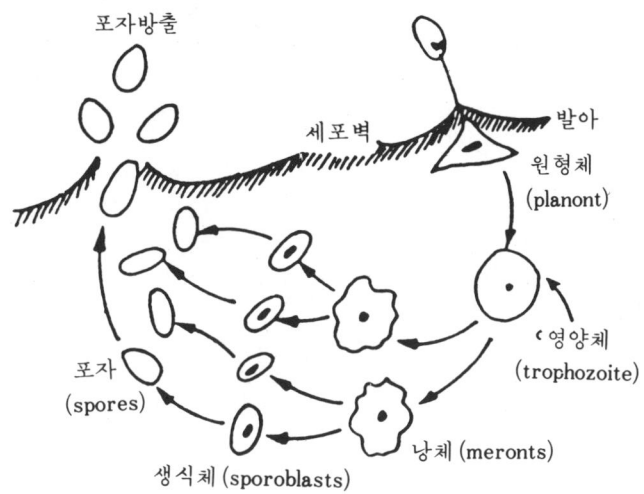

포자방출

세포벽

발아

원형체
(planont)

영양체
(trophozoite)

포자
(spores)

낭체 (meronts)

생식체 (sporoblasts)

〈그림11- 8〉 노세마병의 생활환

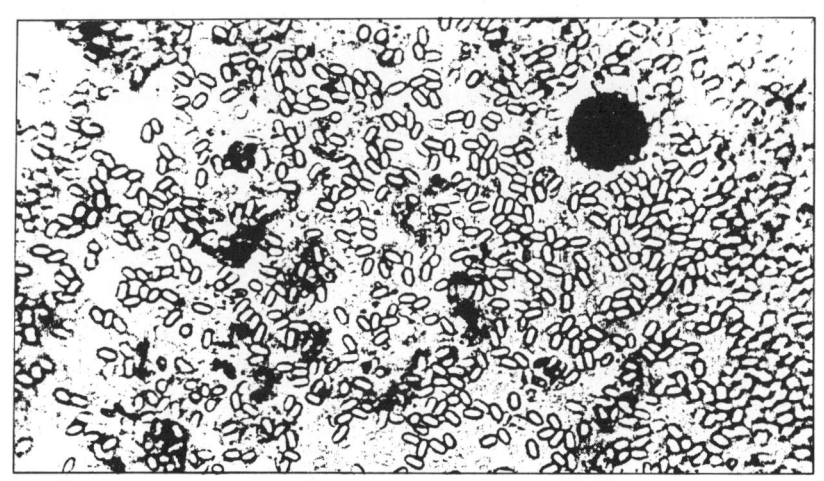

〈그림11- 9〉 노세마병의 포자

은 건전한 일벌에 비하여 수분함량이 높다. 노세마병의 감정은 여러 가지 증상의 관찰을 통하여 확인하는데 우선 노세마병에 걸린 꿀벌의 위장은 부푼 모양에다 유백색을 띠나 건전한 꿀벌의 위장은 담갈색이다. 유백색 위장의 일부를 떼어 눌러으스러 뜨린 다음 현미경 관찰을 하면 많은 포자를 관찰할 수 있다. 노세마병에 걸린 일벌들은 소문 앞 근처에서 자주

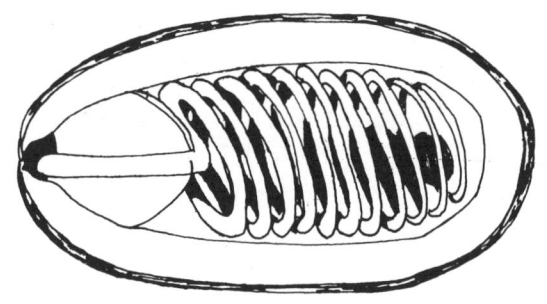

〈그림11-10〉 노세마병 포자의 내부구조

눈에 띠는데 병에 걸린 일벌은 마치 마비병, 굶주림, 농약중독과 간혹 혼동하는 일이 많다. 노세마병에 걸린 일벌의 날개는 시구(翅鉤)가 흩어져 앞뒤 날개가 따로따로 떨어지며 배가 부풀고 벌침은 신축성을 잃으며 날지 못하고 느릿느릿 걷는다. 노세마병은 31℃에서 포자의 증식이 가장 잘 되지만 실제 포자가 증식할 수 있는 범위는 10.6℃～37.2℃로서 비교적 넓다. 일단 병에 걸린 꿀벌의 수명은 40% 정도나 단축되며 노세마병에 걸린 여왕벌은 산란력을 잃게 된다. 뿐만 아니라 노세마병은 겨울철과 이른 봄철에 문제되는 병인데 병에 걸린 꿀벌들은 월동 봉구 형성에 적극적으로 가담치 못하며 육아양성 능력이 저하되어 노세마병에 걸린 봉군은 월동력이 좋지 않고 이른 봄철 봉군의 번영능력이 무척 늦어지는 결과가 된다. 노세마병의 전염은 위장에서 발아, 증식하면서 생활환을 되풀이 하고 일부 포자는 배설물과 함께 체외로 나와 또 다른 전염원이 되어 다른 꿀벌에 옮겨간다. 그 밖에 도둑벌의 활동이나 오염된 기

구의 사용 또는 야외에서 급수벌들에 의하여 운반해 드리는 오염된 물에 의하여 전염, 전파된다. 노세마병의 방제를 위해서는 봉군의 월동은 강군으로 월동시켜야 하지만 월동용 저밀은 완숙된 것이어야 하고 월동중 과습 현상이 발생치 않도록 유의해야 하며 오염된 기구는 에칠렌옥사이드 (ethylene oxide)의 훈증 소독을 철저히 해야 한다. 노세마병 치료약으

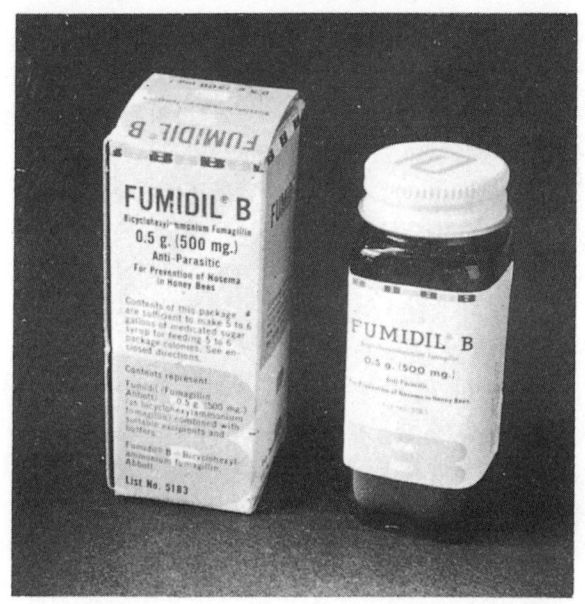

〈그림11-11〉 휴미딜 비(Fumidil-B) 포장병

로는 휴미딜 비(Fumidil-B)를 설탕액 1리터에 휴미딜 비 1.33g 타서 급여하는데 휴미딜 비의 급여 시기는 월동전 산란 육아가 끝나는 시기 10월 경이다.

마비병 성충벌의 마비병은 일종의 바이러스병이다. 마비병에 걸린 꿀벌은 마치 설사병에 걸린 듯이 배가 통통하고 소문 근방에 기어다니면서 날개를 몹시 떨고 병세가 악화되어 죽을 무렵이 되면 땅을 파헤치며 뺑뺑 돌다가 죽는다. 마비병에 걸린 꿀벌의 잔털은 마모되어 기름을 바른 듯

광택을 띤다. 전염 경로에 관해서는 아직 밝혀져 있지 않아 뚜렷한 방제
법이 아직 연구되지 못하였다. 발병 환경을 보면 벌통내 과습이나 냉습
또는 먹이의 질이 좋지 않을 때 자주 발생하고 있다. 그러므로 봉군 관리
를 철저히 잘 하는 일은 마비병 방제를 위해 좋다. 마비병이 발생하면 여
왕벌을 갱신하여 효과를 거두었다는 보고가 있으며 최근 바이오마이신
(biomycin)의 투여로 방제효과를 보았다는 보고도 있으나 아직 공인된
방제약제는 아니다.

 설사병 이른 봄철 성충벌에서 자주 발생하는 질병이기는 하나 전염성
이 적어 무서운 질병은 아니다. 그러나 이른 봄철 설사병이 발생하면 봉
세의 발전이 늦고 불량하여 피해를 받기 쉬우며 설사병은 노세마병을 동
반하여 발생하는 일이 많은데 이때는 그 피해가 더욱 심하게 나타난다.
설사병은 월동 저밀이 미숙되었거나 잘 굳는 벌꿀로 월동을 시킨 상태에
서 발병이 잘 되며, 또는 이른 봄철 설탕액을 너무 묽게 또는 차게 해서
급여하였을 때 자주 발병한다. 설사병에 걸린 꿀벌은 벌통 안팎을 다니면
서 담황색 내지 갈색 묽은 똥을 싸서 주변을 더럽히고 병세가 악화되면
똥의 색은 흑색을 띤다. 설사병에 걸린 꿀벌은 거동이 둔하고 배가 똥똥
해지며 소문 근방에 모여 죽는데 가벼운 설사병에 걸린 일벌들도 정상적
인 활동이 어려우므로 일단 발병하면 그 피해는 대단히 크다. 설사병의
발병은 사양관리의 소홀에서 야기되므로 설사병의 방제는 무엇보다 발병
원인을 파악하여 그에 대응한 봉군관리 대책이 따라야 하고 다음에는 오
염기구는 크레졸 소독을 실시, 햇볕에 잘 건조시킨 다음 사용해야 한다.
월동중이나 이른 봄철의 봉군 관리에 신경을 쓰면 설사병은 막을 수 있
으며 외역활동이 왕성해지면 설사병은 차차 없어진다.

(3) 응애병의 종류와 방제

 응애병(acariasis)이란 꿀벌의 유충, 번데기, 성충벌에 응애(mites)가
기생하여 체액을 빨아 먹으므로서 꿀벌의 발육저해, 체중감소, 기형벌
출현, 꿀벌의 활동저해, 꿀벌의 수명 감소를 초래하는 질병을 일컫는다.
우리나라에는 응애병을 일으키는 응애로는 꿀벌응애(bee mite)와 꿀벌

기문응애(bee tracheal mite) 두 종류가 있다.

바로아병 이 병은 꿀벌응애(*varroa jacobsoni* Oudemans)가 벌방내 꿀벌의 유충 또는 번데기나 성충벌에 기생하여 피를 빨아 먹어 발생하는 꿀벌의 질병이다. 꿀벌응애는 1904년 인도네시아 쟈바섬 동양종 꿀벌에서 기생되었음이 발견되었는데 이들이 서양종에 옮겨 기생하면서 세계 여러 나라에 분포, 발생하게 되었다. 꿀벌응애의 전파는 일차적으로 꿀벌

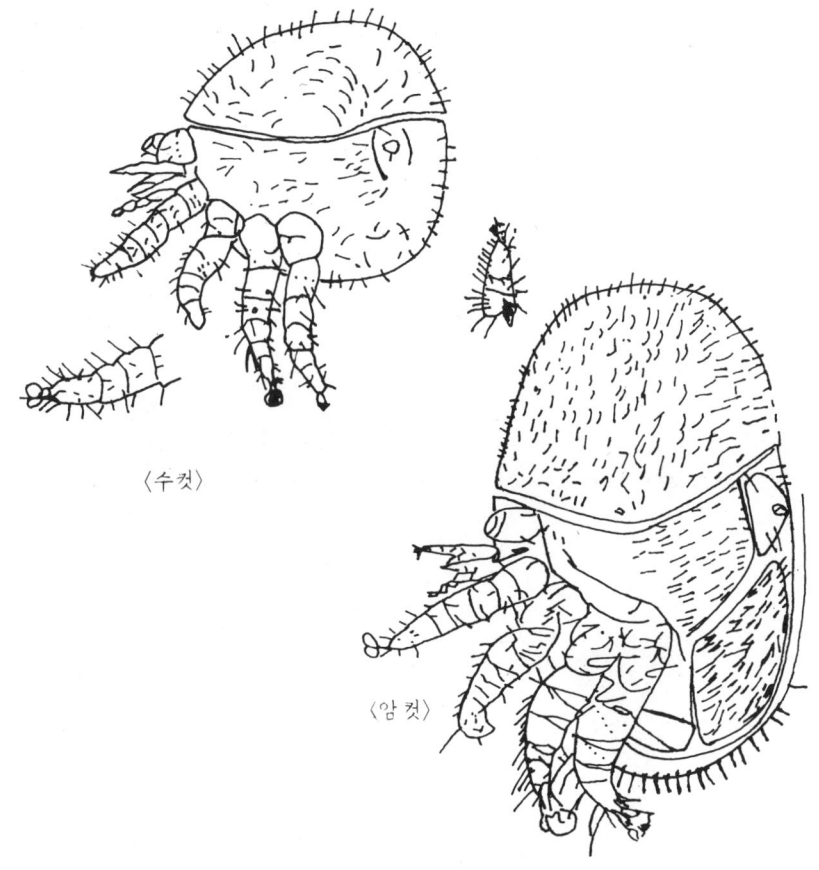

〈수컷〉

〈암컷〉

〈그림11-12〉 꿀벌응애의 암컷과 수컷

의 수입이나 수출 또는 여왕벌의 수입이나 수출에 의하여 널리 퍼지게
되었고 다음으로는 이동양봉, 분봉군, 표류벌, 도둑벌, 방화활동중 꿀벌
상호간의 접촉들에 의하여 이루어진 것으로 본다. 우리나라에서 꿀벌웅
애의 첫 목격은 1950년 경상남도와 경기도에서 꿀벌웅애의 실제 피해는
1968년 경기도 강화, 경상남도 함안지방이었는데 1970년 대에 들어 전
국 어느 양봉장에서나 발생, 피해를 주고 있음이 확인되었다. 꿀벌웅애
는 꿀벌의 유충, 번데기, 성충에 기생하여 체액을 빨아 먹는데 이로 인
하여 꿀벌의 발육이 저해되거나 기형벌이 발생하거나 또는 꿀벌의 정상
적인 활동이 저해되는 꿀벌은 바로아병(varroatosis)으로 큰 피해를 입
게 된다. 그림11－13에서 보는 바와 같이 꿀벌 웅애는 세계 일부지역의
나라들을 제외하고는 거의 모든 나라에 분포되어 있으나 아직 발생이
없는 나라들에서는 꿀벌웅애의 분포,확대 저지에 초비상이 걸려 있다. 산

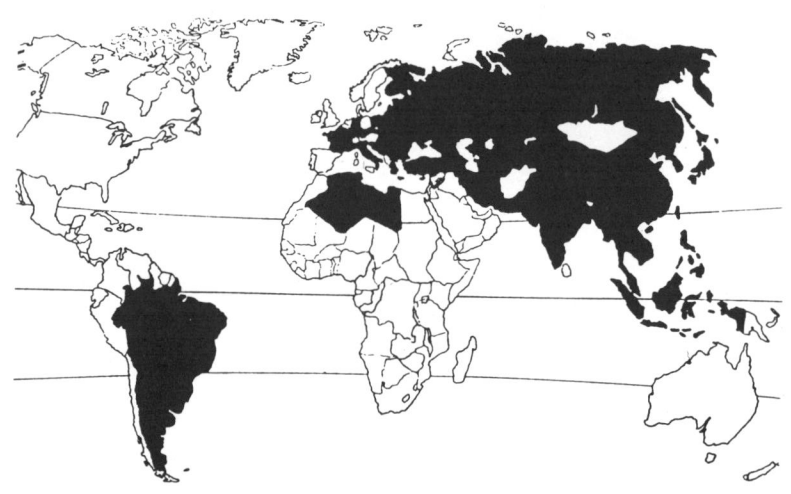

〈그림11－13〉 꿀벌 웅애의 분포(Nixon, 1983)

란육아의 진행 중에는 대부분의 응애들이 봉개 소방내에서 번식, 기생하
다가 산란육아가 끝나면 모두 성충벌의 몸에 옮겨 기생, 월동하여 다음
해 산란육아 방의 봉개 직전, 벌방에 들어가 알을 낳고 번식한다. 암컷
한 마리의 산란수는 약 5개이며, 암컷의 발육 기간은 약 10일, 숫컷의
발육 기간은 약 6일이므로 연중 20여회 발생할 것으로 추정된다. 현재
우리나라에서 꿀벌응애의 방제는 응애약을 주성분으로 한 훈연지들이 사
용되고 있는데 주요 훈연지로는 등전훈연지, 진멸지, 홀벡스빅에이(Fo-
lbex-VA), 바로캇트(Varocut) 등이 있다. 이들 훈연지 처리시는 월동
봉구 형성기를 제외한 봄부터 가을에 걸쳐 사용할 수 있는데 훈연처리에
가장 알맞는 시기는 10월 경 산란육아가 끝나는 때이다. 산란육아의 진행
중에는 대부분의 꿀벌응애들이 봉개 소방 내에서 있기 때문에 이 때는
훈연처리를 해도 꿀벌응애 방제 효과가 크게 낮아진다.

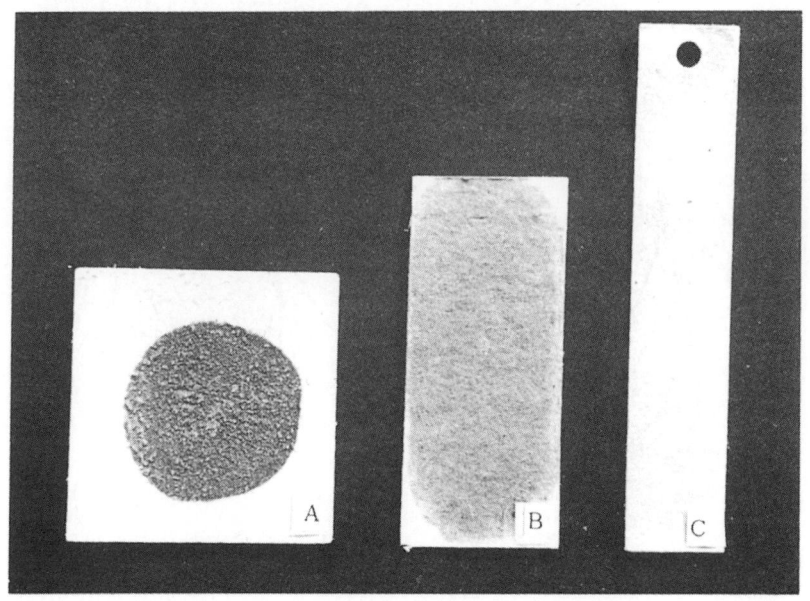

〈그림11-14〉 꿀벌 응애 방제용 훈연지

훈연지의 크기는 봉군 크기에 따라 조절해야 하며 훈연지의 처리는 20 ~30℃ 기온 범위에서 실시해야 한다. 기온이 낮거나 또는 높은 상태에서 훈연지의 처리는 꿀벌에 해를 끼칠 염려가 있으므로 유의할 필요가 있다.

아카리병 이 병은 꿀벌기문 응애(*Acarapis woodi* Rennie)가 꿀벌의 전흉과 중흉사이 첫 번째 기문 내부 기관(気管)의 내부벽에 기생, 체액을 빨아 먹으면서 기관벽을 허물게 하여 발생하는 질병이다.

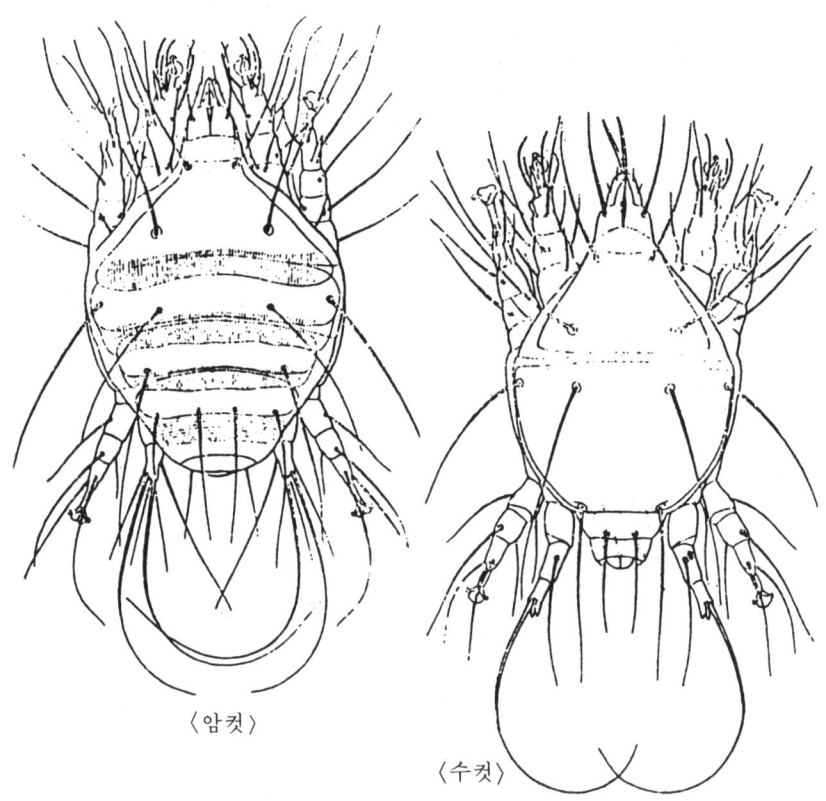

〈암컷〉

〈수컷〉

〈그림11-15〉 꿀벌 기문 응애의 암컷과 수컷

꿀벌기문응애는 1904년 이탈리아 와이트(Wight) 섬에서 처음으로 발견되어 1907년 이탈리아 본토에 상륙하면서 세계 여러 나라에 분포하게 되었다. 꿀벌기문응애병은 와이트섬에서 꿀벌기문응애가 처을으로 발견되었다고 해서 와이트섬 병이라 하는데 흔히 아카리병이라 한다.

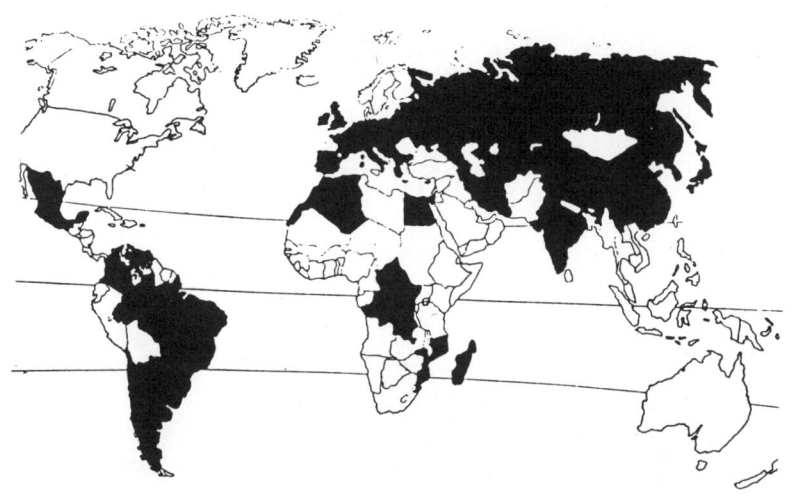

〈그림11-16〉 꿀벌 기문응애의 지리적 분포(Nixon, 1982)

교미를 끝낸 꿀벌기문응애 암컷은 제1기문을 통해 기관에 들어가 알을 낳고 부화 유충은 기관벽에 붙어 계속 체액을 빨아 먹고 살며 피해를 입은 기관벽은 허물어 피해를 입은 꿀벌은 정상적인 활동을 하지 못하고 결국은 죽어간다. 기관벽에 기생한 응애수가 많아 지고 기관벽이 허물면 호흡장애를 받게 되며 후에는 신경마비 또는 비행근육의 활동에 이상이 생겨 심한 피해를 입은 꿀벌은 날지 못하고 결국 죽는다.

꿀벌기문응애의 전염은 접촉에 의하여 전염되는데 벌통내에서의 접촉뿐만 아니라 외역활동 중의 접촉에 의해서도 점염해 간다. 기문을 통해

밖으로 나온 응애는 가슴털에 매달려 있다가 다른 벌과 접촉되었을 때 옮겨가는데 기문에 들어가 3～4일이 되면 알을 낳기 시작한다. 암컷은 5～7개의 알을 낳으면 이어 부화되는데 암컷은 14～15일, 숫컷은 11 ～12일만에 성충이 된다. 성충응애는 기문을 통해서 밖으로 나와 또다시 다른 꿀벌의 기문을 찾아 들어가 생활을 되풀이 한다.

대개 한 세대를 마치는데 19～21일 정도 소요되며 아카리병의 증상은 발병 정도에 따라 여러가지 형태로 나타난다. 즉, 시구가 흩어져 앞뒤 날개가 풀어지고 정상적 비상 활동을 하지 못하며 소문 근방에 기어 다닌다. 배가 통통해지고 배 끝을 질질 끌고 다니며 배 끝 부분이 약간 굽어 있다. 설사를 해서 소문 안팎에 황백색 배설물을 묻혀 놓으며 몇 마리씩 무리를 지어 모이는 현상을 자주 볼 수 있다.

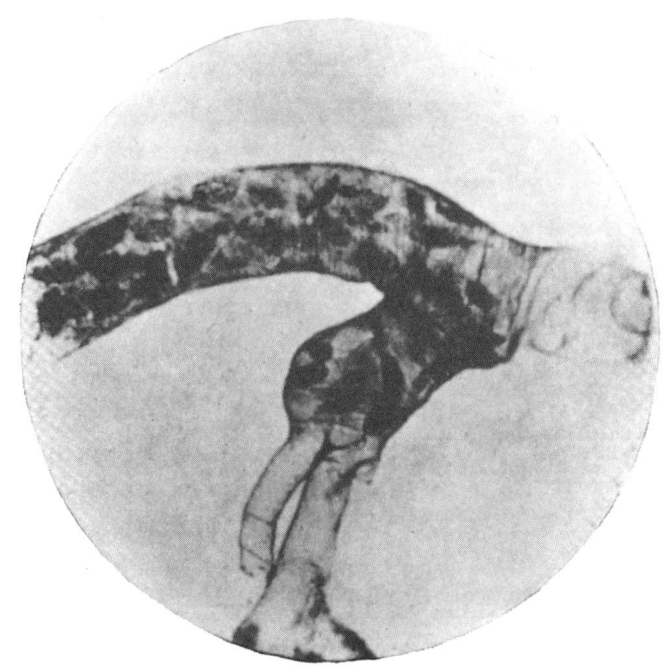

〈그림11－17〉 기관의 아카리병 피해 증상

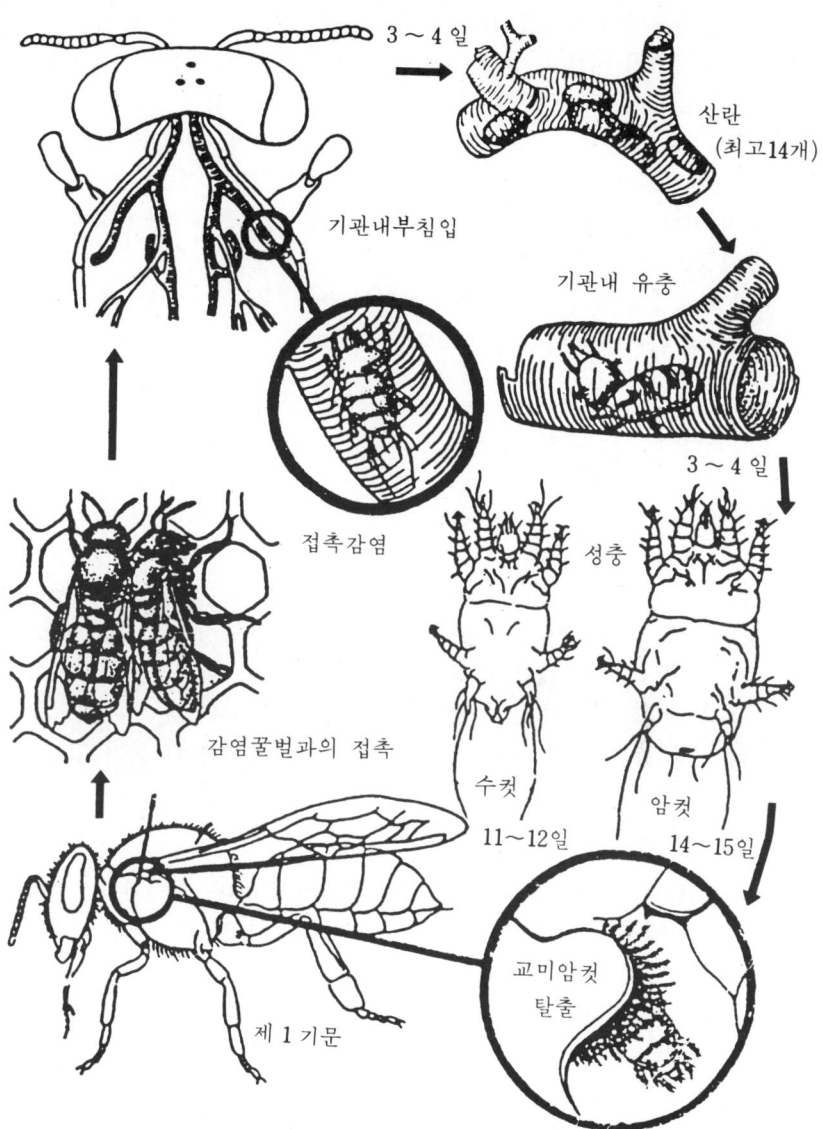

3 ~ 4 일

산란
(최고14개)

기관내부침입

기관내 유충

접촉감염

3 ~ 4 일

성충

감염꿀벌과의 접촉

수컷

암컷

11 ~ 12일

14 ~ 15일

제 1 기문

교미암컷
탈출

〈그림11 - 18〉 꿀벌 기문응애의 생활사 (Alexander, 1985)

또한 아카리병의 피해를 입은 기관에 흑색점이나 청동색 반점이 얼룩무늬로 보이지만 피해를 입지 않은 꿀벌의 기관은 백색으로 보이므로 이를 기준으로 피해 또는 발생 여부를 확인하기도 한다.

아카리병의 방제는 니트로벤젠(nitrobenzen) 2용, 휘발유 2용, 메칠살리실산염(methyl salycilate) 1용을 중량비로 섞어 흡수지에 흡착시켜 소비 사이나 소비위에 올려 놓으면 건전한 꿀벌들에게는 무해하나 병든 꿀벌들은 대개 죽는다.

최근 바로캇트(Varocut) 훈연지를 처리해도 꿀벌 기문응애의 방제가 가능하다고 한다.

2) 꿀벌의 해적과 방제

벌통에 내습하거나 양봉장 주변에서 꿀벌을 포식하여 괴롭히는 해적이 있는가 하면 벌집에 해를 끼치는 해적이 있고 꿀벌의 생활이나 행동을 괴롭히는 해적들이 있다. 꿀벌을 직접 잡아 죽이거나 잡아 먹는 해적으로는 말벌따위, 거미따위, 포식성 곤충 따위가 있고 벌집을 가해하여 피해를 주는 것으로는 벌집나방따위(소충, 巢虫)가 있으며 꿀벌의 생활이나 행동을 저해하는 해적으로는 개미따위, 땅벌따위, 쥐따위, 곤충따위들이 있는데 이들 중 주요한 해적으로는 말벌따위와 벌집나방따위가 있다.

(1) 말벌따위

말벌따위는 벌목(Hymenoptera), 말벌과에 속하며 말벌과에 속하는 종류는 대단히 많지만 꿀벌에 피해를 주는 말벌 따위로는 장수말벌과 황말벌이 있다.

장수말벌 말벌따위중 가장 몸집이 크고 양봉장에 자주 내습하여 큰 피해를 끼치는 종류는 장수말벌(*Vespa mandarina* Smith)이다. 장수말벌은 동굴이나 땅속에 3~5층의 큰 벌집을 짓고 집단생활을 한다.

늦가을에 교미한 암컷 여왕말벌만 흩어져 월동하여 이듬해 벌집을 다시 짓고 알을 낳아 벌떼가 커지면 자신이 여왕말벌이 된다. 장수 말벌떼

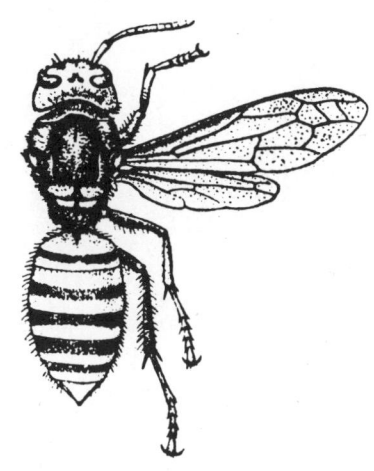

〈그림11 - 19〉 장수말벌

　는 크면 몇백마리~몇천마리에 이르는 때도 있다. 묵은 여왕말벌은 새 여왕말벌이 태어나면 함께 살다가 늦가을에 이르면 교미한　여왕말벌만 살아 남고 나머지 말벌들은 모두 죽어 없어진다.

　　말벌 따위의 식성은 육식성이므로 꿀벌이나 다른 곤충을 잡아 새끼 말벌의 먹이로 삼거나 벌꿀·과실의 즙액 또는 참나무 즙액을 빨아 먹기를 좋아한다.

　　장수말벌의 양봉장 내습은 8~10월 사이에 있는데 그대로　버려두면 나중에는 말벌들은 떼를 지어 벌통의 착륙판을 점령하고 닥치는대로 꿀벌을 물어 죽인다.

　　처음 한 두 마리의 내습에서는 그 피해가 가볍지만 착륙판이　점령될 정도로 여러 마리의 말벌이 내습하면 그 피해는 엄청나 봉군의　세력이 크게 약화되고 심한 피해를 받으면 봉군의 멸망 또는 그 피해로 봉군의 월동이 어려운 경우도 발생한다.

　　장수말벌의 방제는 소문 근방에 날아 모인 장수말벌을 포충망으로 직접 잡아 주는 것이 가장 일반적인 방제법이다. 장수말벌의 내습이 심하여 감당할 수 없을 때는 1~2일간 소문을 차단하는 일도 있다. 소문에

〈그림11-20〉 장수 말벌집

말벌 구제기를 설치해 막는 일도 있으나 꿀벌의 외역활동이 방해되어 큰 효과를 거두지 못하고 있다. 가장 근원적인 구제는 양봉장 주변에서 장수말벌집을 찾아 없애는 일이다. 한편, 외국에서는 벌꿀액에 메소밀(m-ethomyl)이라는 살충제를 섞어서 미끼를 만들어 꾀어 잡는 예도 있다.

황말벌 장수말벌에 비하여 몸집은 작지만 양봉장에 자주 나타나는 또 하나의 말벌 따위로는 황말벌(*Vespa xanthoptera* Cameron)이 있다. 황말벌의 생활사와 행동 습성은 장수말벌과 비슷하다.

양봉장에 날아 모여 피해를 주는 시기는 8〜9월이다. 황말벌에 의한 꿀벌의 피해는 장수말벌과 대등하며 황말벌의 방제법은 장수말벌의 방제법에 준하여 실시하면 된다.

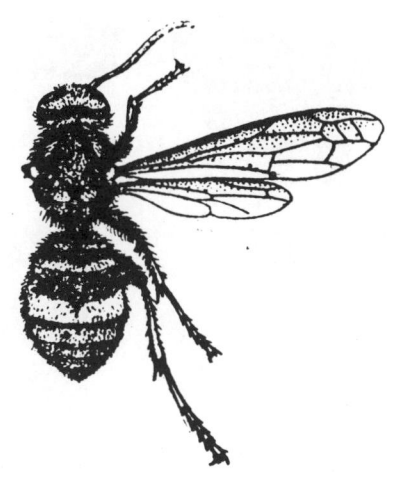

〈그림11 - 21〉 황말벌

(2) 벌집 나방 따위 (소충)

벌집나방(wax moth)은 나비목(Lepidoptera), 명나방과(Pyralidae)에 속하는 곤충으로서 유충은 벌집의 밀납을 갉아 먹고 산다. 밀납을 먹고 사는 소충에는 세계적으로 6종이 있고 우리나라에는 벌집나방(꿀벌부채명나방 : *Galleria mellonella* L.), 애벌집나방(벌집부채명나방 : *Achroia grisella* F.) 두 종류가 있다.

벌집나방 벌집나방(greater wax moth)의 대형 소충으로서 나방의 몸 길이는 19~21mm이고 노숙유충의 몸 길이는 28mm로써 몸집이 크고 뚱뚱하며 번데기는 백색 고치속에 있는데 고치의 길이는 약 28mm이다.

나방은 저녁에 활동하는데 저장소비나 저장소초 또는 벌통내 벌집을 찾아 다니면서 틈바구니에 알을 무더기로 낳는다. 암컷은 400~1,800개의 알을 낳는데 부화유충은 갱도를 만들어 뚫고 돌아다니면서 밀납을 먹고 살다가 유충이 커지면 갱도를 따라 흰실을 토하여 칠해 놓기 때문에 피해를 입은 소비는 망가진다.

벌집나방은 1년에 2회 발생하는데 제1회 나방 출현시기는 4~5월, 제2회 나방 출현시기는 7~8월이며 가해 장소에서 유충 또는 번데기

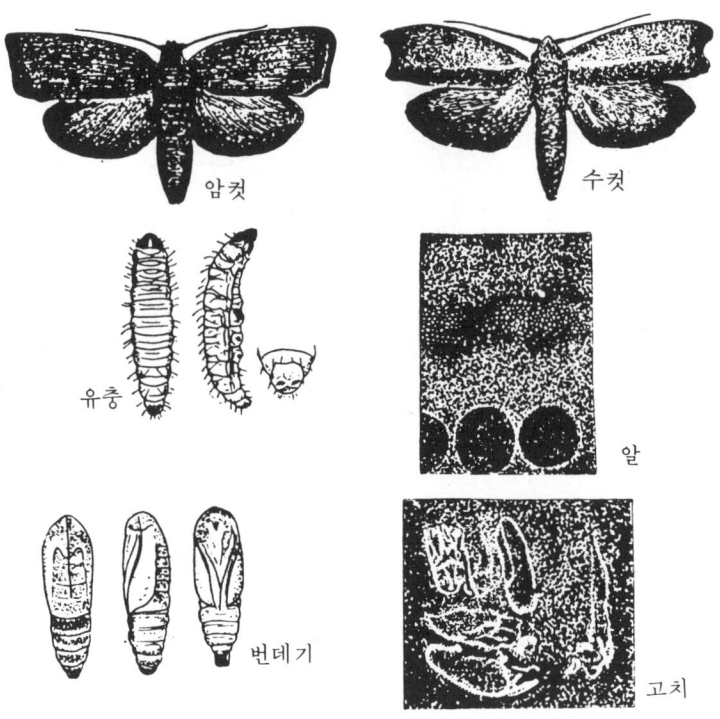

암컷

수컷

유충

알

번데기

고치

〈그림11-22〉 벌집나방

로 월동한다.

　노숙 유충은 소광에 얕으막한 홈을 파고 고치를 짓는데 고치를 무더기로 짓는 때가 많다. 벌통내에서는 유충 또는 번데기를 직접 잡아 주고 저장소비, 저장소초는 훈증 소독을 한다.

　벌집나방, 알, 유충, 번데기는 -6.7℃에서 5시간 정도면 모두 죽고 45℃에서 2시간이면 모두 죽는다. 또한 봉군의 세력이 강한 벌통에서는 벌집나방의 발생이 어려우나 봉군의 세력이 약한 벌통에서는 벌집나방의 발생이 많고 피해도 크다.

　애벌집나방　애벌집나방(lesser wax moth)은 소형 소충으로서 대형 소충에 비하여 훨씬 작다. 나방은 밤에 활동하면서 벌통 틈바구니 또는

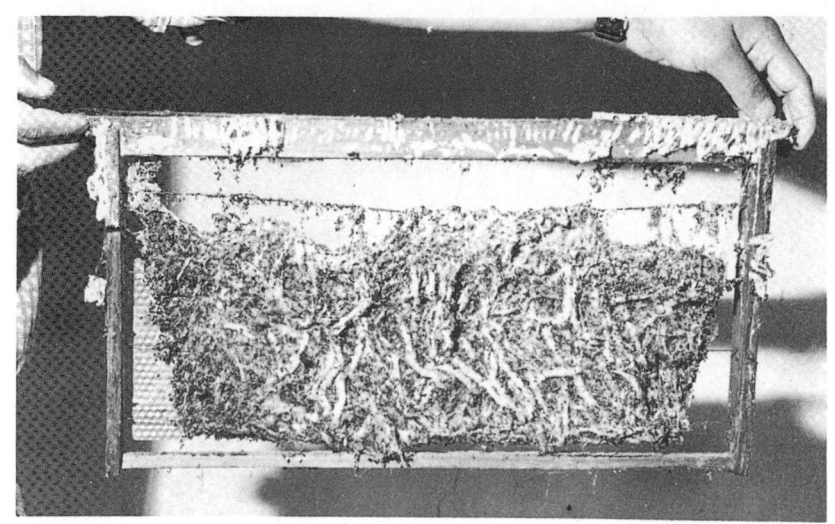

〈그림11-23〉 벌집나방의 피해소비

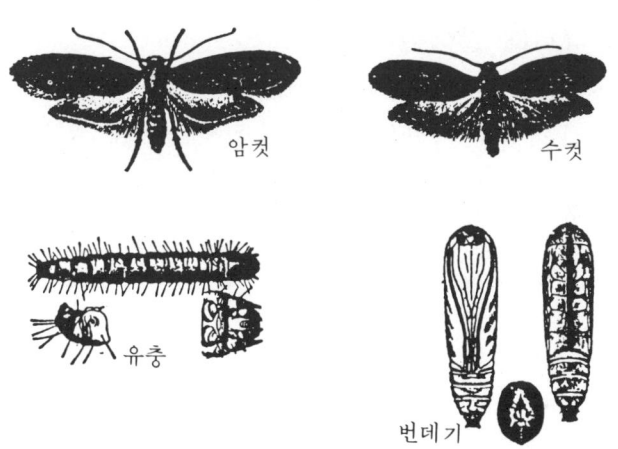

암컷

수컷

유충

번데기

〈그림11-24〉 애벌집나방

저장 소비나 저장 소초 주변 틈새에 알을 낳는데 암컷의 산란수는 250
~460개이다. 부화 유충은 소비에서 갱도를 만들고 가해하는데 소비 조
각이나 각종 부스러기로 덮고 있다가 머리만 내 놓고 먹는다. 유충의 식
성은 잡식성이기 때문에 밀납이와 화분, 벌통내 부스러기, 건포도, 죽은
곤충, 기타 저장물을 가해하기도 한다.

　노숙 유충은 고치를 짓는데 낱개로 따로 떨어져 고치를 짓는다. 애벌
집나방은 1년에 2회 발생하는데 제1회 나방 출현시기는 5～6월, 제
2회 출현시기는 8～9월이며 가해하던 장소에서 유충이나 번데기로 월
동한다. 애벌집나방의 방제는 앞에 서술한 벌집나방의 방제법에 준하여
실시한다.

3) 꿀벌의 농약피해와 대책

　근대 농업에 있어서 각종 병, 해충, 잡초 방제를 위해 농약 사용량이
급증하면서 꿀벌의 농약피해가 크게 늘고 있어 농약 피해로부터 꿀벌을
안전하게 보호하는 일은 대단히 중요하게 되었다.

(1) 농약피해 발생원

　꿀벌의 농약피해는 그 발생원이 무척 다양하다. 꿀벌의 농약피해는 주
변에 어떠한 농작물이 재배되고 있으며 언제, 어떠한 농약이 어떻게 사
용되고 있느냐에 따라 큰 차이가 있다.

　꿀벌의 농약 피해 발생원을 살펴보면 꿀벌의 활동중 농약을 살포할
때, 직접 접촉되었을 때, 농약에 오염된 논물이나 이슬을 운반해 들였을
때, 농약이 오염된 화밀이나 화분을 수집해 들였을 때이다.

　우리나라 양봉가는 누구나 꿀벌의 농약피해를 경험하고 있는데 그 경
험은 주로 과수원 농약살포, 논농약살포, 밭작물농약살포, 산림농약살포
에서 비롯되고 있다. 특히 큰 꿀벌의 농약피해는 과수원이나 밭작물 개
화기 농약 살포시 크게 나타나고 있으며 산림농약살포는 아카시아나무
개화기간 중 항공살포를 실시하였을 때이다.

(2) 꿀벌의 농약중독 증상

꿀벌의 농약중독 증상은 농약의 종류, 살포농도, 또는 외역봉, 내역봉, 여왕벌, 나아가 유충, 번데기 등 봉군의 주어진 조건에 따라 큰 차이가 있다.

꿀벌의 농약중독 증상은 이따금 꿀벌의 질병에 의한 증세와 같기 때문에 꿀벌의 농약중독 증상을 판단하기 어려운 때가 있다.

일반적으로 질병에 의하여 꿀벌이 죽는 경우에는 죽어가는 꿀벌의 수가 적지만, 농약중독일 때는 일시에 수백 내지 수천 마리씩 죽어간다. 갑자기 벌통 안 바닥이나 소문 근방에 많은 수의 꿀벌이 죽어 있거나 죽어가고 있으면 그것은 농약피해라 볼 수 있다.

또는 별다른 이유없이 여왕벌의 산란이 급격히 감소 또는 중단하였다가 얼마 후에 다시 회복된다든지, 양봉산물의 생산성이 갑자기 낮아진다든지, 내역봉의 육아활동이 급격히 저조하다든지, 유충벌을 갑자기 밖으로 끄집어 내버린다든지, 봉개 소방내 번데기의 사망이 많아진다든지, 유충이 굶어 죽는다든지, 봉군의 세력이 갑자기 약세화된다든지, 육아봉이나 유충이 계속 죽어간다든지 하면 농약중독에서 비롯되는 증상으로 생각해 볼 필요가 있다.

우리나라에서 사용되는 농약의 종류는 살충제, 살균제, 제초제를 합하면 그 종류가 무척 많지만 이들 중 꿀벌에 농약피해를 주는 농약은 대부분 살충제이다, 살충제들중 유기인계 살충제의 종류가 가장 많으며, 유기인계 살충제에 의한 피해가 대부분을 차지한다. 중독 정도에 따라 다르기는 하지만 유기인계 살충제에 의한 꿀벌의 농약중독 증상은 일반적으로 먹은 것을 토하거나 가사 상태에 빠지는 일이 많으며 중독된 일벌들은 방향 감각을 잃는다. 대부분의 경우 배가 똥똥해져 몸부림치며 땅에서 뒹굴고 비벼대는 모습을 나타낸다. 이 때 날개를 곤두세우고 몸을 떨지만 날개의 시구는 흐트러지지 않는다.

점차 몸 전체가 마비되면서 죽어가는데 일부는 벌통 바닥에서, 일부는 소문 근방에 나와 죽어간다. 이들 중 토하는 증상, 배가 똥똥하게 부푸는 증상에 유의할 필요가 있다.

(3) 꿀벌의 농약피해 대책

현재 우리나라에는 세계 여러 선진국에서와 같이 양봉 보호법이나 양봉 진흥법이 없어 농약피해로부터 꿀벌을 보호하는데 문제가 많으며 선진 외국 여러 나라들에 비하여 농약에 의한 꿀벌의 피해는 훨씬 심하고 그 피해는 매년 증가하고 있는 실정에 있다.

농약피해로부터 꿀벌을 보호하려는 선진 외국 여러 나라의 양봉 진흥법이나 양봉 보호법에서 다루어진 내용을 요약하면 개화기 농약살포 금지제도, 꿀벌에 대한 농약독성 표시제도, 고독성 농약 살포시 사전통보 제도, 꿀벌의 농약피해 보상제도 등을 들 수 있다.

그러나 아직 우리나라에서는 꿀벌 보호 제도가 없는 실정에 있기 때문에 각종 농작물 병해충·잡초 방제에 사용되는 농약에 의하여 매년 수천 내지 수만 군의 봉군이 죽어 가고 있다. 그러므로 양봉 진흥법을 만들어 앞으로는 농약 등록 과정에서 반드시 꿀벌에 대한 독성 성적을 첨부토록 하고, 농약 포장지에 꿀벌에 대한 농약의 독성 정도나 독성의 지속기간 등을 표시하여 농약 살포 기간중 소문(巢門)을 차단토록 규제하는 법규의 제정과 활용이 필요하다. 그리고 보다 적극적인 꿀벌 보호를 위해서는 사전통보없이 농약을 뿌려 꿀벌을 많이 죽여 막대한 피해를 일으켰을 때는 그 피해를 보상해 줄 수 있는 제도가 필요하다.

그러나 꿀벌의 농약피해는 법적 제도의 설정이나 활용만으로 꿀벌의 농약피해를 완전히 해소할 수는 없다. 무엇보다 중요한 것은 농약 살포의 사전통보를 받았을 때 소문을 차단하거나, 봉군을 다른 곳으로 이동하는 일, 양봉가는 농약 살포자의 협조를 구하는 일, 농약 살포자는 꿀벌에 안전한 농약을 선택하여 뿌리는 일들인데 문제는 농약 살포자와 양봉자간에 긴밀한 협조와 협력이 필요하다.

12. 꿀벌의 영양과 사양관리법

곤충은 종류에 따라 식성과 그 범위에 차이가 있을 뿐만 아니라 그들의 발육 · 생식 · 활동에 필요한 영양성분의 종류와 양도 큰 차이가 있다. 꿀벌은 꿀벌 나름대로의 특유한 영양성분을 요구하고, 이용하기 때문에 정상적인 꿀벌의 발육 · 생식 · 활동에 필요한 영양성분을 충족시켜 주지 않으면 안 된다. 원래 꿀벌은 각종 밀원에서 화밀과 화분을 수집해서 스스로 살아 가는 곤충이므로 굳이 먹이를 인위적으로 급여할 필요는 없는 것이지만 실제 양봉을 수행하다 보면 먹이를 인위적으로 공급해 주어야할 때가 많다. 그러므로 꿀벌이 요구하는 영양성분을 이해하는 일은 봉군의 사양관리에 있어서 대단히 중요하다.

1) 꿀벌의 영양생리

일반곤충의 영양성분으로는 탄수화물 (포도당·과당 등 단당류) · 단백질 (아미노산류) · 지방 (지방산·글리세롤·스테롤 등) · 무기염류 (미네랄 : K^+, Na^+, Ca^{++}, Fe^{++}, Cl^- 등) · 비타민류 · 물 등이 필요하다. 이들 영양성분의 요구는 곤충의 종류에 따라 차이가 있을 뿐만 아니라 유충 또는 성충에 따라서도 다르다. 꿀벌의 영양성분 차이는 성충벌과 유충벌에서 뿐만 아니라 여왕벌과 숫벌에 따라서도 다르다.

(1) 성충벌의 영양생리

성충벌의 주요 영양물질은 탄수화물 · 단백질 · 지방 · 비타민 · 무기염류 · 물로 대별할 수 있다. 이들 영양물질의 이동과 흡수를 그림으로 표시하면 그림 12-1과 같이 중장에서 소화와 흡수가 일어나고 배설은 말피기씨관과 직장을 통해 일어난다.

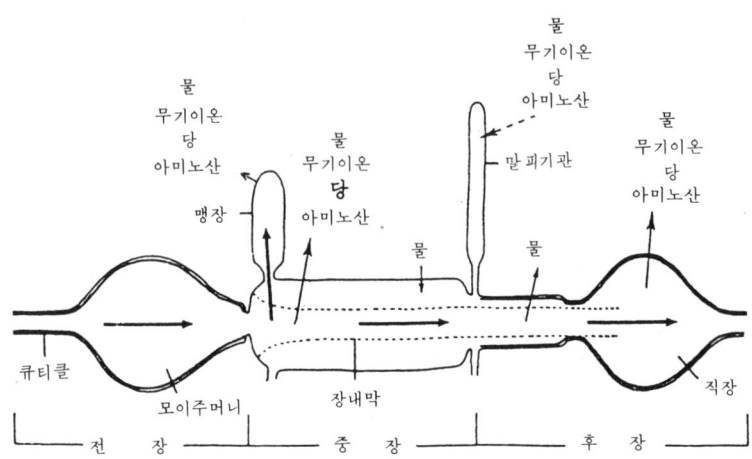

〈그림12-1〉 영양물질의 이동과 흡수

탄수화물 탄수화물(炭水化物)은 세포막, 연결조직 및 큐티클 등의 조직구성 성분·핵산 성분으로 활용되기도 하지만 성충벌에서는 주로 활동에너지원으로 활용된다. 꿀벌의 혈액 당함량은 일벌 2.6%, 여왕벌 0.3 -1.7%, 숫벌 1.2% 인데 주로 포도당·과당·트레할로스(trehalose: 두 분자의 포도당이 결합된 형태)의 형태로 존재한다. 이들 당함량은 특히 일벌과 여왕벌에서 큰 차이를 보이는데 그 내용을 보면 표 12-1과 같다.

〈표12-1〉 일벌과 여왕벌의 혈당함량(mg/100㎖) (Florkin Jeuniaux, 1974)

꿀　벌	포　도　당	과　　　당	트레할로스
일　　벌	600~3,200	200~1,600	600~1,200
여　왕　벌	500~860	220~800	560~1,200

다른 곤충들은 탄수화물과 지방을 에너지원으로 이용하기도 하지만 꿀벌의 에너지원은 탄수화물에서만 비롯되므로 벌꿀에서는 설탕형태로 탄수화물을 필수적으로 공급해 줘야 한다. 만약 일벌의 혈당함량이 1% 미만으로 낮아지면 날지 못하며 0.5% 이하에서는 운동능력을 상실한다. 탄수화물은 비상활동에 필요할 뿐만 아니라 월동시 체온 유지에도 에너지원으로 탄수화물이 필요하다.

그러나 꿀벌이 모든 탄수화물을 이용하지는 못한다. 탄수화물 중에는 일벌들이 이용할 수 있는 것이 있고 이용할 수 없는 것이 있으며 때로는 유독한 것이 있는데 그들의 내용을 분류해 표시하면 표 12-2와 같다.

〈표12-2〉 탄수화물의 종류와 일벌의 이용 여부(Haydak, 1970)

이용여부	탄 수 화 물 의 종 류
이용가능	과당, 포도당, 설탕, 맥아당, 호정, 아라비노스, 키시로스, 갈락토스, 마니톨, 소르비톨, 트레할로스, 멜레지토스, 라피노스, 알파메칠글로코사이드
이용불능	에리시리톨, 덜시톨, 이노시톨, 람노스, 소르보스, 멜리비오스
유 독	포르모스, 만노스

단백질 단백질은 탄수화물과 함께 중요한 영양성분이므로 절대로 필요한 영양물질이며 단백질은 아미노산으로 가수분해되어 흡수 이용되고 필요한 단백질은 다시 합성한다. 자연계에는 약 20여종의 아미노산이 존재하는데 그들 중 10종의 아미노산은 체내에서 합성이 불가능하므로 먹이를 통해 공급되지 않으면 안된다. 단백질은 성충벌의 근육이나 조직의 발달에 필요할 뿐만 아니라 왕유분비에 필요하다. 일벌이 출방 후 1~2시간에 소량의 화분을 먹기 시작하여 출방 후 42~52시간에는 대량을 먹으며 출방 후 5일에는 최대의 화분을 섭취하다가 8~10일에 이르면 화분 소비량은 다시 감소하기 시작한다. 일벌의 화분 소비량은 마리당 120~140mg 정도이다. 꿀벌의 필수 아미노산의 종류와 그들의 최저요구량 및 몇가지 단백질원의 아미노산 함량을 살펴보면 표 12-3과 같다.

〈표12-3〉 꿀벌의 필수아미노산과 단백질원의 아미노산 함량(조단백질, %)
(Gojmerac, 1980)

필수아미노산	최저요구량	화 분	카제인	콩가루
아르기닌(arginine)	3.0	5.7	3.4	7.7
히스티딘(histidine)	1.5	2.4	2.7	2.3
라 이 신(lysine)	3.0	6.4	6.9	6.6
트리프토판(tryptophane)	1.0	1.3	1.2	1.5
페닐알라닌(phenylalanine)	2.5	3.9	4.8	5.1
메치오닌(methionine)	1.5	1.8	2.8	1.4
스레오닌(threonine)	3.0	4.0	3.9	3.9
러 이 신(leucine)	4.5	4.0	8.7	8.0
아이소러이신(isoleucine)	4.0	6.7	5.7	5.3
발 린(valine)	4.0	5.7	6.6	5.3

지방 꿀벌의 지방은 화분을 통해서 공급되는데 지방은 에너지원 보다는 세포막 등 조직구성 성분으로 중요하다. 특히 체내에서 합성이 힘든 불포화지방산(리노레인산·리노레닐산 등)이 필수적으로 필요하다.

비타민 꿀벌들은 다른 동물에서와 마찬가지로 여러가지 종류의 비타민을 요구하는데 벌꿀과 화분에는 여러 가지 수용성 비타민을 함유하고 있어 꿀벌들은 벌꿀이나 화분을 통해서 필요한 비타민을 얻어 이용한다. 비타민류는 비타민 B 복합체(바이오틴·엽산·나이아신·판토테닌산·피리독신·리보플라빈·치아민)와 비타민 C가 필요하다. 비타민류는 꿀벌의 여러 가지 대사작용의 촉매와 조효소의 역할로서 중요하다.

미네랄 꿀벌은 다른 영양성분과 아울러 여러 가지 미네랄을 요구하는데 이들 미네랄은 꿀벌의 삼투압조절·세포기능의 조절·각종 효소의 조효소적 역할·신경이나 근육세포의 전기 자극적 역할을 하므로 반드시 필요한 영양성분이다. 필요한 미네랄로는 칼슘·인·철분·칼리·나트륨·마그네슘·망간·구리·아연 등이다. 그러나 미네랄은 종류 또는 함량에 따라 꿀벌에 이로울 수도 있고 해로울 수도 있으므로 모든 미네랄이 많다고 해서 좋은 것은 아니다.

(2) 유충벌의 영양생리

유충벌의 영양생리는 성충벌의 영양생리와 비슷한 점도 있지만 특이한 점도 많다. 일반 곤충의 유충들의 영양성분으로는 아미노산·탄수화물·스테롤·지방산·핵산·무기염류·비타민류·물·콜린·이노시톨 등이 요구되는데 이는 꿀벌의 유충벌에서도 마찬가지이다. 아미노산은 단백질 합성에 필요하며 10대 필수아미노산의 종류는 성충벌에서와 마찬가지이다. 탄수화물은 조직성분과 에너지원으로 필요하며 스테롤은 조직성분과 탈피호르몬의 전구물질(前軀物質)로 반드시 필요하다. 지방산은 조직이나 기관의 성분으로 필요한데 불포화 지방산이 필수적으로 요구된다. 필요한 핵산은 대부분 자체내에서 합성이 가능하다. 무기염류·비타민류·물·콜린·이노시톨 등은 조직성분과 신경전달 물질의 원료 역할을 한다.

탄수화물 유충벌이 이용하는 탄수화물은 성충벌에 비하여 한정된 것으로 추측한다. 여러 연구자들의 연구보고 결과를 종합해 보면 포도당·

〈표12-4〉 일벌유충과 번데기의 몇가지 성분차이(Wigglesworth, 1972)

나 이 (일)	생체중 (mg)	건물중 (mg)	글리코겐 (%)	지 방 (%)	질 소 (%)
(유 충)					
1	—	22.9	—	—	—
2	—	—	2.5	1.5	2.9
3	—	17.8	—	—	—
4	—	—	5.6	—	—
5	—	20.0	—	3.6	1.5
6	—	—	6.6	—	—
(번데기)					
1	147–176	23.0	6.2	4.1	1.2
3–4	142	22.0	5.2	3.7	1.6
7	123	19.2	3.0	2.8	1.7
12	113	15.2	0.5	1.5	1.7
13	111	14.8	0.5	0.9	2.0

과당·설탕 꿀 등 몇가지만 이용되고 전분이나 글리코겐 등은 전혀 이용
치 못하는 것 같다. 정상적으로 자라고 있는 일벌의 유충과 번데기의 글
리코겐·지방·질소함량을 보면 표 12-4에서 보는 바와 같이 글리코겐
과 지방은 유충벌의 나이가 진행되면서 증가하고 번데기에서는 감소하며
질소는 반대로 유충벌의 나이가 진행되면서 감소하나 번데기에서는 증가
함을 알 수 있다.

　　단백질 단백질은 유충벌의 발육에 절대로 필요하며 이들 필요한 모든
단백질의 공급은 화분을 통해서 받는다.　화분을 통해 공급된 단백질은 가
수분해를 통해 흡수·이용되는데 10대 필수아미노산이 필요함은　성충벌
에서와 마찬가지이다. 참고로 유충벌의 혈액 중에 함유된 아미노산의 함
량을 나타내면 표 12-5에 표시된 바와 같다.

〈표12-5〉 유충벌의 혈액중 함유된 아미노산과 그 함량

(Florkin Jeuniaux, 1974)

아 미 노 산	함량(mg/100g)
알 라 닌	58
아스파틴산	32-33
글라이신	72-84
아이소러이신	20-24
라 이 신	74-104
페닐알라닌	8-12
스레오닌	27-49
발 린	58-59
아르기닌	50-74
글루타민	308-347
히스티딘	17-30
러 이 신	25-30
메치오닌	19-23
프 롤 린	368-418
타이로신	3

기타 영양성분 유충벌의 영양성분은 탄수화물·단백질 이외에 스테롤 (sterol) ·지방산·핵산·미네랄·비타민류·물·콜린(choline) ·이노시 톨(inositol) 등을 요구한다.

2) 사양액의 종류와 사용법

꿀벌은 스스로 살아가는 곤충이므로 인위적으로 먹이를 급여해 줄 필요 가 없는 것이 원칙이지만 양봉을 수행하다 보면 꿀과 화분이 부족해서 대 용먹이를 보충해 주지 않으면 정상적인 양봉수행이 어려울 뿐만 아니라 생산양봉의 운영이 곤경에 빠지거나 봉군의 멸망을 면치 못하는 예가 자 주 있으므로 사양액의 급이가 불가피하게 된다. 급이용 식량으로는 벌꿀 ·설탕·물엿 등이 있는데 이들을 물에 희석해서 만든 것을 사양액이라 한다.

벌꿀 급이용 식량으로서 벌꿀이 가장 좋은 것은 두말 할 나위도 없다. 밀개된 저밀소비를 주어 먹이를 더해 주는 것이 가장 이상적이지만 밀원 이 부족한 우리나라 양봉에서 저밀소비를 준비해 두었다가 급이용 식량 으로 사용하는 일은 거의 없다. 저밀소비라 하더라도 호정분(糊精分) 이 많은 감로꿀이나 잘 굳는 유채꿀이나 밤나무 꿀은 월동용 식량으로는 부 적당하며 미숙꿀이나 수분함량을 많이 지닌 저밀꿀은 월동중 벌통내의 과 습을 초래하기 쉬우므로 월동용 식량은 완숙된 밀개소비를 이용하는 것 이 안전하다.

설탕액 우리나라에서 꿀벌 사양용 식량으로 가장 많이 사용하는 것은 설탕이다. 설탕을 벌통에 그대로 넣어 주는 일도 있으나 일반적으로 물 에 녹인 설탕액을 주는 것이 보통이다. 사양용 설탕액은 너무 묽어도 좋 지 않고 너무 진해도 좋지 않다. 설탕액의 농도는 사양시기 또는 사양목 적에 따라 설탕 : 물의 비를 달리하는 것이 바람직하다. 일반적으로 장려 급사를 목적으로 사양할 때는 1 : 1~1.5 : 1의 설탕액을, 기아급사(굶 주림을 막는일)를 목적으로 사양할 때는 1.5 : 1~2 : 1의 설탕액을 급 이하는데 2 : 1 설탕액은 다시 굳기 쉬우므로 이를 막기 위해서는 벌꿀을 10~20% 첨가해서 급이하는 것이 좋다. 참고로 설탕 : 물의 비를 달리하였을 때 설탕액의 비중(比重)과 당함량 관계를 표시하면 표 12- 6과 같다.

〈표12-6〉 설탕 : 물의 비를 달리하였을 때의 설탕액의 비중과 당함량

설탕 : 물의 비	비 중	당함량(%)
0.5 : 1	1. 14	33
1 : 1	1. 23	49
1.5 : 1	1. 29	59
2 : 1	1. 33	66
3 : 1	1. 38	74
4 : 1	1. 41	80

물엿 물엿은 일명 조청을 일컫는데 쌀·수수·옥수수·고구마를 엿기름으로 삭혀 농축하여 만든 일종의 맥아당이다. 물엿은 삭힌 정도 또는 농축 정도에 따라 차이는 있으나 수분 14%, 맥아당 60~64%, 호정 21~25%를 함유하고 있다. 물엿은 꿀벌의 사양용 식량으로 적당치 않은 것으로 알고 있는데 그 이유는 호정분을 많이 함유하고 있기 때문이다. 꿀벌은 많은 호정분을 소화시키지 못하여 해롭다. 설탕의 사정이 어려웠을 때는 물엿을 물에 타서 사양하였을 때도 있었으나 요즈음 물엿을 꿀벌의 사양용 식량으로 사용하는 사람은 없다.

사양액의 급이법

준비된 사양액은 사양목적에 따라 사양량을 달리하는 것이 보통이다. 먹이의 부족 또는 월동용 저밀을 위한 사용에는 그 급이양을 많이 하고 봄철 꿀벌의 활동을 자극시키기 위한 장려급사의 사양에는 그 양을 조금씩 나누어 급여한다. 1회에 사양하는 설탕액의 양은 봉군의 세력 또는 사양시기에 따라 달리하지만 저녁 때 급이해서 다음날 아침까지 정리작업이 끝날 정도로 하고 사양급이는 언제나 해질 무렵에 실시한다.

　설탕액의 급이 방법은 양봉가에 따라 방법을 달리하고 있지만 여기서는 일반적으로 많이 사용하는 사양액의 급이법에 관해서만 간단히 소개코자 한다.

　광식 사양기 사양법 준비된 설탕액을 광식사양기(框式飼養器)에 부어 벌통내 맨 가장자리에 넣어 사양하는 방법이다. 사양기내 사양액에 콜크판, 가벼운 나무판 또는 짚을 띄워 설탕액 운반중 꿀벌이 빠져 죽지 않도록 한다. 이 방법은 사양액의 보온에 유리할 뿐만 아니라 1회에 사양할 수 있는 분량이 많고 도봉방지에 유리하므로 가장 널리 사용되고 있다.

　소문 사양법 준비된 설탕액을 소문용사양기(巢門用飼養器)에 부어 넣고 한쪽 부분을 소문으로 밀어 넣어 사양하는 방법이다. 이 방법은 벌통을 열 필요없이 사양이 가능하여, 이른봄 장려 사양급이에 이따금 사용하나 저녁에 기온이 낮을 때는 설탕액이 냉하여 꿀벌에 해를 끼치기 쉽고 사양에 많은 시간을 요하며 1회 급이 양이 적은 문제점이 있다.

　급이통 사양법 분유통이나 커피통 뚜껑에 잔구멍을 뚫고 그 통에 설

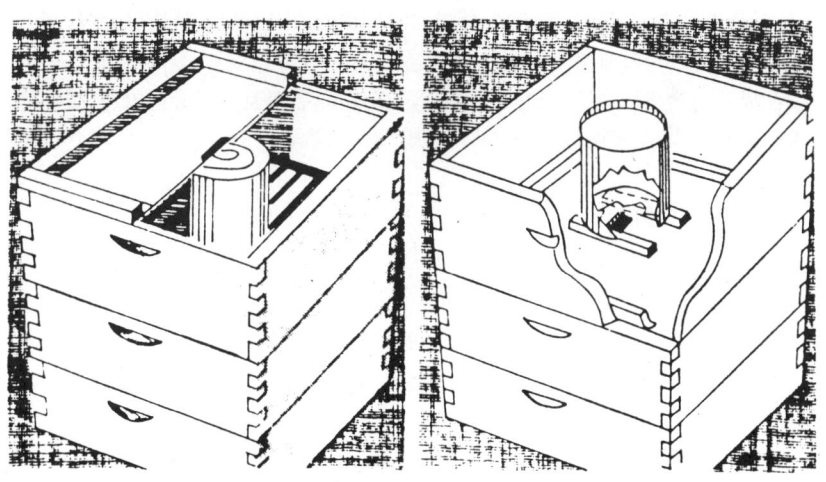

〈그림12-2〉 급이통 사양법 모식도

탕액을 넣은 다음 소비상잔 위에 거꾸로 올려 놓는다. 거기에다 계상을 덮어 놓으면 일벌들은 설탕액을 계속 물어 들일 수 있다. 우리나라에서는 별로 사용하는 일이 없지만 계상양봉을 하는 서양사람들은 자주 사용한다.

공소비 사양법 준비된 설탕액을 빈 소비에 부어 사양하는 방법이다. 빈 소비를 비스듬이 세워 놓고 설탕액을 빈 벌집에 부어 넣어 벌통내 맨 가장자리에 넣어 준다. 광식사양기 대용으로 사양하는데 1회 급여량이 적을 뿐만 아니라 설탕액이 흘러내려 사양액의 손실이 많아 별로 사용하지 않는다.

3) 화분과 대용화분 급여법

화분이 없으면 유충벌의 성장과 발육이나 성충벌의 정상적인 활동을 기할 수 없으므로 화분은 꿀과 함께 필수적으로 요구되는 꿀벌의 식량이다. 외역봉은 벌꿀의 수집, 저장과 아울러 화분도 열심히 수집해서 저장해 두고 이용하지만 화분이 부족한 때가 자주 있으므로 화분 부족현상이 발생하지 않도록 유의해서 화분급여를 실시해야 한다.

꿀벌에 급여할 화분은 자연 화분을 수집하여 확보, 이용하거나 아니면 대용화분을 제조하여 이용하는 두 방법이 있다.

(1) 자연화분

꿀벌의 사양에 필요한 자연화분은 송화가루를 다량 채집해서 확보, 이용하거나 유밀기에 화분채집기를 소문에 설치, 화분하를 생산하여 이용하거나 또는 화분생산이 풍부한 시기에 화분저장 소비를 확보해 두었다가 이용하는 세 가지 방법이 있다.

송화 화분 인위적으로 채취하여 다량 생산할 수 있는 화분으로는 송화 화분이 있다. 봄철 소나무꽃이 필 무렵 꽃을 따서 화분을 생산하는 방법인데 양봉에 이용할 다량의 화분을 확보하기란 많은 노력과 시간을 요하므로 능률적인 방법이라 할 수 없다. 이와 같은 방법으로 화분을 생산해서 꿀벌의 사양에 이용하는 양봉가는 거의 찾아볼 수 없다.

화분하 화분 수집이 왕성한 봄철이나 여름철에 소문에 화분채집기를 설치하면 화분하를 다량 생산, 확보할 수 있는데 이를 필요한 시기에 급여하는 방법이다. 정상적인 봉군에서 연간 화분하의 생산은 25~30kg에 이르며 연간 꿀벌이 이용하는 화분의 양은 군당 20~25kg이므로 여분의 화분하 생산은 가능하다.

화분저장소비 외역봉은 화밀수집에 못지 않게 화분도 수집해서 소비에 열심히 저장한다. 화분의 저장은 가장자리의 소비에 많이 저장하므로 화분저장소비를 빼내 저장해 두었다가 필요한 시기에 다시 되돌려 넣어 주면 되는데 충분한 화분저장소비의 확보가 어려우므로 실용적인 방법이 되기는 어렵다.

(2) 대용화분

자연화분을 이용하는 것이 가장 효과적이고 가장 이상적인 방법이기는 하지만 급여에 필요한 충분한 양의 확보가 어렵고 생산된 화분하는 주로 사람의 건강식품으로 활용되고 있기 때문에 대량의 화분을 필요로 하는 꿀벌들에게 자연화분의 이용만으로 충당하기는 어렵게 되어 대용화분을 개발, 이용하려는 것이 세계적인 추세이다. 현재 알려진 대용화분의 종류는 대단히 많아 그를 모두 열거하기는 어려우므로 몇가지 대용화분을 소개코자 한다.

하이닥 대용화분 탈지콩가루(350g), 카세인(525g), 맥주용 효모(350g), 탈지분유(350g), 건조 달걀노른자(175g)를 혼합, 여기에다 설탕(675g)과 물(450ml)을 넣어 화분떡을 만들어 사용한다. 이 대용화분은 미국 하이닥(Haydak) 박사가 처음으로 개발하여 소개한 대용화분이다.

벨스빌 대용화분 최근 미국에서 개발한 대용화분으로서 18종의 아미노산, 8종의 수용성비타민 · 미네랄 · 콜레스테롤 · 설탕을 혼합해 만든 대용화분을 벨스빌 대용화분(Beltsuille pollen substitute)이라   하는데 13%의 단백질을 함유하고 있다.

클로렐라 대용화분 최근 일본에서 개발한 대용화분으로서 클로렐라 (chlorella)와 대두카제인을 주제로 한 대용화분이다. 클로렐라 미분말과 대두카제인(중량비로서 1 : 2), 설탕액(중량비로서 설탕2 : 물1)에다 비타민·미네랄들을 섞어 반죽하여 만든 대용화분이다.

알부민 효모 대용화분 최근 국내에서 개발, 시판을 서두르고 있는 대용화분의 일종으로서 알부민(lactalbumin)·맥주용 효모·필수아미노산·비타민 B복합제·비타민 C·미네랄 등을 주성분으로 만든 대용화분이다.

(3) 화분급여 방법

화분을 주는 방법으로는 분말로 주는 방법, 화분저장소비를 넣어 주는 방법, 화분떡을 만들어 주는 방법 등이 있으나 이들 중 분말로 주는 방법은 급여과정에서 화분의 손실이 많고 화분저장소비는 그의 확보가 어렵기 때문에 화분의 급여는 화분떡을 만들어 주는 것이 가장 일반적인 급여방법이다.

자연화분에 설탕액을 첨가하여 화분떡을 만들거나 대용화분에 설탕액을 가해서 화분떡을 만들어 그림 12-3에서와 같이 내피 밑 소비상잔에 놓아 급여한다.

〈그림12- 3〉 화분떡을 급여하는 모양

13. 계절별 봉군관리

우리나라와 같이 봄·여름·가을·겨울 등 계절이 분명한 나라에서는
그 계절에 따라 봉군이 크게 불기도 하고 크게 줄기도 하는데 그것은 계
절에 따라 기상조건이 변하고 그에 따라 밀원의 상황이 달라지기 때문이
다. 그러므로 그들의 상황변화에 따라 봉군관리에 조화를 이루는 일은 생
산 양봉에서 대단히 중요하다. 그렇다고 해서 봉군관리가 어느 계절에는
중요하고 어느 계절에는 중요치 않은 것은 아니다. 어느 한 계절의 관리
소홀은 다음 계절에 나쁜 영향을 끼치는 것이 보통이므로 1년내내 그 계
절에 알맞는 봉군관리와 아울러 생산관리에 차질이 발생치 않도록 해야
한다.

1) 봄철의 봉군관리

꿀벌의 활동은 이른 봄철부터 시작하는데 지역에 따라서는 외역활동이
별로 없고 입춘(立春)이 지나면 여왕벌은 알을 낳고 일벌은 새끼벌 키우
는 일에 착수한다. 3월에 들어 개키버들·오리나무·매화·동백· 유채
꽃이 피기 시작하면 벌통 내부의 활동이 활발해질 뿐만 아니라 외역활동
이 활발해져 화밀과 화분을 수집해 들이면 본격적인 양봉철에 접어든다.
이른 봄철 여왕벌의 산란,일벌의 새끼벌 키우기,일벌의 외역활동은 닥쳐
올 주요밀원기의 벌꿀생산성과 밀접한 관계가 있으므로 서둘러 그에 대
비한 양봉관리에 임해야 한다.

(1) 1차내검

꿀벌의 외역활동은 없을지라도 2월중 따뜻하고 바람이 없는 날을 택
해 1차 내검을 실시하여 봉량(蜂量) ·여왕벌의 생사·산란육아(産卵育
兒)의 진행여부·먹이의 충족여부·벌통내의 과습여부·죽은 일벌의 발
생원인·소비 수 조절 필요성 여부를 확인할 필요가 있다. 1차내검의
실시 시기는 지방 또는 지역에 따라 다르기는 하지만 1차내검은 빠르면

빠를수록 좋다. 특히 내검을 통해 벌을 털어 봉구를 압축시켜 여왕벌·일
벌의 활동력을 강화하고 저밀이 부족하다든지, 화분이 부족하면 지체없
이 식량을 보급해서 위기를 모면해가야 한다. 또한 무왕군이 있다든지 심
한 약군이 있을 때는 합봉을 해서 봉군을 정상화 시켜 주어야 한다.

(2) 보온과 소문조절

3～4월은 산란육아의 진행이 왕성하고 외역활동에 활기를 띠기는 하
지만 기상 변동이 심한 시기이므로 봉군의 보온에 유의해야함은 물론 외
역활동을 돕기 위해 소문의 조절이 필요하다. 날씨가 따뜻해졌다고 해서
월동포장의 해제를 서둘러 실시하면 저녁에, 낮은 외기의 영향을 받아
봉구내 동태온도가 정태온도로 급변하므로 봉구온의 유지가 어려워질
뿐만 아니라 봉구 밖에 노출된 산란육아는 얼어 죽어 그 피해가 자못 크
다. 봄철 기상의 급변은 추운 겨울철보다 꿀벌들에게 더욱 해로우므로
보온에 유의해서 외기의 급변에서 오는 피해를 입지 않도록 해야 한다.
겨울철 소문은 3 cm 정도로 좁혀 놓는데 날씨가 따뜻해져 외역활동이 왕
성해지면 낮에는 넓혀 주고 밤에는 다시 좁혀 주는 관리가 필요하다.

(3) 병해충 방제

봄철은 각종 꿀벌의 질병이 발생하여 꿀벌에 피해를 주어 정상적인 봉
군의 번영에 나쁜 영향을 끼친다. 봄철에 발생하기 쉬운 질병으로는 노
세마병, 부저병, 낭충봉아부패병, 바로아병(꿀벌응애병), 설사병이 있고
해적으로는 벌집나방(소충)이 있다. 질병은 우선 질병의 종류를 정확히
동정해서 해당 질병에 유효한 약제를 선정해서 적량을 사용해야 부작용
없이 질병을 방제할 수 있다. 벌집나방의 제 1 화기 발생이 4～5월이므
로 이때에 적절한 방제 대책을 세워 벌집나방의 피해를 입지 않게 해야
한다. 봄철 꿀벌의 농약피해는 주로 과수원 주변이나 산림병해충 방제를 위
한 항공살포시 자주 발생하는데 이 문제는 농약살포자와 양봉자사이의 긴
밀한 협조에 의하여 해결책을 강구해야 한다. 이들 질병과 해적, 그리고
꿀벌의 농약피해에 관해서는 꿀벌의 질병과 해적, 농약편에 상세히 기술

되어 있으므로 그에 준해서 치료 또는 방제를 철저히 해야 한다.

(4) 산란육아의 확대와 촉진

기온이 높아지고 여기저기 밀원식물들의 꽃이 피어 외역활동이 왕성해지면 벌통내 산란육아 활동이 활기를 띠고 산란육아권이 확대되어 가므로 소비의 반전(反轉)이나 전환(轉換), 또는 공소비를 넣어 산란육아권의 촉진 또는 충분한 저밀장소를 마련해 줄 필요가 있다.

소비의 반전 소비의 전후면을 바꾸어 여왕벌의 산란을 촉진해 주는 일을 소비의 반전이라 한다. 즉, 소문쪽으로 향해있던 소비 끝을 뒷쪽으로, 또는 뒷쪽의 소비 끝이 소문쪽으로 오도록 그 자리에서 앞·뒷면의 방향만 바꾸어 주는 일이다. 5매군 봉군이라면 산란육아가 꽉차있는 중앙 소비는 그대로 두고 좌우의 2매를 반전해 주면 여왕벌의 산란을 촉진시켜 산란육아권을 확대시킬 수 있다.

소비의 전환 소비의 방향은 그대로 하고 소비의 위치만을 바꾸어 주는 일을 소비의 전환이라 한다. 봉개소비는 가장자리로 가게 하고 빈소비는 중앙에 위치하도록 전환하는 일이다. 소비의 반전과 전환의 적기는 지역 또는 지방에 따라 차이가 있을 뿐만 아니라 산란육아의 진행상황에 따라 다르게 해야 효과를 거둘 수 있으므로 함부로 소비의 반전과 전환을 실시하면 오히려 해로울 수도 있다. 그러므로 주어진 여건 또는 상황에 따라 조절해가면서 실시해야 효과를 거둘 수 있다.

공소비 넣기 산란육아가 크게 불어나고 저밀이 시작되면 소비의 반전과 전환만으로는 봉군의 번영에 충분치 않으므로 공소비를 넣어 봉군의 번영에 대응해 가야 한다. 처음으로 공소비를 넣는 위치는 가장자리부터 시작하여 차차 중앙으로 그 소비를 옮겨 가는 것이 좋다. 여왕벌의 산란은 봉구내 중앙에서 갓으로 점차 진행되므로, 소비의 산란육아권은 봉구 중앙으로 갈수록 커지고 가장자리로 갈수록 작아지는 것이 일반적인 현상이므로 중앙의 봉개소비는 차차 가장자리로 옮기고 갓 소비는 차차 중앙쪽으로 옮겨가는 것이 좋다.

(5) 월동포장의 해제

꿀벌의 외역활동이 활발해지면 봉군관리상 불편하다는 이유로 월동포장을 일찍 해제하려 하는데, 밤낮의 기온차가 심한 시기에 월동포장을 일찍 해제하면 산란육아에 피해를 입기 쉽다. 월동포장은 가능하면 일찍 해제하는 예가 많은데 그것도 4월 중순 이후에 실시하는 것이 안전하다. 일반적으로 월동포장의 해제는 지방 또는 지역에 따라 차이가 있어 해제시기를 정확히 말하기는 어려우나 남부 따뜻한 지방에서는 4월 초·중순, 중부지방은 5월 초순, 북부지방은 5월 중·하순에 월동포장을 해제하면 안전하다.

(6) 채밀시기

채밀시기는 그 지방의 주요 밀원의 개화시기와 저밀상태, 또는 단상양봉이냐 계상양봉이냐에 따라 다르기 때문에 일정 채밀시기를 말하기는 어렵다. 제주도 지방에서는 3월 하순부터 유채꽃이 피어 꿀벌의 수밀활동이 활발해지기 시작하므로 4월 초·중순에 채밀이 가능하고 주요밀원이 아카시아 나무인 지방의 경우에 5월 중·하순에 채밀이 가능하며 밤나무가 주요 밀원인 경우에는 6월 하순이나 7월 초순에 채밀이 가능하다. 대개 주요 밀원의 개화시기가 언제이냐에 따라 채밀여부 또는 채밀시기가 결정되므로 개화시기가 채밀시기를 결정하는 중요한 요인이 되는 것은 사실이지만 같은 종류의 밀원이라도 해에 따라 개화시기가 다를 뿐만 아니라 그 해의 유밀상태, 저밀 정도 또는 저밀의 성숙 정도에 따라 차이가 있으므로 채밀시기도 해에 따라 달라질 수 있다. 또한 채밀시기는 단상양봉이냐 계상양봉이냐에 따라 큰 차이가 있다. 계상양봉에서의 채밀시기는 계상수에 따라 얼마든지 늦출 수 있지만 단상양봉에서는 그렇치 못하다. 원래 전면 봉개소비에서 채밀해야 되는 것이지만 단상양봉에서는 벌통 소비매수가 극히 제한되어 저밀소비 전체가 봉개되기를 기다릴 수는 없다. 일반적으로 단상양봉에서는 저밀소비의 $\frac{1}{3} \sim \frac{2}{3}$ 정도 봉개상태에서 채밀하는 것이 원칙이다. 봉개전 채밀도 가능하나 봉개전 채밀은 생산된 벌꿀이 미숙된 상태이므로 양질의 벌꿀을 생산하지 못하는 문제가 있다.

(7) 분봉열의 경계와 방제

봄철 유밀기중 분봉열이 발생하면 유밀상태가 좋더라도 꿀벌들은 분봉준비에만 전념하게 되므로 일벌의 수밀활동이 크게 낮아져 벌꿀의 생산성이 크게 낮아지므로 유밀기중 분봉열이 발생치 않도록 봉군관리에 힘쓰는 일은 대단히 중요하다. 또한 유밀기중 분봉은 봉군의 세력을 약화시키므로 정상적인 생산성을 발휘하지 못한다.

분봉열 발생의 기본원인은 봉군의 세력이나 산란육아 정도 또는 저밀 정도에 비하여 벌통이 비좁은데서 비롯되므로 유밀기중 비좁은 느낌을 주지 않도록 충분한 공간을 유지시켜 주는 봉군관리가 요망된다. 분봉열의 증상, 분봉의 예방 및 분봉의 방지법에 관해서는 분봉과 봉군의 증식법항에서 상세히 다루었으므로 그를 참조해 주기 바란다.

(8) 소비만들기

소비란 벌집을 뜻하는데 양봉을 정상적으로 운영하려면 항상 여분의 소비를 보유하고 있어야 하며, 그래야 벌꿀생산 면에서나 봉군의 증식면에서 요긴하게 사용할 수 있다. 그렇다고 해서 소비를 아무때나 만들 수는 없다. 소비를 만들려면 그 시기를 잘 택해서 적당한 시기에 소초광(巢礎框)을 넣어 소비를 만들어야 한다.

소초광 넣기 외역활동이 활발해지고 봉군의 세력이 커져 봉군의 번영이 왕성해지면 일벌들은 밀납을 분비해서 벌집을 지으려 한다. 이때는 공소비 대신 소초광을 넣어 벌집을 짓게 한다. 소초광을 맨 가에 한장씩 넣어 주면 안쪽부터 벌집을 짓는데 벌집이 반정도 지어지면 이를 반전해서 반대편의 벌집을 짓게한 다음 가운데 쪽으로 옮겨가는 것이 원칙이다. 그러나 봉군의 세력이 왕성해서 벌집을 잘 지을 수 있을 때는 소초광을 중앙부분의 소비사이에 넣을 수도 있다.

소비 만들기의 적기 봉군의 세력이 왕성하고 외기온도가 20℃이상인데다 유밀이 왕성한 시기를 택해야 한다. 유밀기에는 밀납분비능력이 왕성하지만 무밀기에는 밀납분비능력이 떨어져 벌집을 짓지 않는다. 대개 5~6월이 소비만들기의 적기이다. 벌집짓기가 왕성한 시기에는 2~3일만에 한장의 소비를 지을 수 있다. 봉군의 세력이 너무 강한데다 분봉열 발생 직전의 벌통에서는 숫벌방을 많이 짓고 봉군의 세력이 너무 약하면 벌집을 잘 짓지 않아 우수한 소비를 만들지 못하는 결점이 있다. 그러므로 좋은 벌집을 지으려면 봉군의 선택에 유의할 필요가 있다. 한가지 방법으로는 보통 정도의 봉군에 소초광을 넣어 $\frac{1}{2}$정도의 벌집을 짓게한 다음 강군에 옮겨 완성하는 일도 있다. 한편 벌통 일부에 자연소(自然巢)를 지을 정도로 조소의욕(造巢意慾)이 왕성한 봉군에서는 좋은 벌집을 만들 수 있다. 무왕군·분봉열이 발생한 봉군·기온이 낮거나 너무 높은 시기·무밀기에는 벌집짓기를 해서는 안된다.

(9) 여왕벌의 갱신

봉군의 세력을 왕성하게 유지하려면 산란력이 왕성한 여왕벌의 보유가 선행되어야 한다. 여왕벌의 왕성한 산란력은 여왕벌의 나이와도 관계가 있어 2년이 넘으면 산란력이 급격히 저하되므로 여왕벌이 늙기전 새여왕벌을 양성해서 갱신할 필요가 있다. 여왕벌의 양성과 갱신은 봄부터 가을까지 어느 때나 할 수 있으나 좋은 여왕벌의 양성은 유밀이 왕성한 5~6월에 실시해야 한다. 여왕벌의 갱신은 자연왕대나 변성왕대를 짓게 하여 할 수도 있고 새로 구입해서 할 수도 있다. 새 여왕벌을 구입해서 갱신할 경우에는 봄부터 가을까지 언제라도 갱신이 가능하다.

(10) 봉군의 증식

벌통 수를 늘리는 봉군의 증식은 양봉상 대단히 중요한 일이나 과도한 봉군의 증식은 오히려 이롭지 못하다. 적기에 봉군의 증식을 꾀하여 양봉산물의 증산에 지장이 없는 시기를 택할 수 있어야 한다. 봉군의 증식은 봉군의 세력이나 유밀상황을 고려해서 실시해야 하므로 일정시기를 말하기는 어려우며 일반적으로 5~6월 경에 실시하는 것이 가장 좋으나 주어진 여건에 따라 7~8월도 가능하다. 봉군의 증식은 자연분봉과 인공분봉을 통해서 실시하는데 인공분봉의 경우에는 자연왕대나 변성왕대를 이용해서 봉군의 증식이 가능하다. 자연분봉과 인공분봉간에는 일장일단

이 있으므로 양봉자의 뜻에 따라 결정할 일이지만 양봉의 초심자는 자연 분봉에 의존하는 것이 좋다.

2) 여름철의 봉군관리

여름철은 봄철과는 달리 밀원이 크게 부족한 데다가 삼복더위와 지루한 장마철이 있어 봉군관리에 어려움이 많은 시기이다. 그러므로 먼저 여름 철 봉군관리의 어려움과 중요성을 이해하고 그에 대처해 가는 일은 여름 철 봉군관리에서 무엇보다 중요하다.

(1) 여름철 봉군관리의 어려움과 중요성

일부지역을 제외하고는 밀원이 크게 부족한 곳이 많아 먹이 부족현상 이 자주 발생하며 봉군의 세력이 약해지기 쉽다. 밀원부족에다 봄철 유밀 말기 과도한 채밀로 먹이 부족현상이 발생하며 삼복더위와 긴 장마로 꿀 벌의 외역활동이 크게 떨어지며 각종 질병·해적에 시달려 정상적인 생산 양봉의 수행이 무척 어려워지는 것이 바로 여름철이다. 그러나 이들 여러 가지 어려움을 극복치 못하면 가을철의 생산양봉을 기대할 수 없으며 가 을철 양봉에 여러 가지 나쁜 영향을 끼치게 되므로 봉군관리에 어려움이 많다. 그렇다고해서 봉군관리에 소홀하면 지속적인 양봉경영은 점차 어 려운 지경에 빠지고 만다.

(2) 도봉 방지

유밀이 크게 부족한 시기에 일벌들은 다른 벌통에 침입, 꿀을 훔쳐 오 는 일이 있는데 이를 도봉(도둑벌)이라 한다. 도봉발생은 생산양봉에서 큰 저해요인이 될 뿐만 아니라 도봉현상으로 인한 꿀벌의 피해도 대단히 크다. 도봉이 발생한 상태를 그대로 버려두면 도봉을 당하는 쪽의 저밀 이 점차 감소하고 심하면 한방울의 꿀도 남지 않는다. 도봉발생은 봄에 서 가을까지 늘 발생할 수는 있지만 특히 여름철 무밀기에 그 발생이 가

장 심하다. 그러므로 도봉발생 원인을 이해하고 도봉증상을 파악하여 도
봉발생을 예방하거나 저지하는 일은 여름철 봉군관리에서 중요하다.

도봉발생 원인 도봉이 발생하는 원인은 양봉장내에서 꿀이나 설탕액
냄새를 함부로 풍기는 데서 비롯되는데 소문에서의 문지기벌이 임무를 소
홀한 것도 원인이 된다. 여름철 설탕액의 급이는 단냄새를 풍기는 일이
되며 소문에 훈연을 하는 일은 문지기벌을 물러서게 하는 결과가 되기 쉽
다. 또한 소문을 넓게 열어주면 문지기벌의 감당범위가 넓어져 철저한 문
지기가 어려워지며 봉군의 무왕군이 되면 세력이 약하거나 방어능력이
약해져 도봉을 당하기 쉽다.

도봉 증상 도봉 증상은 도봉의 진행 정도에 따라 차이가 있어 한두마
리의 가벼운 도봉은 그 증상이 눈에 잘 띠지 않으나 도봉증상이 성숙하면
쉽게 식별할 수 있다. 우선 벌통을 드나드는 일벌의 행동·모습을 보고
식별, 확인할 수 있다. 벌통으로 들어가는 일벌의 배가 홀쭉하고 벌통에
서 나오는 일벌의 배는 뚱뚱한데다가 벌통으로 들어가는 일벌들이 화분하
(花粉荷)를 지니지 않은 일벌은 일단 도봉으로 의심해 볼 필요가 있다. 도
봉이 더욱 진행되면 양봉장내에서 나는 일벌의 비행속도가 빠른데다가 비
행방향이 불규칙하며 아침부터 저녁때까지 하루종일 어수선한 상황을 엿
볼 수 있다. 이와 같은 상태에 있을 때 벌통을 열면 일시에 바삐 도망치는
일벌들이 눈에 많이 띈다.

도봉 방지요령 도봉 방지를 위해서는 도봉발생 원인을 파악하여 도봉
이 발생치 않도록 미리 예방하는 길이 있고 이미 도봉이 발생하였을때 그
를 방지하는 길이 있다. 무엇보다 중요한 일은 도봉이 발생치 않도록 봉
군의 세력을 늘 강하게 유지하여 외적방어능력을 강화시키고 소문을 좁혀
문지기벌의 도봉 방어력을 강화시키는 한편 양봉장에서 함부로 꿀이나 설
탕냄새를 풍긴다든지 또는 설탕액의 사양을 아무때나 함부로 다룬다든
지 하는 것을 유의해가면서 봉군을 관리하는 일도 중요하다. 그러나 일단
도봉현상이 발생한 다음에는 예방적 대책만으로 도봉을 막을 수는 없다. 도
봉으로 말미암아 피해봉군이 발생하면 일단 소문을 차단하고 벌통을 열
어 도봉군을 쫓아버린다. 이때 다시 뚜껑을 닫고 소문을 열면 나머지 도
봉군이 소문을 통해 도망친다. 다시 소문을 차단하여 벌통을 옮겨주거나

아니면 며칠간 소문을 차단하여 도봉군이 또다시 찾아옴을 막아 준다. 이와 같은 상태로 만들어 주면 어수선하였던 봉군은 안정을 되찾고 외적에 대한 판별력이 정상으로 회복된다. 처음에는 소문을 좁게 열어 출입을 허용하면서 도봉이 또다시 날아오는지의 여부를 살펴 대처해 나가야 한다.

(3) 방서대책 (防暑対策)

7 ~ 8 월 무더운 여름철 뜨거운 햇볕이 벌통에 쪼이면 벌통내 온도는 꿀벌이 감당할 수 없을 정도로 높아진다. 적당한 봉구온 (蜂球温) 은 33～ 35℃ 이지만 38℃ 를 넘으면 꿀벌의 정상적인 활동이 저해되어 수밀활동을 중단하며 소문밖 소문근방에 집단하여 더위를 이기려 한다. 일반적으로 외기온이 33℃ 이상되면 꿀벌의 수밀활동은 크게 줄고 급수벌 [給水蜂] 의 활동이 크게 증가하며 일부 일벌들은 선풍활동에 전념하는 것이 보통이다. 이와 같은 여름더위가 계속되면 꿀벌은 더위에 시달려 괴롭게 되며 때아닌 분봉열이 발생하여 뜻하지 않은 피해가 나타난다. 그러므로 여름철에는 꿀벌이 더위에 시달리지 않도록 방서대책에 신경을 써야 한다.

방서대책으로는 벌통을 나무그늘로 옮겨주거나 아니면 차광망 (遮光網) 을 설치하여 직사광선을 차단하거나 벌통을 가마니나 이엉으로 덮어 벌통내 온도의 상승을 막아준다. 그러나 내피를 제거하거나 밑판의 공기창을 열어 방서를 계획하는 일을 해서는 안된다.

(4) 병해충 방제

여름철은 꿀벌의 질병과 해적의 발생이 심하여 이들에 의한 꿀벌의 피해가 심할 뿐만 아니라 농약에 의한 피해도 많이 발생하는 시기이다. 그러므로 이들 질병·해적·농약피해로부터 꿀벌을 안전하게 보호하는 일은 여름철의 중요한 봉군관리이다.

여름철 질병 여름철에 발생하기 쉬운 주요 질병으로는 부저병과 바로아병 (꿀벌 응애병) 을 들 수 있다. 부저병은 봄철에 이어 계속 발생하므로 질병의 종류를 확실히 동정한 연후에 해당 병 치료에 유효한 약제를 선정하거나 유효한 관리대책을 세울 필요가 있다. 꿀벌응애는 연중 계속 발생하므로 꿀벌응애는 봄이나 가을철의 방제도 중요하지만 여름철의 방제도 중요하다. 그러므로 여름기간중 2~3회 훈연처리를 실시하여 꿀벌응애의 방제관리도 철저히 해야 한다.

여름철 해적 여름철 꿀벌에 해를 끼치는 주요 해적으로는 벌집나방, (소충)·왕잠자리·말벌류·개미류·거미류·개구리와 두꺼비 등이 있다. 벌집나방의 제2화기 발생은 7~8월이므로 벌집나방의 피해를 입지 않도록 소비나 소초는 밀폐하여 훈증소득을 철저히 함은 물론 벌통내에서 피해를 입지 않도록 봉군의 세력강화에 힘쓰고 발생된 벌집나방 유충을 포살, 구제한다. 양봉장에 내습하는 잠자리의 종류는 여러 가지 있으나 그들중 가장 피해가 심한 것은 왕잠자리인데 양봉장에 내습하는 왕잠자리를 포살, 구제한다. 한편 8월에 접어 들면 장수말벌·황말벌의 내습이 심해지므로 이들의 구제도 소홀히 해서는 안된다. 그밖에 개미류·거미류·개구리와 두꺼비에 의한 피해도 있으므로 피해를 입지 않도록 이들의 방제도 소홀히 할 수 없다.

농약피해 꿀벌의 농약피해는 봄에서 가을에 걸쳐 계속 나타나는 일이지만 농약사용이 가장 빈번한 시기가 여름철이므로 꿀벌의 농약피해도 자연히 여름철에 가장 심하다. 꿀벌의 농약피해는 양봉장 주변에 어떠한 농작물이 재배되고 어떠한 종류의 농약이 사용되느냐 또는 그들 농약이 어떻게, 언제 사용되느냐에 따라 큰 차이가 있다. 여름철 농약살포가 가장 빈번한 곳은 논과 밭작물(특히 고추밭)이다. 사용되는 농약중 꿀벌에 가장 피해를 주기 쉬운 농약은 살충제이며 살충제중 꿀벌에 해를 끼치는 농약은 유기인계·카바메이트계·합성피레스로이드계 살충제들이다. 현시점에서 꿀벌의 농약피해를 완전히 모면하기는 어렵지만 주변에서 어떠한 농약이 얼마나 빈번히 사용되고 있는가를 확인해서 농약살포시 소문의 차단 또는 봉군을 이동해서 농약피해를 입지 않도록 노력해야 한다. 농약살포자는 꿀벌에 해가 없는 농약을 선정하거나 꿀벌의 활동시간을 고려해서 농약피해가 가장 적게 나타날 수 있는 시간을 택하여 농약을 뿌린다든지 또는 꿀벌에 유해한 농약을 살포할 때는 주변 양봉가들에게 사전에 통보하여 꿀벌의 농약피해를 줄이는 길이 있고 양봉자는 농약살포자와의 긴밀한 협조를 통해서 꿀벌의 농약피해를 최소한으로 줄이는데 스스로 노력할 필요가 있다.

3) 가을철의 봉군관리

9월에 접어 들면 아침·저녁으로 기온이 낮아지고 밀원이 있기는 하지만 대부분 채밀이 어려우므로 이때는 월동준비를 위한 양봉관리에 치중해야 한다. 메밀·들깨·향유 등 가을 밀원이 있어 저밀이 되었다고 하더라도 그는 월동용 식량으로 생각을 해야 한다. 가을철의 봉군관리는 월동준비기라는 생각하에서 봉세의 강화·저밀확보·병해충 방제에 역점을 두어야 한다.

(1) 월동준비

가을철의 봉군관리는 어디까지나 월동준비에 해당하므로 월동할 봉군의 육성에 있으므로 꿀벌의 번식과 저밀에 목표를 두어야 한다. 대개 8월 하순부터 여왕벌의 산란이 왕성해지므로 밀원이 부족하면 사양급이를 해서라도 산란육아가 왕성하게 이루어지도록 하고 10월 상·중순경에 모두 출방할 수 있도록 9월의 봉군관리에 힘써야 한다. 겨울철 월동을 거쳐 다음해 봄에 이르는 꿀벌은 모두 9~10월에 출방한 일벌들이므로 가을철의 산란육아 활동의 촉진을 위한 봉군관리는 대단히 중요하다. 9~10월에 출방한 일벌 수가 많을수록 월동중 감봉현상(減蜂現象)이 적다. 월동중 월동봉구의 크기가 클수록 월동에 유리하다. 그러므로 봉군의 세력이 약해서 정상적인 봉구형성이 어려운 약군은 과감히 합봉을 실시해서 적어도 5~6매의 봉군이 이룩되도록 월동준비에 임해야 한다. 산란육아 촉진과 아울러 실시해야 할 일은 양질의 월동용식량을 충분히 확보하는 일이다. 꿀벌의 습성상으로 볼 때 봄철에는 산란육아 활동이 주체이고 가을철에는 저밀확보가 주체이다. 그러므로 봄철의 산란육아권은 소비 중앙에 위치하고 저밀권은 산란권의 주변에 위치하는데 비해 가을철의 저밀권은 소비중앙에, 산란육아권은 저밀권의 주변에 위치한다.

(2) 공소비의 정리

일반적으로 가을철의 유밀기간은 봄철의 유밀기에 비하여 짧고 봉군의 세력도 훨씬 약해져 여분의 빈소비가 생기는데 이때 빈소비는 과감히 빼내 월동봉구를 형성하기 전에 봉구의 밀집을 꾀할 필요가 있다. 빈소비를 빼내 봉군을 밀집시키면 산란육아기간을 길게 연장시키는데 유리할 뿐만 아니라 쓸데없는 공간을 축소시켜 보온유지에 유리해진다. 일반적으로 10월 하순경부터 11월에 걸쳐 기온이 점차 낮아지면 봉구를 형성해서 봉군은 본격적인 월동형태에 임하게 되는데 소문을 점차 좁혀 월동 포장기에는 소문을 4cm 정도로 좁혀 준다. 빼낸 공소비는 다음해에 다시 사용해야 하므로 공소비는 빈벌통에 넣어 저장하는 것이 편리하다.

(3) 월동저밀의 확보

충분한 월동용 저밀의 확보는 반드시 실시해야 한다. 아무리 강한 봉군이라도 충분한 저밀을 확보치 못하면 봉군의 월동은 불가능하다. 반면에 봉군의 세력은 약한 편이라도 양질의 저밀을 충분히 보유, 확보하면 월동을 무난히 시킬 수도 있다. 가을철에는 밀원이 풍족치 못하여 충분한 저밀확보가 어려울 때는 설탕액을 사양해서라도 월동저밀 확보를 기해야 하는데 월동용 저밀은 양도 중요하지만 질도 중요하다. 월동저밀용 사양은 9월 중·하순 경부터 실시하는데 늦어도 10월 상순까지 끝내야 하며 사양을 통해서 이룩된 저밀은 완숙되어 봉개되는 것이 이상적이고 안전하다. 수분함량이 많거나 미숙된 저밀 또는 결정하기 쉬운 저밀 등은 월동용 식량으로는 부적당하다.

(4) 병충해 방제

가을철에 방제해야 할 해적이나 질병으로는 말벌·꿀벌응애·노세마병인데 이들중 꿀벌응애와 노세마병은 10~11월이 방제 최적기이므로 월동 포장전에 꼭 실시해야 하며 꿀벌응애와 노세마병 방제는 봉군의 월동과 밀접한 관계가 있어 그들 방제에 소홀하면 봉군의 월동성적이 나빠진다.

말벌의 구제 양봉장에 내습하여 꿀벌을 물어 죽이는 주요한 해적으로는 장수말벌과 황말벌이 있는데 이들은 8월에서 10월에 걸쳐 양봉장에 날아 모이는데 가장 많이 날아 모이는 시기는 9월이다. 말벌의 내습은 일벌을 물어 죽여 봉세를 약화시키고 심한 피해를 입은 봉군은 월동이 불가능함으로 이들의 구제에 소홀해서는 안된다.

꿀벌응애의 방제 산란육아가 끝나면 벌방내 유충벌이나 번데기에 기생생활하던 꿀벌응애는 모두 일벌 몸에 옮겨 기생, 월동한다. 산란육아의 질행과정에서는 벌방에서 기생생활을 하고 있으므로 그들의 구제가 어렵고 약제처리 효과가 크게 낮으나 일벌에 옮겨 기생하고 있을 때는 약제 방제효과가 뚜렷하여 방제가 수월하므로 꿀벌응애의 방제 최적기는 바로 이 때이다. 이 시기를 잘 포착해서 훈연지처리를 실시해서 꿀벌응애를 방제하여 바로아병을 막아 월동에 임해야 한다.

노세마병의 방제 질병편에서 언급한 바와 같이 노세마병에 걸린 일벌은 수명이 짧아지고 정상적인 활동을 하지 못하며 노세마병에 걸린 여왕벌이 낳은 알은 부화를 하지 못한다. 그리고 노세마병에 걸린 일벌들은 설사병에 걸리기 쉽다. 그러므로 노세마병에 걸린 봉군은 자연이 월동성적이 좋지 않으므로 휴미딜-B를 사용해서 노세마병 방제에 유의해야 한다. 노세마병의 발생 최성기는 이른 봄철이지만 방제적기는 봄철이 아닌 가을철이다.

4) 겨울철의 봉군관리

가을철 봉군관리를 통해 월동준비가 끝나면 겨울철 월동기에 접어 드는데 봉군의 성공적인 월동을 위해서 무엇보다 중요한 것은 봉군자체가 월동에 필요한 자격요건을 갖추어야 하고 충분한 저밀량을 확보해야 하며 그 지역에 알맞는 월동포장을 실시하여 겨울철을 무사히 넘겨야 하는 것이 겨울철 봉군관리에 해당한다. 봄철·여름철·가을철 봉군관리 내용에 비하면 간편하기는 하지만 월동포장이 끝난 것 만으로 겨울철 봉군관리가 완전히 끝난 것으로 생각하는 것은 잘못이다.

(1) 월동군의 자격

월동중에는 산란육아가 전혀 없는 상황에다 늙고 병든 일벌은 계속 죽어가므로 꿀벌수는 계속 줄어 봉군의 세력은 연중 가장 약해진다. 봄철에 살아남는 일벌들은 모두 9~10월에 출방한 일벌들이다. 그러므로 월동군의 자격은 9~10월에 태어난 일벌수에 의하여 판정되며 그들은 적어도 5매군 정도 봉군이라야 월동에 필요한 기본 요건을 갖추었다고 본다. 여기에다가 산란능력이 우수한 여왕벌을 보유해야 하고 월동에 필요한 충분한 저밀을 갖추어야 한다.

(2) 월동에 필요한 저밀량

월동에 필요한 저밀량은 그 지방의 기후·봉군의 강약·월동포장 우열 등 여러 가지 요인의 지배를 받기 때문에 월동에 필요한 저밀량을 정확히 말하기는 어렵다. 우리나라 중부지방을 기준으로 볼 때 8매군이라면 8~10kg의 저밀이 필요하며 이는 적당히 밀개된 소비 6매에 해당하는데 이 정도의 저밀이면 충분한 저밀량으로 볼 수 있다. 일반적으로 월동중 저밀소비량은 월동중 기후변동이 심한 지방에서 높고 강군에 비하여 약군에서 저밀소비가 많으며 여기에다가 월동포장이 부실할수록 저밀소비가 높다.

(3) 월동포장

월동포장은 겨울철 추위 정도에 따라 그정도와 방법에 큰 차이가 있다. 월동포장은 벌통내부 보온물장진과 외부포장으로 대별할 수 있는데 내부 보온물장진은 그림 13-1과 같이 소비를 벌통 중앙 부위로 옮겨놓고 소비 양 가에 보온판을 댄 다음 나머지 공간에 겨나 볏짚 또는 스치로폴을 넣고 위에 신문지와 모포 또는 면포로 덮어 내피로 한다. 내피와 외피 빈 곳은 볏짚이나 신문지 등으로 채워 보온을 보강한다. 외부포장은 그 지방의 추위 정도에 따라 이엉이나 가마니 또는 비닐하우스 덮개용 면포로

싸매고 겉을 비닐로 싸맨다. 외부 포장용 재료는 양봉자에 따라 큰 차이
가 있어 그 재료를 열거하기란 무척 어렵다. 양봉자에 따라서는 외장을
스치로폴로 하고 다시 비닐로 싸매기도 한다.

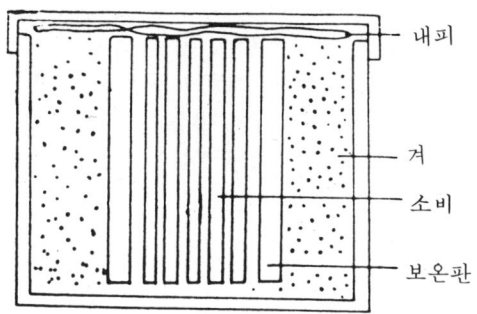

내피

겨
소비
보온판

〈그림13- 1〉 월동 봉군의 내부 포장 단면

(4) 월동포장 후의 관리

월동포장 후에는 월동봉구의 안정을 기하는 것이 좋다. 월동봉구에 대
한 자극은 봉군의 소요를 일으키면 불필요한 꿀벌의 체력소모나 불필요한
저밀소비를 조장하게 되므로 월동포장이 끝나면 봉군의 절대안정이 필요.
하다. 다만 이따금 양봉장을 순회하면서 소문이 막히지 않도록 소문관리
를 해줄 필요가 있는데 이는 벌통내 공기유통에 도움이 된다. 월동중 꿀
벌이 죽는 일은 주로 늙은 일벌의 자연사나 병 또는 저밀부족으로 죽는 일
도 있지만 소문이 막혀 질식하여 죽는 예도 있다. 또한 월동중에는 쥐의
피해를 입은 예가 자주 있는데 월동포장내에 잠복, 서식하면서 소문주변
에서 구멍을 뚫고 들어가 피해를 준다. 이와 같은 쥐의 피해를 입은 봉군
은 월동중 얼어 죽는 것이 보통이다. 그러므로 월동포장 후에는 쥐덫을
놓거나 쥐약을 사용해서 쥐의 구제도 실시할 필요가 있다.

14. 양봉산물의 생산관리

근대양봉을 수행하는 근본적인 목적은 각종 양봉산물의 생산을 통하여 직접적인 경제적 소득을 추구하는 일과 꿀벌을 이용한 각종 농작물의 화분매개를 통하여 농산물의 증산을 꾀하는데 있다. 근대양봉산업에서 생산, 취급되는 양봉산물로는 벌꿀·화분하·왕유·밀납·숫벌번데기·봉교 (프로폴리스)·봉독액 등 여러 가지 종류가 있으므로 그들 양봉산물의 경제적 생산을 위한 생산관리 및 생산기술을 터득하고 이해하는 일은 무엇보다 중요하다.

1) 벌꿀의 생산관리

양봉을 하는 최대 목적은 벌꿀의 생산에 있다고 해도 과언이 아니다. 벌꿀은 일반 벌꿀(분리밀)의 생산기술이 있고 소밀생산기술이 있어 여기서는 그들의 두가지 생산기술에 관하여 서술코자 한다.

(1) 벌꿀 생산법

일반적인 벌꿀(분리밀) 생산법으로는 단상법(單箱法)과 계상법(繼箱法) 두 가지 방법으로 대별하는데 단상법 꿀벌생산에 비하여 계상법 벌꿀생산법이 훨씬 유리한 것은 사실이지만 밀원식물이 부족하고 개화기간이 짧은 환경에서의 양봉은 주로 단상법을 통해서 벌꿀을 생산하고 있다.

단상법 단상벌꿀생산법이란 단상식 벌통에 봉군을 수용하여 산란육아와 벌꿀생산을 겸하는 방법으로서 일반 단상양봉에서 실시하는 벌꿀생산 방법이다. 소비에 산란육아권과 저밀권을 확보해야 되므로 완숙된 벌꿀생산이 어려우며 채밀할 때 산란육아에 기계적인 장해를 끼치게 되므로 좋은 벌꿀생산법이라 할 수는 없다. 양봉자에 따라서는 수직격왕판을 사용해서 산란육아실과 저밀실을 별도로 만들어 벌꿀을 생산하는 경우도 있으나 이는 양질의 벌꿀을 생산하는 면에서는 좋으나 산란육아실이 크게 좁아지므로 여왕벌의 산란을 제한시켜 봉군의 번영에 제한을 받기 쉽다. 그 밖에 여왕 벌을 왕롱에 가두어 격리시키는 산란제한 벌꿀생산법이나 제왕벌꿀생산법 이 있으나 역시 봉군의 번영에 제한을 받기 쉬우므로 함부로 권장할 방법

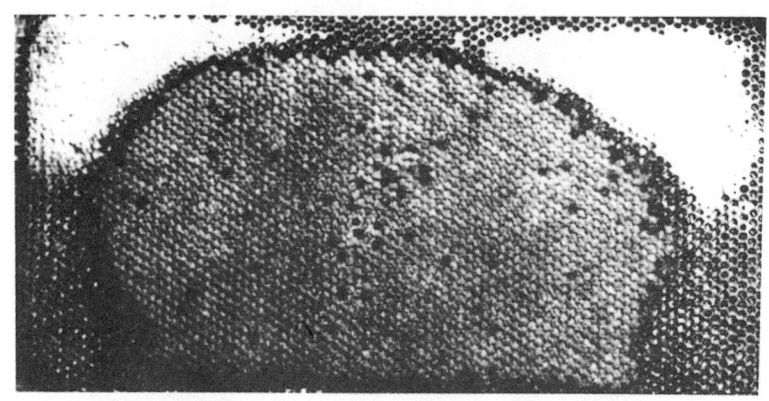

〈그림14- 1 〉 소비의 저밀권과 산란육아권

은 아니다.
  계상법 계상벌꿀생산법이란 계상식 벌통에 봉군을 수용하여 밑벌통은 산 란육아실로 하고 계상에서만 벌꿀을 저장케 하여 벌꿀을 생산하는 방법으 로서 밀원이 풍부하고 개화기간이 긴 지방에서 실시하는 벌꿀생산법이다. 정상적인 꿀벌의 번식과 번영을 꾀하면서 벌꿀을 생산하므로 벌꿀의 품질 향상이나 생산성을 높일 수 있다는 측면에서 이상적인 벌꿀생산방법이다.
  계상 수는 그 지방의 밀원량·개화기간·유밀상태·봉군의 세력 등에 따 라 얼마든지 그 수를 늘릴 수 있어 채밀을 서둘러 할 필요가 없을 뿐만 아 니라 산란과 저밀에 제한을 받지 않으므로 분봉열을 방지할 수 있는 이점 도 있다.
  계상양봉은 계상 수에 따라 2단식, 3단식 계상식 양봉이라 부르는데 계 상 수가 많아 계상을 높이 올린 것을 마천루식 양봉이라 한다.
  그렇다고 해서 어느 곳에서나 또는 아무때나 계상을 올려 계상식으로 벌 꿀을 생산할 수는 없다. 계상은 그 지방의 밀원량·개화기간· 봉군의 세

〈그림14- 2〉 마천루식 계상 모습

력 정도에 따라 적기에 계상을 실시해야 하며 밑벌통과 계상 사이에는 평
면격왕판을 사용해서 여왕벌의 왕래를 제한할 필요가 있다.

(2) 채밀요령

채밀이라 함은 저밀소비(貯蜜巢脾)를 채밀기에 넣고 벌꿀을 분리해 내
는 일을 일컫는다. 채밀 적기는 저밀 부분이 전부 밀개된 상태에서 채밀하
는 것이 가장 이상적이다. 그러나 이는 계상양봉에서는 가능하지만 단상

양봉에서는 그를 따르기 어렵다. 단상양봉에서는 소비 상부쪽 부분이 밀개된 상태에서 채밀을 하지 않으면 안된다. 계상양봉에서는 채밀시기·채밀시간을 논할 필요가 없으나 단상양봉에서는 사정에 따라 채밀을 서둘러 실시, 해를 입는 예가 많은데 채밀시간은 오전 5시 경에 시작. 오전 9시 경에 끝내는 것이 안전하다. 해질 무렵에 채밀하는 예도 있으나 이는 벌꿀의 품질이 낮고 수분을 많이 함유하고 있어 좋지 않다.

　채밀작업은 먼저 소비를 빼내 벌을 털고 밀개를 제거한 다음 채밀기에 넣어 채밀하는 순서를 밟는다. 채밀기내에 분리된 벌꿀은 채밀기의 유출구 코크를 열어 밀려기를 걸어 꿀통에 받는다. 채밀이 끝나면 소비는 벌통에 재정비하여 넣고 꿀벌의 정상근무에 임하도록 해 준다.

(3) 소밀생산법

　소밀(巢蜜)이란 일종의 갯꿀을 뜻한다. 얇은 판대기(길이 10.8cm × 폭 10.8cm × 높이 4.8cm)로 네모난 소밀광(巢蜜框)을 만들어 여기에 인공소초

〈그림14- 3〉 소밀광의 제작모습

를 잘라 붙여 벌집을 짓게 한 다음 저밀,밀개시켜 생산한 것을 소밀(comb honey)이라   한다. 아직 우리나라에서는 소밀을 생산하고 있지는 않으나 앞으로 소밀을 생산한다면 벌꿀 소비자의 환영을 받게 될 것으로 본다.

소밀생산은 벌꿀생산에 비하여 잔품은 많이 필요로 하지만 향과 맛이 특이하여 서양 여러나라들에서는 소밀생산이 활발하고 소비자들의 환영 품목이 되고 있다.

소밀생산은 소밀생산용 계상을 사용해야 하고 반드시 봉군의 세력이 강한 봉군을 이용해야 소밀의 완성이 빠르고 품질이 우수한 소밀을 생산할 수 있다. 소밀생산에서는 격왕판을 사용하지 않아도 된다. 계상식 벌꿀생산법에서와 마찬가지로 소밀생산용 계상에서도 2단, 3단식으로 계상을 할 수 있는데 봉군의 세력 정도와 상태를 살펴가면서 실시해야 한다.

〈그림14 – 4〉 소밀생산용 계상의 단면

2) 화분하의 생산관리

화분하(花粉荷)란 일벌의 뒷다리 경절에 있는 화분롱에 수집해 오는 화분덩이를 일컫는다. 화분하는 건강식품으로서 그 수요가 늘면서 그의 생산방법이 개발되어 화분하 생산을 통하여 양봉자의 소득을 더해 주게 되었다.

(1) 화분하 생산법

화분 수집이 왕성한 시기에 화분하채집기(花粉荷採集器)를 소문에 설치하여 화분하를 생산한다. 화분 수집벌의 화분하는 화분하채집기를 통과하는 과정앵서 화분하가 화분롱에서 떨어져 화분하채집기에 부착된 설항안으로 떨어져 수집된다. 정상적인 봉군에서 연간 화분하 총수집량은 25~30 kg이며 연간 봉군 자체에 필요한 화분하양은 20~25kg이므로 5~10kg의 화분하의 여분이 있게 마련이다. 그러므로 화분하 생산량을 높이기 위해 화분하채집기를 계속 설치하여 화분하를 생산하면 봉군은 심한 화분부족 현상이 발생하여 해가 된다. 때문에 화분하채집기는 2~3일 간격으로 1~2일

〈그림14-5〉 소문에 설치된 화분하 채집기

간 설치하여 생산하는 것이 바람직한데 그것도 주변의 화분원을 고려해 가면서 생산계획을 꾀하는 것이 좋다.

(2) 화분하의 건조법

생산한 화분하는 생화분이므로 그대로 저장, 보관 또는 시판할 수는 없다. 잘 말려서 부패를 막아야 품질이 우수한 화분하가 될 수 있다. 화분하의 건조는 태양열을 이용하거나 건열기를 이용한다. 태양열을 이용한 건조는 시간이 오래 걸릴 뿐만 아니라 강한 직사광선보다는 그늘에서 말려야하고 건열기를 사용할 때는 40℃ 이하의 온도조건에서 건조시켜야 한다.

3) 왕유의 생산관리

왕유의 임상효과가 크게 안정되면서 왕유생산 의욕이 왕성해졌고 따라서 왕유 생산기술도 크게 향상되어 최근 왕유생산량은 크게 증가하고 있으며 이는 양봉자의 좋은 소득원이 되고 있다. 여기서는 왕유생산에 필요한 기본요건과 아울러 채유군(採乳群)의 종류·이충법·채유방법에 관하여 간단히 기술코자 한다.

(1) 왕유생산의 기본요건

왕유를 보다 많이, 보다 양질의 왕유를 생산하기 위해서는 기본적으로 갖추어야 할 요건이 있다. 왕유(로얄제리)는 출방 6～10일의 일벌 하인후선(不咽喉腺 : 일종의 식선)에서 분비되는 물질이다. 일벌방이나 숫벌방에도 왕유를 분비해 놓기는 하나 그 양이 적어 수집이 불가능하지만 왕대에 분비해 놓은 왕유는 그 양이 비교적 많아 수집이 가능하다.

왕유의 생산은 자연왕대 또는 변성왕대에서도 가능하나 그들을 이용해서는 상업적 생산이 불가능하여 오늘날의 왕유생산은 플라스틱 인공왕완을 이용해서 생산하고 있다. 왕유생산은 주어진 여건에 따라 생산량에 큰 차이가 있을 뿐만 아니라 왕유의 품질면에서도 큰 차이가 있으므로 왕유생산의 기본여건을 갖춘상태하에서 왕유생산에 임해야 한다.

왕유생산 시기는 연중 어느 때나 계속되는 것이 아니고 어느 특정시기에만 생산이 가능하므로 그 시기를 놓치지 않고그 기간내에 다량의 왕유생산을 계획할 필요가 있다. 왕유의 생산은 유밀이 왕성한 시기에 실시하는 것이 유리하다. 유밀상태가 빈약하거나 무밀기에는 사양액을 충분히 급이해가면서 실시해야 하며 왕유생산용 왕대 수는 봉군의 세력에 따라 조정해야 하고 일령 6~10일의 일벌들이 충분히 확보된 봉군에서 생산 해야 한다. 채유군(採乳群)은 어린 일벌의 확보와 유지가 중요하므로 계속적인 육아봉(育兒蜂)의 공급이 필요하며 무왕군이나 단상에서 왕유를 생산할 때는 육아봉 공급에 필요한 여분의 봉군 즉, 예비군이 있어야 한다. 여기에다 왕유생산에 필요한 기구를 충분히 갖춘 상태에서 왕유생산에 임해야 한다.

(2) 채유군의 종류

채유군(採乳群)이란 왕유생산용 봉군을 일컫는데 채유군은 단상이 될 수도 있다. 또한 왕유생산은 무왕상태에서 수행할 수도 있고 유왕상태에서 수행할 수도 있다. 일반적으로 무왕상태에서는 왕유분비능력이나 왕유분비 의욕이 강하여 좋으나 무왕상태에서 왕유를 생산하려면 반드시 예비군을 보유해야 한다.

단상식 왕유생산법 봉개소비와 충분한 저밀이 보유된 단상 무왕군 또는 단상 유왕군을 이용해서 왕유를 생산하는 방법이다. 무왕군을 이용한 왕유생산 에서는 계속 봉개소비를 공급할 유왕의 예비군이 필요하다. 그러나 유왕군에서는 예비군이 없어도 왕유생산이 가능하나 생산성이 낮고 품질이 낮을 우려가 있다.

계상식 왕유생산법 밑벌통을 산란육아실로 하고 계상에서 왕유를 생산하는 방법으로서 단상식 생산법에 비하여 유리한 점이 많다. 1단의 밑벌통에는 봉개육아소비와 공소비를 넣어 주고 2단의 계상에는 미봉개 육아소비와 저밀소비를 넣어 준다. 1단은 9매 정도의 소비를 보유시키고 2단에는 7~8매 소비와 1~2매의 채유광을 넣어 왕유를 생산하게 된다. 때로는 3단식 계상을 이용하여 왕유를 생산하는 예도 있는데 이때 1단은 산란육아실, 2단은 저밀실, 3단은 채유실로 이용하기 때문에 벌꿀생산과 겸할 수 있어 이상적인 왕유생산법이라 볼 수 있다.

(3) 이충용 유충의 선택과 이충요령

왕유의 계획적 대량생산을 위해서는 일벌방내 부화유충을 이충(移虫)하면서 왕유를 생산하게 된다.

이충용 유충의 선택 일벌 유충은 부화 후 어느 정도의 시간이 경과한 유충을 이충하느냐에 따라 왕유생산에 큰 차이가 있으므로 이충용 유충선택에 유의할 필요가 있다. 부화 20시간 후의 유충을 이충한 경우와 40시간의 유충을 이충한 경우 왕대당 왕유저장량에는 큰 차이가 있다. 참고로 부화 20시간 후와 40시간 후의 유충을 이충하였을 때 이충 후 왕대의 일령에 따른 왕대당 왕유 생산량의 차이를 표시하면 표 14-1과 같다.

〈표14-1〉 이충용 유충의 일령과 채유시간에 따른 왕유생산량

이충후 왕대의 일령	유충의 체중(mg)	왕유량(mg/왕대)
부화 20시간후의 이충		
24	2.3	79.1
48	7.9	244.1
72	55.7	400.2
부화 40시간후의 이충		
24	7.7	37.1
48	54.2	254.3
72	145.2	252.3

이충요령 이충 준비가 끝나면 이충침을 이용해서 일벌방내 부화유충(부화 후 20시간 정도)을 플라스틱 왕완에 옮겨 주는 일을 이충(移虫)이라 한다. 먼저 이충침으로 왕유 수용액을 떠서 왕대내에 넣고 이어 일벌방내 유충을 이충침으로 떠서 채유광의 왕대 밑바닥에 옮겨주면 되는데 유충에 상처가 생기지 않도록 조심성 있게 다루어야 한다. 이충작업은 밝고 따뜻한

〈그림14-6〉 이충작업을 수행하는 모습

장소에서 실시하는데 직사광선이 비치는 곳에서 이충 작업을 하는 것은 좋지 않다. 이충작업이 끝나면 지정된 채유군에 옮겨 넣어 준다.

(4) 채유방법(採乳方法)

이충 후 채유 시기는 이충 유충의 일령(日令)에 따라 차이가 있어 부화 20시간 후의 유충을 이충하였을 때는 72시간 후에, 부화 40시간 후의 유충을 이충하였을 때는 48시간 후에 채유를 한다. 채유작업은 먼저 채유군에서 채유광을 빼내 탈봉한 다음 채유실에 옮겨 수행하게 되는데 채유광에서 왕대가 붙어 있는 가로대를 빼어 왕대 끝부분을 칼로 잘라내고 채유를 실시 한다. 왕대 끝을 잘라내면 왕대내의 유충이 잘 보이므로 대나무나 플라스틱으로 만든 핀셋을 이용, 왕대내 유충을 들어 내고 채유를 해서 왕유병에 넣어 냉동장치에 넣는다.

4) 밀납의 생산관리

우리나라에서는 밀납은 양봉에서 부산물로 생각하고 있으나 나라의 사정에 따라서는 밀납생산을 주체로 한 양봉을 실시하는 밀납생산 양봉을 수행하는 예도 있다. 밀납은 양봉용 소초제작에 재활용될 뿐만 아니라 각종 공업 또는 산업용 재료로 널리 사용되고 있으므로 밀납은 양봉을 통해서 생산되는 소중한 양봉산물이다.

(1) 밀납의 원료생산

벌집은 모두 밀납을 생산하는 재료가 될 수 있다. 묵은 헌 소비나 밀개 또는 파손된 소비, 소초 조각 등을 수집하면 그들은 모두 밀납의 생산재료로 활용된다. 보다 적극적인 밀납 원료의 생산은 이광법(離框法)이나 공광법(空框法)을 통해서 이루어진다.

이광법   유밀이 왕성한 시기에는 밀납분비가 왕성해지므로 이때 소비의 간격을 보다 넓혀 주면 꿀벌은 그들이 원하는 원래의 소비간격을 취하기 위해 벌집을 높이 쌓아 올려 짓는다. 이렇게 해 주면 벌집에 보다 많은 벌꿀을 저장시킬 수 있을 뿐만 아니라 채밀할 때 이 부분을 절취하여 그들을 밀

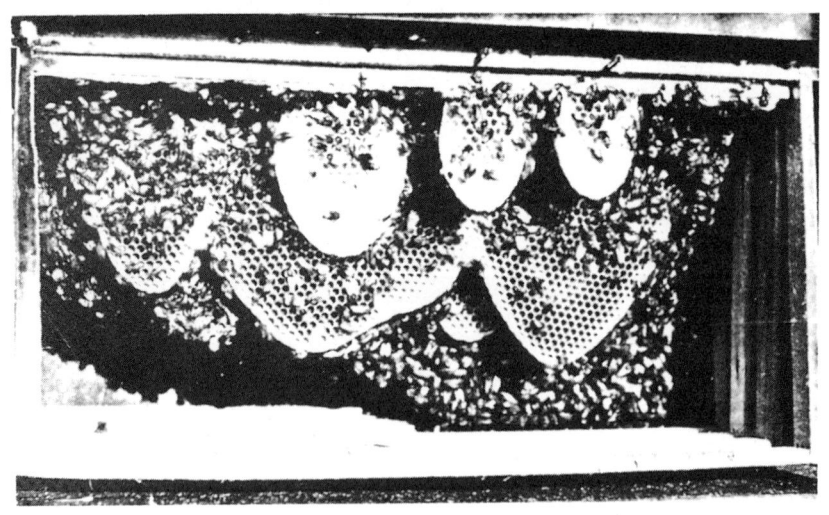

〈그림14- 7 〉 공광에 진 벌집

납 생산원료로 생산하는 방법을 이광법이라 한다. 이광법에 의한 밀납 생산원료의 생산은 강한 봉군에다가 대유밀기라는 조건이 부합되지   않으면 성공할 수 없다.

공광법 세력이 강한 봉군에서 소비 사이에 소광을 넣어 주면 여기에 벌집을 적극적으로 짓게 되는데 이를 절취하여 밀납의 생산원료로 삼는다. 이를 공광법이라 하는데 앞에서 언급한 이광법에 비하면 보다 적극적인 밀납 생산방법이므로 밀납의 생산량은 많아 좋으나 벌꿀생산을 촉진시키지 못하는 점에서 불리하다.

(2) 밀납의 생산법

밀납생산원료를 생산하면 그를 재료로 하여 밀납을 생산한다. 밀납의 함량은 밀납재료에 따라 차이가 있어 그들의 밀납 함량 범위는 50~85%정도이다. 밀납재료에서 밀납을 추출하려면 그들 재료에 가열이 필요한데 가열은 일광열을 이용한 광렬제납이 있고 또는 증기로 가열하거나 물에 끓여 추출하는 방법도 있다. 우리나라에서는 주로 물에 끓여 밀납을 짜내는 방법을 사용하고 있다. 밀납생산재료를 물과 함께 넣고 끓여 포대나 마대에 넣고 짜거나 압력을 가하면 녹은 밀납은 물과 함께 흘러 나온다. 그대로 식히면 밀납은 물에 비하여 가벼우므로 물 위에 떠 굳는다. 물 위에서 굳은 밀납의 밑 부분은 불순물이 많이 섞여 있으므로 그 부분은 다시 잘라내어 다시 물에 녹여 짜내면 된다. 포대나 마대에서 밀납분을 짜낼 때는 손으로 쥐어 짤 수도 있고 아니면 압착기를 이용해서 짜 낼 수도 있다. 후자를 압착제납법이라 하는데 일반적으로 많이 사용하는 방법이다.

(3) 밀납의 정제법

앞에서 짜내 생산된 밀납은 조제품이므로 그대로 상품이 될 수는 없다. 이들은 일정한 정제과정을 거쳐야 황납이 되며 황납이라야 상품적 가치를 발휘할 수 있다. 이는 용도에 따라 표백 과정을 거치기도 한다.

정제법 조제품 밀납 45kg을 물통에 넣고 물 23.4ℓ에다 황산 또는 식초를 73ml 가하여 섞는다. 이를 가열해서 천으로 걸러 일정한 모양의 그릇에

〈그림14 - 8〉 정제된 황납 뭉치

넣어 정치해 두면 밀납이 정제되며 일정 모양의 황납 생산이 되는 것이다. 그릇 안에 미리 비눗물을 발라 놓으면 밀납이 식은 다음 그릇에서 쉽게 떨어져 나오므로 편리하다.

　　표백법 황납은 햇볕에 쪼이면 표백되어 백색으로 변한다. 많은 양의 밀납을 표백하려면 밀납을 잘게 조각을 내어 햇볕에 흩어 펼쳐 놓면 된다. 표백을 빨리하려면 황납을 볕에 놓고 가끔 물을 뿌려 주면 된다. 화학적인 방법으로 표백을 하기도 하는데 표백제로는 중크롬산칼리·과망산칼리·과산화수소 등이 사용된다.

5) 숫벌번데기의 생산관리

　　우리나라에서는 아직 생소한 양봉산물이기는 하나 일본에서는 이를 직접 식용으로 하거나 또는 통조림의 원료로 사용되고 있어 계획적 생산을 꾀하고 있으며 1970년대 초에는 숫벌번데기(웅봉저)를 생산하여 수출을 시도한 실례가 있다. 일본에서는 숫벌번데기가 영양가치가 높아 식용으로 많이 이용되고 있어 오히려 수요에 미치지 못하고 있는 실정에 비추어 볼 때 하나의 양봉생산분야로 발전할 소지가 있다고 본다.

(1) 숫벌번데기 생산법

숫벌번데기의 생산은 일반양봉에서 발생하는 숫벌을 대상으로 생산할 수도 있으나 계획적인 대량생산을 위해서는 숫벌소비를 이용하면 된다. 숫벌용 인공소초광을 준비하여 분봉열이 발생할 정도의 강군에 넣어 주면 소비전면에 숫벌방이 지어진 숫벌소비를 얻을 수 있다. 벌통에 숫벌소비를 넣어주면 여기에 모두 무정난을 낳아 숫벌을 양성한다. 숫벌번데기 생산은 단상보다는 계상에서 실시하는 것이 유리하다. 숫벌은 산란 후 24일만에 출방하는데 숫벌번데기 생산에서는 산란 후 21~22일만에 숫벌번데기를 채취하게 된다. 숫벌번데기 채취시기가 빠르면 충체가 연약해서 번데기의 원형유지가 어렵고 채취시기가 너무 늦으면 충체가 단단해져 품질이 우수한 숫벌번데기를 생산할 수 없으므로 상품적 가치가 떨어진다. 봉개된 숫벌소비를 빼내 벌통가에다 가볍게 2~3회 치면 소비 한쪽의 숫벌번데기는 벌방밑으로 가라 앉는다. 이때 밀도를 이용해서 숫벌번데기의 머리가 잘라지지 않게끔 봉개부위를 잘라내고 뒤집어 가볍게 치면 숫벌방내 번데기는 쉽게 빠져 그릇에 모인다. 다음은 반대쪽 숫벌들도 앞에서와 같은 순서로 채취하면 된다.

(2) 숫벌번데기의 처리방법

채취한 숫벌번데기는 살아 있을 때 약 0.2~0.3% 소금물에 삶아 절인다. 삶은 숫벌번데기는 대바구니에 넣어 물기를 뺀다. 물기가 빠진 다음 숫벌번데기 1kg당 약 200g의 소금을 섞어 냉장고에 넣어 저장한다. 위에서 간이 처리한 숫벌번데기는 물로 씻어 조미를 가하여 식용으로 하거나 아니면 가공 처리하여 통조림을 만들기도 한다.

6) 봉교 생산관리

봉교(프로폴리스)란 외역봉들이 각종 나무의 눈이나 줄기에서 나는 수지물을 수집하여 벌통내부에 발라 그들의 안전을 위해 사용된다. 봉교는 벌통내부 벽에 얇게 발라 외적을 방어하는데 사용될 뿐만 아니라 벌집의 수리, 벌집의 보강, 입구의 바람막이, 외적의 침해방지, 죽은 벌을 봉하는 데에도 이용된다. 또한 봉교는 벌통내부의 부패를 방지하고 항균작용이 있어 질병이나 각종 미생물의 번식을 막는 역할을 한다. 옛날에는 봉교를 많이 싸바르면 봉군관리에 불편하다는 이유로 나쁘게 평가하였으나 최근 그들이 지닌 성분이 여러 가지 의학적인 치료에 효과가 있다는 사실을 알면서 관심을 불러 이르키게 되어 외국 여러 나라에서는 이미 봉교를 원료로 한 의약품이 개발되어 이용하고 있음이 알려지면서 우리나라에서도 봉교에 대한 관심이 고조되어 가고 있는 실정에 있다.

(1) 봉교의 생산법

소극적인 봉교생산은 벌통내 여기저기 발라 놓은 봉교를 긁어 모으면 되지만 상업적인 목적으로 생산할 때는 그 방법만으로는 대량생산이 어렵다. 대량생산을 위해서는 외피밑 소비상잔에 10~15메쉬 철망이나 플라스틱 판대기 또는 나이론 망사를 올려 놓으면, 그 부위에 많은 봉교를 발라 놓는데 그를 채취하면 보다 많은 봉교를 생산할 수 있다. 아직 국내에서는 이렇다 할 생산기술이 개발되어 있지는 않으나 경험에 의하면 모기장과 같은 나이론 망사를 소비상잔 위에 펼쳐 놓으면 여기에 봉교를 많이 발라 놓는다. 봉교는 고온상태에서는 끈끈한 물질이지만 저온에서는 굳어 잘 부숴진다. 플라스틱판 또는 모기장 망사에 발라 놓은 봉교는 저온에 두면 굳어지므로 이때 판대기를 비틀거나 망사를 비벼대면 봉교만 쉽게 떨어진다. 봉교의 생산은 여러가지 요인의 지배를 받으므로 군당생산량을 추정하기는 대단히 어려우나 일본에서의 보고에 의하면 군당 연평균 50g의 생산이 가능하며 최고 150g의 봉교생산도 가능하다고 한다. 봉교의 수집능력은 벌종에 따라 차이가 있으므로 봉교의 대량생산을 위해서는 벌종의 선택도 대단히 중요하다. 봉교를 가장 많이 수집하는 벌종은 코카시안벌이다. 동양종이나 서양종 아프리카벌은 봉교를 수집하지 않으며 카니올란벌이나 이탈리안벌은 봉교를 수집하기는 하나 코카시안 벌에 비하여 그 수집량이 훨씬 낮다.

(2) 봉교의 정제법

생산된 봉교에는 여러 가지 이물질이 섞여 있으므로 그대로 사용할 수는 없다. 이물질의 제거는 여러가지 방법이 있으나, 먼저 에칠알콜과 같은 유기용매에 녹여 이물질을 제거하는 방법을 들 수 있다. 우선 생산된 봉교는 직사광선이 비치지 않는 밀폐조건에서 보관할 필요가 있다. 봉교의 생산량, 품질은 주변 식물의 종류와 생산시기에 따라 차이가 있으며 봉교의 색이나 점도는 벌통내부 어느 부위에서 생산되느냐에 따라서 큰 차이가 있다.

7) 봉독액의 생산관리

최근 봉독이 사람이나 가축의 질병 또는 질환치료에 유효함이 인정되면서 봉침요법이 크게 유행하고 있다. 요즈음 국내에서 유행하고 있는 봉침요법은 직침이나 발침을 통해서 실시하고 있는데 꿀벌의 희생을 요하므로 그것은 봉침독의 이용법이지, 봉독액의 생산이라고는 할 수 없다. 일벌의 봉독액을 얻는 방법으로는, 일벌을 핀셋이나 손으로 잡고 유리판·고무판에 쏘이게 하여 얻는 방법, 독액낭과 봉침을 뽑아서 용매를 사용하여 분리하는 방법, 전기적 쇼크를 이용해서 봉독액을 분비케 하는 방법, 전자판의 쇼크를 통해 분비케 하여 얻는 방법 등을 들 수 있다. 최근 외국에서는 꿀벌을 희생시키지 않고 봉독액을 생산하여 의약품으로서의 이용연구가 크게 활기를 띠고 있을 뿐만 아니라 이미 의약품으로서 시판을 하고 있으며 이에 연유하여 봉독액은 일종의 양봉산물로 등장, 양봉자의 소득원으로 생각하게 되었다.

(1) 봉독액의 생산법

봉독액의 생산원리는 꿀벌을 희생시키지 않고 봉독액 생산기구를 벌통 내부에 설치하여 전기의 충격을 통해 봉독액을 분비케 하여 생산한다. 분비된 봉독액은 부식되지 않는 수집판대기를 대어 봉독액을 받게 되는데 분비된 봉독액은 수집판대기 위에서 결정물로 남는다. 수집판대기 위에 결정된 부분을 긁어 모아 그를 생산물로 하는데 그것은 이물질이 많이 섞여 있으므로 정제 과정을 통해야 봉독액으로 사용할 수 있는 상품이 된다.

(2) 봉독액의 정제

앞에서 언급한 바와 같이 결정물로 생산된 봉독물질은 이물질이 혼입되어 있으므로 정제과정을 거쳐야 한다. 봉독 물질의 정제에 관해서는 아직 상세한 내용이 밝혀져 있지 않으나 이 문제는 앞으로 더 연구 되어야 할 것으로 본다.

15. 양봉산물의 품질관리

근대양봉에서 생산되는 양봉산물로는 벌꿀·화분하·왕유·밀납·숫벌번데기·봉교·봉독액 등이 있는데 이들이 하나의 산물로서의 상품적 가치를 발휘하려면 일정기준의 품질을 지녀야 하므로 그들의 품질관리는 대단히 중요하다. 양봉산물의 품질을 관리하기 위해서는 그들이 지닌 성상을 이해하고 일정기준의 성분함량을 지녀야 하며 그들 성분이 변질되지 않는 품질 유지 , 관리를 해야 한다.

1) 벌꿀의 품질관리

벌꿀은 밀원식물의 종류에 따라 여러가지 종류의 벌꿀이 있으며 그들 벌꿀의 종류에 따라 그 성상에 큰 차이가 있다. 뿐만 아니라 벌꿀의 생산방법, 벌꿀의 성숙 정도에 따라서도 성상이나 품질에 큰 차이가 있으며 저장 환경조건에 따라 품질에 변화가 발생한다.

(1) 벌꿀의 종류

벌꿀은 대상밀원의 종류나 생산방법에 따라 분류한다. 벌꿀은 밀원의 종류에 따라 특이한 색 · 맛 · 향기를 지니고 있어 밀원의 이름을 따서 " 아카시아꿀" · "유채꿀" · "싸리꿀" · "밤꿀"등으로 분류하기도 하고 벌꿀의 색 · 맛 · 향기에 따라 서로 여러가지로 분류하기도 한다. 벌꿀의 색으로는 수백색 · 담황색 · 황금색 · 담갈색 · 갈색 · 암갈색 등이 있고 향기로는 엷은 것 · 강한 것 · 짙은 것 등이 있으며 맛으로는 부드러운 것 · 탁한 것 · 아린 것등으로 대별하는데 그들은 밀원이 지닌 특성과 밀접한 관계가 있어 대부분의 벌꿀은 색 · 맛 · 향기만으로도 밀원식물의 종류를 알 수 있다. 생산방법으로는 분리밀(分離蜜) 과 소밀(巢蜜) 이 있는데 일반 벌꿀은 분리밀에 해당하며 소밀은 갯꿀에 해당한다. 그밖에 감로꿀이 있는데 이는 밀원이 아닌 진딧물·깍지벌레 등의 배설물을 수집, 저장한 것이므로 꽃에서 생산한 벌꿀과 구분된다.

(2) 벌꿀의 이화학적 성상

벌꿀은 벌꿀의 종류에 따라 화학적 조성이나 물리적 성질에 차이가 있으며 그들 성상에 따라 벌꿀의 품질에 좋고 나쁜 것이 있다. 그들의 품질은 밀원 식물의 종류 또는 벌꿀의 생산지·양봉산물의 생산관리방법·저장조건에 따라 차이가 있다.

화학적 성상 벌꿀은 꽃에서 생성하는 화밀을 꿀벌이 수집하여 벌집에 저장한 것이다. 화밀은 자당이 주성분이지만 벌꿀은 과당과 포도당이 주성분인데 그것은 꿀벌이 지닌 전화효소에 의하여 단당류로 변한 것이다. 벌꿀은 당류 이외 수분·단백질·비타민·미네랄 등 여러가지 영양 성분을 지니고 있다.

〈벌꿀의 당분함량〉 벌꿀의 주성분은 포도당과 과당이며 약간의 자당을 함유하고 있다. 벌꿀의 당분함량은 밀원의 종류, 벌꿀의 생산방법, 벌꿀의 성숙도, 벌꿀의 생산지에 따라 차이가 있다. 그러므로 벌꿀의 당분함량은 한국산 벌꿀·미국산 벌꿀 또는 일본산 벌꿀에 따라 당분함량에 차이가 있다. 몇가지 밀원식물에서 생산된 벌꿀의 당분함량을 살펴보면 표 15-1과 같다.

〈표15-1〉 벌꿀의 종류에 따른 당분함량

벌꿀의 종류	포도당	과 당	자 당	기타당	총 당
유 채 꿀	39.70	35.20	2.00	0.82	77.72
감 귤 꿀	36.77	37.54	3.29	0.78	78.38
밤 꿀	32.30	40.50	1.20	2.80	76.80
피 나 무 꿀	35.26	37.03	1.89	0.97	75.15
아카시아꿀	30.30	41.50	2.20	1.10	75.10
싸 리 꿀	36.40	35.00	3.40	0.94	75.74
평 균	35.12	37.79	2.33	1.24	76.48

〈벌꿀의 수분함량〉 벌꿀의 수분함량은 벌꿀의 성숙정도에 따라 차이가 있어 미숙한 벌꿀에서 수분함량이 높고 성숙한 벌꿀에서 수분함량이 낮다. 그러므로 단상에서 채밀한 벌꿀과 계상에서 채밀한 벌꿀사이에는 수분함량에 큰 차이가 있다. 성숙한 벌꿀의 수분함량은 21% 이하이어야 한다.

〈벌꿀의 단백질과 아미노산함량〉 벌꿀의 조단백질함량은 밀원의 종류 벌꿀의 산지·벌꿀의 생산방법·벌꿀의 성숙도 등의 영향을 받는데 그의 평균함량은 0.3%이고 질소함량은 0.1～0.04% 범위이다. 벌꿀은 17종의 아미노산을 함유하는데 화분이 지닌 아미노산함량에 비하면 훨씬 낮으나 특히 프로린(proline) 함량은 오히려 벌꿀에서 높다(표 15-2 참조).

〈표15-2〉 벌꿀과 화분의 아미노산 함량 비교(일본, 1980)

아 미 노 산	아미노산 함량	
	벌 꿀	화분하
라 이 신 (lysine)	4.25	8.94
히스티딘 (histidine)	1.47	3.11
아르기닌 (arginine)	0.73	1.50
아스파라긴산 (aspartic acid)	2.96	2.06
스레오닌 (threonine)	0.72	2.32
세 린 (serine)	2.06	5.17
글루타민산 (glutamic acid)	3.34	6.15
프 로 린 (proline)	51.06	0.97
글라이신 (glycine)	0.28	1.95
알라닌 (alanine)	0.80	2.99
발 린 (valine)	0.97	1.35
메치오닌 (methionine)	흔적	1.13
아이소러이신 (isoleucine)	0.47	1.23
러 이 신 (leucine)	0.45	1.68
타이로신 (tyrosine) 타	0.60	흔적
페닐알라닌 (phenylalanine)	0.96	2.30

〈벌꿀의 비타민 함량〉 벌꿀에 함유된 비타민의 종류와 그들의 함량은
표 15-3과 같다.

〈표15-3〉 벌꿀에 함유된 비타민의 종류와 함량

비타민의 종류	비타민함량(벌꿀100g중)
비타민 B_1 (vitamine B_1)	5.5 γ
비타민 B_2 (vitamine B_2)	61 γ
비타민 B_6 (vitamine B_6)	299 γ
비타민 C (vitamine C)	2.4 γ
엽산 (folic acid)	25 γ
니코틴산 (nicotinic acid)	3 γ
판토테닌산 (pantothenic acid)	0.1 γ
비타민 K (vitamine K)	115 γ
바이오틴 (biotin)	0.066 γ
콜린 (choline)	1.5mg

〈표15-4〉 벌꿀에 함유된 미네랄의 종류와 함량

미네랄의 종류	함량 (mg/1kg)
칼슘 (calcium) (Ca)	42.0
철 (iron) (Fe)	2.4
동 (copper) (Cu)	0.29
망간 (manganese) (Mn)	0.30
인 (phosphorus) (P)	35.0
황 (sulphur) (S)	58.0
칼리 (potassium) (K)	205.0
염소 (chlorine) (Cl)	52.0
나트륨 (sodium) (Na)	76.0
규소 (silicon) (Si)	8.9
마그네슘 (magnesium) (Mg)	1.9
규산 (silicic acid)	22

〈벌꿀의 미네랄 함량〉벌꿀은 미량의 회분을 함유하는데 밀원의 종류
또는 벌꿀의 산지에 따라 차이가 있어 그 범위는 0.08~0.12%이다. 벌
꿀이 지닌 미네랄의 종류와 그 함량은 표 15-4와 같다. 또한 벌꿀의 미
네랄 함량은 벌꿀의 색채에 따라 차이가 있는데 일반적으로 색이 엷은 벌
꿀에 비하여 색이 짙은 벌꿀에서 미네랄의 함량이 높다.

〈벌꿀의 방향성물질〉벌꿀에서 확인된 방향성물질로는 테르펜류 (ter-
penes), 알데하이드류 (aldehydes), 메칠안트라닐레이트 (methyl anthra-
nilate) 등의 필수지방산과 그밖에 고급 알코올류, 마니톨 (manitol), 덜시톨
(dulcitol) 등이 있는데 그들의 함량은 극히 미량이다.

〈벌꿀이 지닌 효소〉벌꿀이 지닌 효소로는 자당을 과당과 포도당으로
전화시키는 인베르타제 (invertase), 전분을 호정과 맥아당으로 전화시키
는 지아스타제 (diastase), 인슈린을 과당으로 전화시키는 이뉼라제 (inu-
lase), 과산화수소의 분해효소인 카탈라제 (catalase) 등의 효소를 지니고
있다.

〈벌꿀이 지닌 유기산과 산도〉 벌꿀이 지닌 유기산과 산도는 밀원의 종
류, 벌꿀의 산지, 벌꿀의 성숙도, 벌꿀의 저장기간 등 여러가지 요인의
지배를 받는다. 벌꿀은 유기산으로 휘발성 유기산과 비휘발성 유기산을
지니고 있는데 휘발성 유기산으로는 개미산 (formic acid), 뷰틸산 (but-
ylic acid), 초산 (acetic acid) 등이 있고 비휘발성 유기산으로는 구연산
(citric acid), 능금산 (malic acid), 젖산 (lactic acid), 주석산 (tartaric
acid) 등이 있는데 이들은 칼슘·철·마그네슘 등과 결합해서 염의 형태로
존재한다. 아울러 벌꿀의 산도 (酸度 : PH)는 3.29~4.87이나 식품으로
서는 알칼리성 식품이다.

물리적 성상 벌꿀의 종류에 따라 화학적인 성상에 차이가 있을 뿐만
아니라 벌꿀의 색상·향기·맛과 비중 또는 굳기 정도 등 물리적 성상에
도 차이가 있다.

〈벌꿀의 색상과 향기〉벌꿀의 색상은 밀원의 종류에 따라 다르며 색상
은 맛과 향기와도 관계가 있어 기호성에 영향을 끼친다. 일반적으로 수백
색 내지 담황색 벌꿀인 아카시아꿀·클로바꿀·피나무꿀을 상등품으로 여
기고 갈색 내지 흑갈색 벌꿀인 메밀꿀·밤꿀을 하등품으로 여기며 색상

에 따른 기호성은 나라마다 다르다. 카나다는 벌꿀의 색상을 수백색(water white), 특백색(extra white), 백색(white), 특호박색(extra light amber), 담호박색(light amber), 호박색(amber), 암호박색(dark amber) 등으로 구분하고 있으나 우리나라에는 아직 색상구별 기준이 없다. 벌꿀의 색상은 향기와 맛 또는 미네랄 함량과도 깊은 관계가 있다. 일반적으로 벌꿀의 색상이 엷을수록 향기가 순하고 색상이 짙을수록 향기가 짙다. 그러므로 벌꿀의 색상은 벌꿀의 기호성과 상품적 등급을 결정하는 주요 요인이 되고 있다.

벌꿀의 농도와 비중 벌꿀의 농도와 비중은 수분함량과 밀접한 관계가 있으며 벌꿀의 수분함량은 벌꿀의 성숙도를 뜻하므로 벌꿀의 우열을 평가하는 기초가 된다. 미숙꿀은 수분함량이 높고 완숙꿀은 수분함량이 낮다. 미숙꿀은 농도와 비중이 낮으며 저장중 발효 또는 산패되지만 완숙꿀은 농도와 비중이 높고 저장중 발효나 산패되지 않아 얼마든지 오래 저장이 가능하다. 완숙꿀의 비중은 1.42 이상이고 보메(baume) 비중 43°이상이다. 일반적으로 단상양봉에서 생산된 벌꿀은 농도와 비중이 낮고 계상양봉에서 생산된 벌꿀은 농도와 비중이 높다.

벌꿀의 결정 벌꿀은 저장중 굳어 결정하는 예가 많다. 이는 벌꿀의 종류·저장온도·과당과 포도당의 함량비 또는 포도당과 물의 함량비·이물질의 유무·가열 또는 교반여부 등 여러 가지 요인의 지배를 받는다. 벌꿀이 굳는 현상은 물리적인 변화이기 때문에 품질과는 관계가 없으나 상품가치가 저하되므로 벌꿀이 굳는 것은 바람직스럽지 못하다. 일반적으로 벌꿀의 결정은 저온에서 심하고 고온에서는 없거나 덜하며 벌꿀의 굳기는 포도당과 과당의 함량비와도 관계가 있어 유채꿀과 같이 포도당의 함량이 높고 과당의 함량이 낮은 벌꿀은 잘 굳어 결정물이 생기나 아카시아꿀과 같이 포도당의 함량이 낮고 과당의 함량이 높은 벌꿀은 잘 굳지 않는다. 벌꿀의 결정은 포도당과 수분의 함량비가 2.10 이상에서는 잘 결정한다. 그 밖에 벌꿀이 결정되는 원인으로는 한냉과 온난의 차이가 심한 곳에 저장할수록, 가열과 교반을 심하게 할수록, 이물질이 많이 섞일수록 잘 굳어 결정한다.

〈그림15- 1〉 벌꿀이 결정되는 유형

(3) 벌꿀의 품질관리

벌꿀의 품질은 밀원의 종류·벌꿀의 생삽방법·양봉의 형태·저장조건 등 여러가지 요인의 지배를 받는다. 벌꿀은 흡습이 심하여 자칫하면 변질되어 품질이 저하되기 쉽다. 벌꿀의 흡습 정도는 당의 조성, 수분함량과 외기의 상대습도와 밀접한 관계가 있는데 벌꿀의 수분 17.4%에서는 상대습도 58%, 수분 21.5%에서는 상대습도 60%에서 평형을 이루지만 이들의 평형관계가 어긋나면 흡습 또는 방습하여 품질의 변화를 가져온다. 벌꿀의 점도는 낮은 온도에서 높아지는데 이는 가온에 의하여 점도를 낮출 수 있으며 가열하면 색상이나 향기의 변화를 초래하여 품질의 변화를 가져온다. 또한 오래 저장하면 색상과 향기 또는 맛의 변화로 품질을 저하시키는 예도 있다. 벌꿀은 결정여부에 따라 품질에 변화를 가져오는 일이 있는데 벌꿀이 결정되는 요인은 여러가지 원인이 있으나 그들 중 포도당과 수분의 함량비와도 관계가 있다. 포도당과 수분의 함량비(포도당 1몰)가 1.70이하에서는 잘 결정되지 않으나 2.10 이상에서는 잘 굳어 결정한다. 벌꿀의 결정은 저장온도와도 관계가 있어 낮은 온도

에 저장할수록 잘 결정되며 또한 미세한 당의 결정물이 있다든지 화분립
(花粉粒)이 있다든지 이물질이 있으면 벌꿀의 결정을 촉진한다. 결정된
벌꿀은 가온에 의해서 녹일 수 있는데 60~65℃ 범위내에서 30분간 가
온 해야 색상이나 향기의 변화를 막아 원래의 품질을 유지할 수 있다.
  벌꿀에는 각종 효모를 지니고 있는데 그들의 활동은 수분함량과 저장온
도의 지배를 받는다. 고농도의 당은 발효를 억제하나 19% 이상의 수분
을 지닌 벌꿀은 언젠가는 발효의 가능성이 있으며 10℃ 이상의 온도에서
발효의 촉진이 점증된다.
  벌꿀의 품질관리와 관련된 에찌고 (Echigo 1980)의 연구결과를 소개
하면 표 15-5 및 15-7과 같다. 표 15-5의 결과를 보면 저장조건에 따
라 큰 변화를 보인 것은 과당·자당·올리고당이었는데 특히 가열조건은 과
당의 함량이 많이 소실되고 자당의 분해가 촉진됨을 알 수 있고 자당은

〈표15-5〉 아카시아꿀의 저장조건에 따른 당조성 변화(Echigo, 1980)

| 벌꿀 시료조건 | 저장 기간 (월) | 총당 | 총당 중에 대한 비율(%) | | | | F/G (비) | 3/F+G (비) |
			과당 (F)	포도당 (G)	자당 (S)	올리 고당		
90℃ 30분 가열 20-28℃ 밀봉저장	0	79.7	47.7	38.5	1.1	12.7	1.24	0.013
	3	80.8	46.4	37.4	1.0	15.2	1.24	0.012
	7	81.0	46.8	36.9	0.9	15.4	1.27	0.011
비가열 20-28℃ 밀봉저장	0	77.5	52.6	39.4	2.6	5.4	1.34	0.028
	3	78.6	51.2	37.9	1.8	9.1	1.35	0.020
	7	79.5	50.9	36.0	0.8	12.3	1.41	0.009
비가열 3℃ 밀봉저장	0	77.5	52.6	39.4	2.6	5.4	1.34	0.028
	3	79.2	51.5	40.8	2.5	5.2	1.26	0.027
	7	80.2	51.0	39.0	2.8	7.2	1.31	0.031

저온조건에 비하여 고온조건에서 분해가 높았을 뿐만 아니라 고온조건
의 저장기간의 영향을 받으며 올리고당은 저온조건에서 감소함을 알 수 있
다.

〈표15-6〉 가열정도에 따른 아카시아꿀의 당조성 변화(Echigo, 1980)

가열조건		총당 (%)	총당에 대한 비율(%)				F/G (비)	S/F+G (비)
			과당 (F)	포도당 (G)	자당 (S)	올리고 당		
비가열		77. 5	52. 64	39. 42	2. 57	5. 37	1. 34	0. 028
40℃	30분	77. 5	51. 30	39. 40	2. 48	6. 82	1. 30	0. 027
	60분	77. 3	50. 91	39. 37	2. 42	7. 30	1. 29	0. 027
50℃	30분	77. 7	50. 57	39. 81	2. 39	7. 23	1. 27	0. 026
	60분	77. 9	49. 88	38. 71	2. 35	9. 06	1. 29	0. 026
60℃	30분	78. 0	49. 63	38. 70	2. 32	9. 35	1. 28	0. 026
	60분	78. 4	48. 84	38. 67	1. 96	10. 53	1. 26	0. 022
90℃	30분	79. 7	47. 70	38. 46	1. 05	12. 79	1. 24	0. 012

〈표15-7〉 가열정도에 따른 아카시아꿀의 산도 및 비타민 함량의 변화

가열조건		산도 (pH)	벌꿀 100g당 0.05N 수산화 나트륨 당량(mg)			락톤산 유리산	비타민 (mg/100g)
			총 산	유리산	락톤산		
비가열		3. 68	89. 42	70. 12	90. 30	0. 275	2. 6
40℃	30분	3. 68	89. 15	67. 50	21. 65	0. 321	2. 3
	60분	3. 67	89. 45	67. 50	21. 95	0. 325	2. 0
50℃	30분	3. 70	90. 05	67. 00	23. 05	0. 378	1. 8
	60분	3. 69	89. 23	64. 73	24. 50	0. 378	1. 8
60℃	30분	3. 70	89. 30	58. 43	30. 87	0. 528	1. 2
	60분	3. 68	89. 30	58. 43	30. 87	0. 528	1. 2
90℃	30분	3. 70	89. 76	55. 16	34. 60	0. 627	0. 4

표 15-6의 결과를 보면 가열조건에 따라 영향을 받은 것은 유리산·락톤산·락톤유리산·비타민 C인데 가온온도조건이 높아질수록 또는 그 시간이 길수록 락톤산·락톤유리산의 함량은 증가하는 경향을 보였으나 유리산과 비타민 C의 함량은 현저히 감소하고 있음을 알 수 있다.

일반적으로 벌꿀의 가열은 가열온도가 높아질수록, 또는 그 시간이 길어질수록 HMF (hydroxymethyl furfural) 함량이 증가하고 색상이 짙어진다.

2) 화분하의 품질관리

화분하는 꿀벌의 단백질원 식량으로 절대 필요할 뿐만 아니라 인체에 대해서도 고도의 영양식품으로 활용할 수 있음이 인정되면서 화분하의 생산과 이용은 세계적으로 지대한 관심이 되고 있으며 양봉가의 소득원으로 중요한 몫을 차지하게 되었다. 화분하의 생산관리는 비교적 쉽지만 고단백질 영양식품이기 때문에 본연의 품질유지와 보관이 무척 까다롭다는 데서 벌꿀의 품질관리보다 화분하의 품질관리가 훨씬 어렵다고 느껴진다.

(1) 화분하의 이화학적 성상

화분하 입자는 밀원식물의 종류에 따라 형태적 특징과 색채에 큰 차이가 있을 뿐만 아니라 그들이 지닌 영양적인 성분에도 큰 차이가 있다.

화분입자의 형태적 특징 화분하를 이루고 있는 화분의 한 알갱이 (입자) 는 밀원식물의 종류에 따라 크기·모양·표면·무늬·극성·발아구의 형태·발아구의 수·발아구의 분포 등에 현저한 차이가 있다. 화분의 크기는 밀원의 종류에 따라 달라 지름의 범위는 $15\sim300\,\mu m$이다. 화분의 크기는 꽃의 크기와 정의상관은 있으나 반드시 그렇지는 않다. 일반적으로 풍매화의 화분의 크기는 $15\sim45\,\mu m$이고 충매화 화분의 크기는 $15\sim120\,\mu m$로서 충매화의 화분이 크다. 화분의 모양은 밀원식물의 종류에 따라 여러가지 특이한 모양을 나타내 일일히 표현하기 어려울 정도이다 (그림 15-2 참조).

또한 화분하 또는 화분하입자의 색상은 밀원식물의 종류에 따라 담황색 (까치밥나무) ·황색 (호박) ·짙은 황색 (유채) ·담녹색 (사과). 녹색 (피나무) ·붉은 색 (칠엽수) ·청색 (잠두)· 흑색 (벚나무) 등 색상이 다양하다.

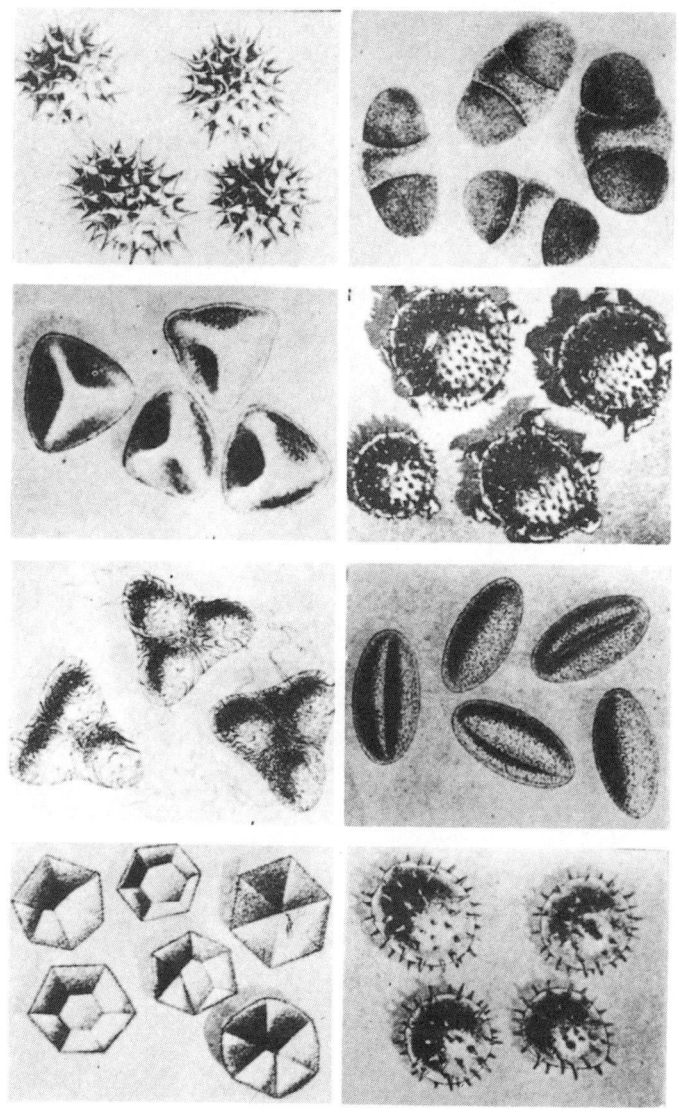

〈그림15- 2〉 밀원의 종류에 따른 화분하 입자의 모양

화분하의 화학적 조성   화분하의 화학적 조성은 밀원식물의 종류·화분하의 생산지에 따라 큰 차이를 나타낸다. 화분하의 화학적 조성은 일반성분과 영양성분으로 나누어 살펴보기로 한다.

〈일반성분〉 화분하의 일반성분으로는 수분·지방산·단백질·탄수화물·무기물 및 기타성분으로 대별한다. 우리나라산 화분하를 대상으로 수분·회분·조지방·조단백·탄수화물의 함량을 보면 표 15-8과 같다.

〈표15-8〉 생화분하와 건조화분하의 일반성분함량(김재길, 1986)

일반성분	생화분하(%)	건조화분하(%)
수 분	38. 0	15. 6
회 분	2. 4	3. 3
조 지 방	1. 9	2. 7
조 단 백	15. 3	22. 6
탄수화물	42. 4	55. 8

화분하의 일반성분은 화분하의 산지 또는 생산시기에 따라 차이가 있다. 이와 관련된 분석결과를 보면 표 15-9와 같다.

〈표15-9〉 화분하(건조화분하)의 산지와 생산시기에 따른 일반성분의 차이

(김재길, 1986)

일반성분(%)	남부지방산 ('84. 4월)	중북부산 ('84. 5-7월)	중북부산 ('84. 8-9월)
수 분	15. 52	15. 4	16. 08
회 분	3. 35	3. 05	3. 45
조 지 방	2. 07	3. 45	2. 57
조 단 백	21. 0	30. 24	16. 45
탄수화물	58. 06	47. 34	61. 53

표 15-9에서 보는 바와 같이 화분하의 일반성분이 화분하의 생산지에 따라 차이를 보이고 있는데 그 이유는 화분하의 생산지에 따라 밀원식물

의 종류가 다르기 때문이다. 즉 남부지방의 화분은 주로 유채·동백·복 숭아·진달래·배추·무우 등이고 중북부의 5~7월산 화분하는 파·아카 시아·벚·화이트클로바·찔레꽃·금밀초·호박·밤 등이며 8~9월산 화분 하는 싸리·피나무·붉나무·산딸기·메밀·해바라기 등에서   비롯되는 것으로 생각한다.

밀원식물의 종류에 따라 화분의 일반성분에 차이가 있는 것도   당연하 다. 표 15-10은 버들·민들레·사과·유채·화이트클로바 화분의   수분 ·회분·조단백·조지방의 함량을 조사한 결과이다.

〈표15-10〉 밀원의 종류에 따른 화분의 일반성분함량 차이 (일본, 1958)

밀원식물	수분(%)	회분(%)	조단백(%)	조지방(%)
버 들	13.67	2.52	18.14	6.35
민들레	12.38	1.38	14.85	16.70
사 과	13.78	2.45	21.24	8.91
유 채	13.36	2.71	24.45	10.79
화이트클로바	12.64	3.27	23.27	7.04

〈영양성분〉 화분하의 주요 영양성분은 아미노산·전화당·비타민·미네 랄 등으로 대별할 수 있다. 그들 성분을 차례대로 살펴보면 아래와 같다.

화분하에서 확인된 아미노산의 종류는 17종이나 되며 특이한 점은 인 체의 영양에 필요한 필수 아미노산을 모두 함유하고 있다는 점이다. 아미 노산의 함량은 밀원식물의 종류와 생산지 또는 생산시기에 따라 큰 차이 를 보인다. 참고로 한국산 화분하에서 확인된 아미노산의 종류와 생산시 기별 그들의 함량을 표시하면 표 15-11과 같다.

화분하의 산지 또는 생산시기에 따라 아미노산의 함량에 차이가 있는 것은 밀원식물 종류의 차이에서 비롯되는 것으로 본다. 화분하에서 확인 된 필수아미노산과 쇠고기·달걀·치즈가 지닌 아미노산의 함량과 비교 해 보면 화분하에서 훨씬 많은 함량을 지니고 있음을 알 수 있다.

화분하에 함유된 전화당은 꿀벌의 화분하 수집중 꿀벌이 첨가한 화밀에 의한 것이 대부분일 것으로 본다. 화분하에 함유된 전화당(과당과 포도 당)·과당·포도당·총당함량은 표 15-13에 표시된 바와 같다.

〈표15-11〉 화분하의 아미노산 조성과 생산시기별 그들의 함량차이

(김재길, 1986)

아 미 노 산	생산시기별 아미노산 함량(mg/100g)			
	남 부 (4월)	중북부 (5-7월)	중북부 (8-9월)	평 균
라 이 신 (lysine)	14. 24	9. 85	10. 45	11. 51
알 라 닌 (alanine)	10. 03	7. 34	8. 94	8. 77
메치오닌 (methionine)	2. 01	1. 94	1. 82	1. 92
아이소러이신 (isoleucine)	8. 24	5. 94	3. 75	5. 98
러 이 신 (leucine)	12. 42	10. 75	6. 65	9. 94
스레오닌 (threonine)	9. 04	8. 07	4. 02	7. 04
페닐알라닌 (phenylalanine)	8. 41	7. 04	3. 99	6. 48
히스티딘 (histidine)	3. 05	2. 94	2. 33	2. 77
세 린 (serine)	8. 47	8. 55	4. 95	7. 32
글라이신 (glysine)	6. 91	7. 11	3. 98	6. 00
글루타민산 (glutamic acid)	19. 00	18. 75	11. 82	16. 52
아스파라긴산 (aspartic acid)	25. 61	19. 56	11. 95	19. 04
프 로 린 (proline)	30. 00	25. 02	15. 55	23. 52
발 린 (valine)	10. 01	7. 95	5. 67	7. 88
타이로신 (tyrosine)	7. 24	3. 87	2. 28	4. 46
아르기닌 (arginine)	8. 80	6. 54	4. 60	6. 65
트리프토판 (tryptophane)	1. 35	1. 52	1. 47	1. 45

　　화분하에서 확인된 비타민은 12종이며 그 함량은 벌꿀에 비하여 훨씬 높다. 최근 화분하에서 확인된 비타민의 종류와 그 함량은 표 15-14와 같다.

　　화분하는 풍부한 아미노산과 비타민을 함유하고 있을 뿐만 아니라 풍부한 미네랄을 지니고 있다. 화분하에서 확인된 미네랄은 13종이나 되는데 그들의 함량을 보면 표 15-15와 같다.

　　화분하에 있는 13종의 미네랄중 그 함량이 높은 것은 나트륨·칼리움·

〈표15 - 12〉 화분하에 대한 쇠고기, 달걀, 치즈의 필수아미노산 함량비교 (mg/100g)

아 미 노 산	화분하	쇠고기	달 걀	치 즈
아이소러이신 (isoleucine)	4. 5	0. 93	0. 85	1. 74
러 이 신 (leucine)	6. 7	1. 28	1. 17	2. 63
라 이 신 (lysine)	5. 7	1. 45	0. 93	2. 34
메치오닌 (methionine)	1. 8	0. 42	0. 39	2. 34
페닐알라닌 (phenylalanine)	3. 9	0. 66	0. 69	1. 49
스레오닌 (threonine)	4. 0	0. 81	0. 67	1. 38
트리프토판 (tryptophane)	1. 3	0. 20	0. 20	0. 34
발 린 (valine)	5. 7	0. 91	0. 90	2. 65

〈표15 - 13〉 생화분하와 건조화분하의 당분함량 (김재길, 1986)

당 분	당 분 함 량 (%)	
	생화분하	건조화분하
전화당 (과당+포도당)	5. 1	31. 82
과 당	2. 3	17. 74
포도당	2. 8	14. 08
총 당	18. 2	33. 52

칼슘·마그네슘·인·황이며 그 외의 미네랄 함량은 극히 낮다.

〈그림15 - 3 〉 화분하 채집기 설치모습

〈표15-14〉 화분하에서 확인된 비타민의 종류와 함량(Talpay, 1985)

비타민의 종류	비타민의 함량(mg/100g)
총캐로틴(total carotene)	11
비타민 C(vitamin C)	30.0
바이오틴(biotine)	2.5
비타민 B₁(vitamine B₁)	1.02
비타민 B₂(vitamine B₂)	1.53
비타민 B₆(vitamine B₆)	0.32
니코틴아마이드(nicotin amide)	9.26
엽 산(folic acid)	0.96
비타민 E(vitamine E)	3.2
판토텐산(panthotenic acid)	1.60
루 틴(rutine)	5.60
쿠베르세틴(quercetine)	2.5

〈표15-15〉 화분하에서 확인된 미네랄의 종류와 함량(Talpay, 1985)

미네랄의 종류	미네랄의 함량(mg/100g)
나트륨(sodium) (Na)	160.93
칼 륨(potassium) (K)	1329.4
칼 슘(calcium) (Ca)	320.64
마그네슘(magnesium) (Mg)	206.55
인(phosphorus) (P)	285.76
황(sulphur) (S)	304.57
동(copper) (Cu)	1.1
아 연(zinc) (Zn)	12.7
크 롬(chrome) (Chr)	0.024
망 간(manganese) (Mn)	4.5
코발트(cobalt) (Co)	0.0137
몰리부덴(molybdenum) (Mb)	0.0137
납(lead) (Pb)	0.072

(2) 화분하의 품질관리

화분하의 품질관리는 건조과정부터 시작된다. 건조과정에서 잘못하면 애써 생산한 화분하의 품질이 크게 떨어질 뿐만 아니라 우수한 상품이 될 수 없다. 화분하의 건조는 태양열을 이용하거나 건열기를 이용해서 건조하는데 건조온도는 40℃ 이하의 조건에서 실시해야 품질이 우수한 화분하가 될 수 있다. 태양열을 이용해서 건조할 경우, 직사광선하에서 건조시키는 일은 화분하의 탈색이나 탈향을 촉진하여 좋지 않으므로 그늘조건에서 음건, 또는 풍건을 해야 품질이 우수한 화분하를 생산, 유지할 수 있다. 또한 벌의 날개쪽, 다리쪽이나 기타 이물질을 잘 정선해서 필폐하여 햇볕이 직접 쪼이지 않는 저온, 건조상태에서 저장하는 것이 품질보존에 유리하다. 건조화분의 수분함량은 14% 이하로 해야 하며 수분함량이 16% 이상되면 장기 저장이 어려울 뿐만 아니라 각종 곰팡이의 발생으로 품질이 저하되거나 심하면 부패의 염려가 있다. 화분하는 고단백 식품이므로 화랑곡나방을 비롯한 각종 저장물해충의 침해를 받기 쉬우므로 필폐하여 그들 해충의 침해를 막아야 한다. 해충의 침해 또는 발생초기에는 훈증소독을 실시, 해충방제에 힘써야 한다. 저장물 해충이 발생하면 직접적인 피해 뿐만 아니라 발열에 따른 심한 흡습으로 수분함량이 증가하여 곰팡이의 발육을 촉진, 화분하의 품질을 완전히 망가뜨리고 만다.

3) 왕유의 품질관리

왕유는 일벌(6∼10일령)의 왕유분비샘(식샘)에서 분비되는 여왕벌의 먹이인 로얄제리를 뜻한다. 벌꿀과 화분화는 일종의 식물성인 반면에 왕유는 일종의 동물성 물질이라는 점이 다르며 그 성상에 있어서도 그들과는 차이가 있다. 왕유는 강한 생리활성을 나타내는 물질이기는 하지만 광선·온도 및 기타 여러 가지 환경요인에 대하여 불안정한 물질이기 때문에 채유과정에서 뿐만 아니라 취급이나 저장에서 품질관리에 세심한 주의를 하지 않으면 쉽게 변질되며 또한 그들이 지닌 고유의 생리활성적을 발휘치 못하여 상품적 가치를 잃게 된다.

(1) 왕유의 이화학적 성상

왕유의 색상은 분비당시에는 연한 백색이지만 점차 짙은 유백색으로 변하며 채유 후에는 황색을 띤 크림상 물질이므로 벌꿀과는 쉽게 구별된다. 왕유의 맛은 약간의 단맛에 신맛(산도 3.5~4.5)에 약간의 매운 맛을 띤다.

왕유의 화학적 성분에 관해서는 일반성분과 주요성분의 화학적 조성으로 나누어 살펴 보기로 한다.

왕유의 일반성분 왕유의 일반성분으로는 수분·단백질·지방·당질·회분 및 기타성분으로 구성되는데 이들은 왕유의 생산방법이나 생산지에 따라 차이가 있다. 그들의 함량을 벌꿀의 경우와 비교하면 표 15-16과 같다. 표 15-16에서 보는 바와 같이 왕유와 벌꿀의 성분사이에는 많은 차이가 있다. 벌꿀은 당분이 대부분을 차지하고 나머지는 단백질·지방·

〈표15-16〉 **왕유와 벌꿀의 성분비교**

왕 유	수분(%)	단백질(%)	당질(%)	지방(%)	회분(%)
1	66.6-67.3	9.3-12.5	7.3-16.2	4.1-16.2	0.9-1.0
2	64.0-69.9	9.5-14.1	3.1-9.7	6.6-7.4	0.9-1.0
평균	65.3-68.6	9.4-13.3	5.2-13.0	5.4-7.0	0.9-1.0
벌꿀	20.7	0.25	72.5	0.02	0.18

회분을 미량 함유하고 있는데 비하여 왕유는 수분을 뺀 나머지 단백질과 지방을 벌꿀에 비하여 월등히 많이 함유하고 있다.

왕유의 화학적 조성 왕유의 주요성분으로는 단백질·당질·지방산·비타민·미네랄 및 기타 특수성분을 들 수 있다.

〈왕유의 아미노산〉 앞에서 언급한 바와 같이 왕유의 특징은 풍부한 단백질을 함유하고 있는 점이다. 왕유에는 약17종의 아미노산을 함유하고 있는데 그들 중 함량이 비교적 높은 15종의 아미노산의 조성을 보면 표 15-17과 같다.

표 15-17에서 보는 바와 같이 15종의 아미노산중 그 함량이 특이하게

〈표15- 17〉 왕유의 아미노산의 조성(건조왕유)

아미노산의 종류	아미노산 함량(mg/100g건물중)
라 이 신(lysine)	208. 30
히스티딘(histidine)	12. 88
아르기닌(arginine)	33. 04
아스파티긴산(aspartic acid)	14. 56
스레오닌(threonine)	2. 24
세 린(serine)	7. 28
글루다민산(glutamic acid)	56. 00
프로린(proline)	448. 00
글라이신(glysine)	5. 60
플라닌(planine)	4. 48
바 린(valine)	3. 36
아이소러이신(isoleucine)	2. 80
러이신(leucine)	2. 80
타이로신(tyrosine)	2. 24
페닐알라닌(phenylalanine)	3. 36

많은 아미노산은 라이신과 프로린이며 다음은 글루타민산·아르기닌·아
스파티긴산·히스티딘이다. 그밖에 아미노산은 그 함량이 낮다.
〈왕유의 당질〉왕유에 함유된 당질은 포도당·과당·자당이 주이고 그
밖에 말토스(maltose) · 아이소말토스(isomaltose) · 제니티 오비오스
(genitiobiose) ·트레하로스(trehalose)·네오트레하로스(neotrehalose)
·스레노스(threnose)·소호로스(soholose)·류크로스(reuclose) 등이
있다.
〈왕유의 지방산〉왕유의 에텔추출을 통해서 확인된 지질(脂質)로는 지
방산류·페놀류·밀납류·인지질류·스트로이드(stroid)·글리세린(g-
lycerine) 등이 있는데 이들 중 88%는 지방산이다. 왕유에서 확인된 지
방산의 종류와 함량은 표 15-18에 표시된 바와 같이 분자식 $C_{10}H_{18}O_3$을
나타내는 10-하이드록시-테세논산이다.

〈표15-18〉 왕유의 지방산 조성 (일본, 1982)

지방산의 종류	지방산 함량 (g/100 지방산)
10-하이드록시-데세논산 (10-hydroxy-decenoic acid)	50
10-하이드록시-데카논산 (10-hydrox-decanoic acid)	30
2-데카논산 (2-decanoic acid)	5
새바신산 (sebacic acid)	3

〈왕유의 비타민〉 왕유에서 확인된 비타민의 종류는 11종이나 되는데 벌꿀에 비하여 왕유에 많은 비타민을 함유하고 있으며 비교적 많이 함유된 비타민의 종류와 그의 함량은 표 15-19와 같다. 한편 다께나가 (Taken-

$$H_3C-\underset{\underset{CH_3}{|}}{\overset{\overset{CH_3}{|}}{N}}-CH_2-CH_2-O-COCH_3$$

〈아세칠 콜린의 구조식〉

aka, 1982) 씨는 왕유에 있는 비타민의 함량을 분석, 8종 (지아민·리보풀라빈·피리독신·니코틴산·바이오틴·엽산·이노시톨) 의 아미노산중 가장 많이 함유된 비타민은 판토텐산 (110~200μg/g) 임을 보고하였다.

〈왕유의 효소〉 왕유에서 확인된 효소로는 콜린에스테라제 (cholinesterase)·포스파타제 (phosphatase)·글루코스옥시다제 (glucose oxidase) 등이다. 그 밖에 호르몬형 단백질, 파로틴 (parotin) 과 같은 단백질, 인슈린 (insuline) 과 같은 단백질에 관해서도 보고된 바 있다.

〈표15-19〉 왕유에 함유된 비타민의 종류(일본, 1980)

비타민의 종류	비타민 함량(μg/100g 왕유)
비타민 B_1(vitamin B_1)	690
비타민 B_2(vitamin B_2)	1,390
비타민 B_6(vitamin B_6)	1,220
비타민 B_{12}(vitamin B_{12})	흔적
비타민 C(vitamin C)	흔적
엽 산(folic acid)	40
판토텐산(pathothenic acid)	22,000
바이오틴(biotin)	114
니코틴산(nicotinic acid)	5,980
아세칠콜린(acetylcholine)	95,800
이노시톨(inositol)	11,000

〈기타 특수성분〉그 밖에 특수성분으로 보고된 것으로는 뉴클레오사이드(nucleoside)·스테롤(sterol; 2-4-methylene cholesterol)·바이오테린(biopterin)과 같은 특수성분이 밝혀져 관심을 끌고 있다.

(2) 왕유의 품질관리

왕유는 생리활성물질이므로 광이나 온도의 영향으로 변질되고 쉽다. 변질된 왕유는 활성이 낮아질 뿐만 아니라 변질된 왕유는 상품적 가치를 잃게 되므로 왕유의 품질관리에는 세심한 주의가 필요하다. 채유중 직사광선을 피해야 하며 자외선이나 적외선을 피하기 위해서는 채유실이 필요하며 채유실이 없을 때는 차광장치가 필요하다. 채유병은 갈색병이나 코발트색병을 사용하는 것이 안전하다. 왕유의 저장은 0°~5° 범위에서 저장해야 하며 그 이상의 온도에서는 변질될 우려가 있다. 왕유는 실온에서 6시간 방치하면 변질되어 활성을 잃는다. 저온저장이 어려울 때는 벌꿀에 섞어 보존하는데 섞는 왕유의 비율은 5%이내이다. 왕유를 2℃에 저장하면 1년간 보존이 가능하며 -18℃에서는 수년간 보존이 가능하다.

왕유의 저장중 표면에 작은 백색 알맹이가 발생하는데 그것은 품질의 변질과는 상관이 없다.

4) 밀납의 품질관리

양봉에서 생산되는 밀납은 동물성 밀납의 일종으로서 그 품질이 우수하며 각종 공업 또는 산업원료로 널리 사용되어 수요에 미치지 못하고 있다. 생산,정제된 밀납은 변질 또는 벌집나방의 침해를 받지 않도록 잘 보관하는 일이 중요하며 밀납은 고유의 이화학적 성질을 지니고 있으므로 그들 성질의 변화가 없도록 품질관리에 유의할 필요가 있다.

(1) 밀납의 이화학적 성상

밀납은 고유의 이화학적 성질을 지니고 있는데 여기서는 물리적인 성질과 화학적인 성질로 나누어 그의 특성을 알아보기로 한다.

〈표15 - 20〉 밀납의 성분

성 분 의 종 류	성분비율
탄화수소류(hydrocarbons)	14
모노에스텔류(monesters)	35
다이에스텔류(diestders)	14
트라이에스텔류(triesters)	3
하이드록시모노에스텔류(hydroxy monoesters)	4
하이드록시 폴리에스텔류(hydroxy polyesters)	8
산성에스텔류(acid esters)	1
산성폴리에스텔류(acid polyesters)	2
유리산류(free acids)	12
유리알콜류(free alcohols)	1
미동정	6
계	100

밀납의 물리적 성질 밀납의 비중은 20℃에서 0.96으로서 물보다 가벼우며 순수 밀납은 61°~69℃ 범위에서 녹는다. 물에 녹지 않으나 클로로포름(chloroform) · 에텔(ether) · 벤젠(benzene) · 이황화탄소(carbon disulfide) 등 휘발성 유기용매에는 잘 녹는다. 밀납은 꿀과 같은 특이한 냄새와 맛이 있으며 불에 태우면 특이한 냄새를 풍긴다. 밀납은 원래 백색이지만 화분 · 봉교 · 벌꿀 · 번데기 · 고치 등으로 오염되면서 담황색 · 황색 · 황갈색 · 짙은 갈색으로 변한다. 밀납은 고온에서 잘 늘어나고 끈끈한 것이지만 저온에서는 깨지기 쉽고 햇볕을 쪼이면 부서지기 쉬우며 끈끈한 성질을 잃는다.

밀납의 화학적 성질 밀납은 파라핀과 올레핀(olefin)을 주체로 한 탄화수소 유기화합물의 복합체로서 탄화수소류(C_{21}~C_{33}), 일가 알코올류(monohydric alcohols : C_{24}~C_{36}), 디올류(diols : C_{24}~C_{32}), 산류(C_{12}~C_{34}), 하이드록시산류(hydroxy acids : C_{12}~C_{32}), 기타물질을 함유하고 있는데 그 구체적인 성분함량을 보면 표 15−20과 같다.

(2) 밀납의 품질관리

밀납은 여러 가지 물리적 성질을 지니고 있으므로 그들의 성질에 어떠한 변화를 주어서는 안된다. 특히 밀납에 광선을 쪼이면 밀납고유의 물리적 성질을 유지하기 어려우므로 그들의 물리적 성질의 보존이라는 측면에서 품질관리에 유의해야 한다. 또한 그들의 변화는 화학적 성질의 변화를 동반하므로 품질이 우수한 밀납은 이화학적 성질의 변화가 없도록 관리하는데 있다. 또한 벌집나방의 피해를 입지 않도록 밀폐하여 음건한 상태에서 저장, 관리해야 한다.

5) 숫벌번데기의 품질관리

야생벌따위의 번데기는 옛부터 결핵환자나 허약체질의 영양제로 사용되어 왔으나 최근에는 양봉에서 숫벌번데기를 튀김 또는 통조림용으로 생산하게 되었다. 우리나라에서는 아직 숫벌번데기를 생산, 이용하는 일은 없으나 앞으로 생산하여 이용하게 되면 양봉업자의 수입원이 될 수 있을 것으로 본다.

(1) 숫벌번데기의 화학적 조성

숫벌번데기는 단백질·탄수화물·지방·비타민·미네랄 등을 다량 갖고 있는데 그들의 종류와 함량을 표시하면 표 15-21과 같다.

〈표15-21〉 숫벌 번데기의 화학적 조성

화학적 성분	성분함량(100그람중)
수 분	42. 3%
단 백 질	20. 3%
탄수화물	19. 7%
지 방	7. 9%
회분(미네랄)	9. 5%
칼 슘	8 mg
철	11 mg
인	210 mg
비 타 민 A	201 mg
비 타 민 B_1	0. 42 mg
비 타 민 B_2	0. 62 mg

(2) 숫벌번데기의 품질관리

품질이 우수한 숫벌번데기를 생산하기 위해서는 생산과정에서   적기에 숫벌번데기를 채취하는 일과 채취과정 중 번데기의 모양이 상하지 않도록 주의해서 채취해야 하며 채취한 숫벌번데기는 변질되지 않도록   하는 처리과정이 중요하다. 생산과정은 이미 앞에서 서술하였으므로 여기서는 생산된 숫벌번데기의 처리과정에 관해서만 간단히 기술코자 한다. 생산된 숫벌번데기는 살아 변질되지 않은 상태에서 번데기의 원형이 상하지   않도

록 소금물에 저려야 한다. 대바구니에서 물기를 충분히 빼낸 다음 튀김
이나 통조림에 이용하는데 어느 기간 동안 저장이 필요할 때는 다시 소금
에 절여 밀폐하여 보관, 저장한다.

6) 봉교의 품질관리

봉교란 외역봉들이 각종 나무의 눈이나 줄기에서 수집하는 끈끈한 물
질인데 일명 프로폴리스(propolis)라 부르기도 한다. 봉교에는 항생효과
작용물질·방부작용물질·치료약효성물질·수렴효과성물질(아스트린젠트)
등을 지니고 있어 외국에서는 봉교를 원료로 각종 의약품 생산에 이용하
고 있어 봉교생산 양봉이 자못 활기를 띠고 있다. 아직 우리나라에서는
봉교생산양봉이 활기를 띠고 있지는 못하나 여러 양봉가의 관심도가 높
아지고 있는 것으로 보아 우리나라에서도 머지않아 봉교생산양봉이 성행
될 것으로 전망된다.

(1) 봉교의 성상

봉교의 성분은 수집원이 되는 식물의 종류 또는 계절에 따라 다르기 때
문에 성분의 종류 또는 성분함량에 많은 차이가 있을 것으로 본다.
봉교의 성분은 대단히 복잡한 복합물질로서 3 %의 납질류, 55%의 레
진류(resins) 또는 발삼류(balsams), 10%의 방향성 또는 에텔성 기
름류 및 10%의 기타 유기물을 함유하고 있다. 지금까지 분석, 보고된
봉교의 성분을 요약하면 표 15-22와 같다.

(2) 봉교의 품질관리

아직 이렇다할 품질관리에 관해서는 잘 알려진 바 없으나 우선 생산된
조제품은 방향성물질의 휘발을 막고 봉교가 지닌 광분해효과를 막기위해
밀폐된 용기에 넣고 비닐로 싸서 음건한 조건하에서 보관, 저장해야 할
것으로 본다.

〈표15-22〉 봉교의 성분(일본, 1980)

성분의 종류	성 분 의 종 류
알코올류(alcohols)	시나민알코올(cinnamic alcohol), 디메톡시 벤질 알코올(dimethoxy benzyl alcohol)
유기산류(organic acids)	계피산(cinnamic acid), 카페인산(caffeic acid), 미리시틴산(myristic acid), 페루린산(ferulic acid)
알데하이드류(aldehydes)	바닐린(vanilin), 아이소바닐린(isovanilin)
플라본류(flavnoes)	크리신(chrysin), 텍토크리신(tectochrysin), 아카세틴(acacetin), 구베르세틴(quercetin), 캠페리드(kaempferid), 탐노시트린(thamoncitrin), 펙토리나리게진(pectolinarigenin), 디메칠에테르(dimethyl ether), 기타 6종의 플라본류(flavones)
플라보논류(flavonones)	사쿠라네틴(sakuranetin), 아이소사쿠라네틴(isosakuranetin), 기타 4종의 플라보논류(flavonones).
스틸벤류(stilbenes)	테로스틸벤(pterostillbene)
페놀류(phenols)	어이게놀(eugenol)
알카로이드류(alkaloids)	갈란진(galangin)
피넨류(pinenes)	피노스트로빈(pinostrobin) 피노셈부린(pinocembrin)

7) 봉독액의 품질관리

옛부터 봉독액이 사람의 신경통·류마티스 및 각종 화농성 질환에 유효함은 경험적으로 민간요법에 많이 활용되어 왔다. 최근 그들의 유효성이 임상학적으로 증명되면서 봉독액생산에 관한 연구를 많이 실시하고 있다. 이미 외국에서는 봉독액을 생산, 의학분야에서 널리 사용하고 있어 봉독액 생산양봉을 통해 양봉자의 경제적 소득을 높이고 있어 우리나라에서도 머지않은 장래에 봉독액 생산양봉이 시작될 것으로 본다.

(1) 봉독액의 성상

분비되는 봉독액은 물과 같이 투명하며 방향성물질로서 외기에 노출되면 바로 결정물(結晶物)로 변한다. 봉독액의 비중은 1.313으로서 물보다 무거우며 산도(PH)는 5.2~5.5범위이다. 봉동액이 지닌 산성물질은 상온에서 휘발되고 30% 정도의 결정물을 남긴다.

봉독액은 멜리틴(melittin)·아파민(apamin)·엠씨디-펩타이드(MCD-peptide)·미니민(minimine) 등 4종의 활성 펩타이드류, 3종의 효소 포스포리파제 A(phospholipase A), 포스포리파제 B(phospholipase B)·히아루로니다제(hyaluronidase)와 히스타민(histamine)· 세로토닌(serotonin)·도파민(dopamine)·노르아드레나린(noradrenaline)·퓨트레신(putrescine)·스퍼미딘(spermidine)·스퍼민(spermine) 등 7종의 아민류(amines)로 구성되어 있다. 봉독액의 성분함량은 일벌·여왕벌에 따라 차이가 있을 뿐만 아니라 일벌·여왕벌의 출방 후 일령에 따라서도 차이가 있다. 표 15-23은 일벌·여왕벌의 봉독액 성분함량 차이를 비교한 것인데 아파민의 함량만 일벌의 봉독액에서 높은 수치를 나타내었을 뿐 멜리틴·도파민의 함량은 여왕벌의 봉독액에서 오히려 높다.

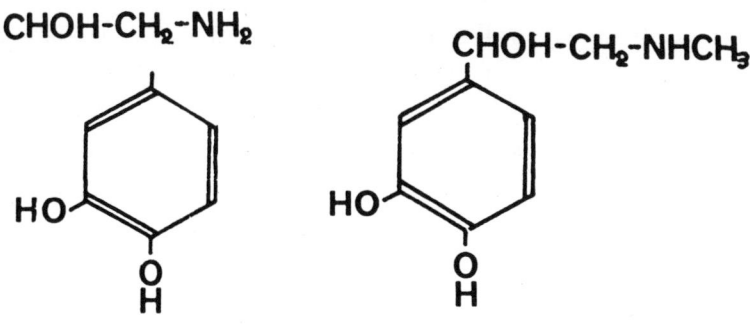

〈아드레나린의 구조식〉　　〈노루아드레나린의 구조식〉

표 15-24는 일벌의 일령에 따른 봉동액의 펩타이드와 효소함량을 비교한 것인데 일벌의 일령이 진행되면서 펩타이드류·아파민·멜리틴·MCD

⟨표15-23⟩ 일벌, 여왕벌의 봉독액 성분함량(lnoue, 1984)

꿀벌	봉독액 함량(μg / 3마리)							
	아파민	멜리	MCD 펩타이드	포스파 리파제제 A_2	도파닌	노르아 드레나 린	히스 타민	세로토 닌(ng/ 3마리)
일 벌	5. 4± 0. 2	249 ± 18	4. 3 ± 0. 9	55+8	1. 4± 0. 5	0. 4± 0. 5	1. 4± 0. 5	14±8
여왕벌	1. 9± 0. 5	737± 309	—	—	10. 0± 2. 7	0. 5± 0. 3	5. 0± 0. 8	—

-펩타이드는 증가하는 경향을 보이나 효소 포스파리파제 A_2는 일령14~15 일에서 높은 수치를 보였을 뿐 그외 일령에서는 증가하고 있지 않음을 알 수 있다.

⟨표15-24⟩ 일벌의 일령에 따른 봉독액의 펩타이드 및 효소함량 변화

(lnoue, 1984)

펩타이드 및 효소함량(μg / 3마리)				
일벌의 일령	아파민	멜리틴	MCD-펩타이드	포스파리파제
0-1	—	—	미량.	—
7-8	4. 0±0. 2	174±29	3. 0±0. 5	30±18
14-15	4. 3±2. 0	296±68	3. 7±1. 3	69±23
21-22	7. 7±0. 3	279±87	6. 3±0. 4	32±10
28-29	7. 3±2. 6	397±14	6. 8±1. 8	38±12
35-36	8. 4±1. 7	388±55	6. 3±1. 5	37±13

표 15-25는 봉독액의 아민함량이 일벌의 일령에 따라 변함을 표시한 것인데 일벌의 일령이 진행됨에 따라 크게 증가한 것으로는 히스타민이 었고 그 밖에 아민류 함량의 변동은 일정치 않음을 나타내고 있다.

표 15-26은 여왕벌의 일령에 따른 봉독액의 주요 성분함량의 변화를 표시한 것인데 그 함량이 높은 성분은 멜리틴·도파민· 노루아드레나린 ·히스타민이었고 멜리틴과 노루아드레나린의 함량은 여왕벌의 일령14~

〈세로토닌의 구조식〉   〈히스타민의 구조식〉

〈표15 - 25〉 여왕벌의 일령에 따른 봉독액의 성분변화(Inoue, 1984)

일 령 (일)	아파민 (μg/3마리)	멜리틴 (μg/3마리)	도파민 (ng/3마리)	노르아드레나린 (ng/3마리)	히스타민 (ng/3마리)
0 - 1	0. 5±0. 2	92±29	222±23	54±18	82±9
7 - 8	1. 1±0. 8	526±295	10, 084±1, 767	101±42	4, 841±1, 711
14 - 15	1. 9±0. 5	737±379	10, 207±2, 680	488±263	5, 041±640
21 - 22	1. 6±1. 2	644±135	15, 268±11, 569	376±60	7, 389±1, 628
28 - 29	1. 7±0. 6	571±108	13, 716±3, 455	227±33	8, 157±777
35 - 36	1. 9±1. 1	416±96	8, 142±2, 351	155±88	8, 413±1, 061

15에서, 도파민의 함량은 일령 21~22일에서, 히스타민의 함량은 일령 35
~36일에서 나타나고 있다.

〈도파민의 구조식〉

〈표15-26〉 일벌의 일령에 따른 봉독액의 아민함량의 변화(이노우에, 1984)

일벌의 일 령	아민류의 함량(ng/3마리)						
	히스타민	도파민	노르아드 레나린	세로 토닌	프토레신	스페르 머진	스페 르민
0-1	13±4	26±3	–	–	51±5	4±10	15
7-8	176±151	364±40	13±13	–	103±69	6±2	3
14-15	1,348±511	825±480	356±328	14±8	395±199	29±17	5
21-22	976±700	170±125	396±328	16±12	514±164	40±20	12±7
28-29	2,143±356	314±212	273±300	15	435±89	13±10	81±61
35-36	1,525±349	816±1,175	541±151	15±2	541±156	20±3	116

이들 성분중 흥미의 대상이 되는 물질은 멜리틴·아파민·MCD-펩타이드와 히스타민이다. 멜리틴·아파민·MCD-펩타이드는 단백질로서 여러 가지 아미노산으로 구성되어 있는데 그들의 구성을 보면 다음과 같다.

〈멜리틴의 아미노산 배열〉

Gly - Ile - Gly - Ala - Val - Leu - Lys - Val - Leu - Thr -
Thr - Gly - Leu - Pro - Ala - Leu - Ile - Ser - Trp -
Ile - Lys - Arg - Lys - Arg - Gln - GluNH₂

〈아파민의 아미노산 배열〉

Cys - Asn - Cys - Lys - Ala - Pro - Thr - Ala - Leu -
Cys - Ala - Arg - Arg - Cys - Gln - HisNH₂

〈MCD-펩타이드의 아미노산 배열〉

Ile - Lys - Cys - Asn - Cys - Lys - Arg - His - Val - Ile -
Lys - Pro - His - Ile - Cys - Arg - Lys - Ile - Cys - Gly -
Lys - AsnNH₂

한편 히스타민의 함량은 일벌의 일령에 따라 봉독액 분비량에 차이가 있을 뿐만 아니라 봉독액을 짜낸후 봉독액 저장기내에서의 히스타민량이 변동된다 (표 15-27, 28, 그림 15-3).

⟨표 15-27⟩ 봉독액을 짜낸 후 봉독저장기내에 있어서의 히스타민 함량변화
  (일벌의 일령 5일)

		짜낸 후 시간 경과						
	무처리	0	12	18	24	36	48	60
평균 히스타민량 (ng)	111.5	29.9	32.3	35.1	91.9	93.2	97.6	65.9
편 차	23.8	6.9	8.6	8.4	9.2	34.2	18.4	13.3
재 보 충 비 (%) (무처리대비)	100	26.8	29.0	31.5	82.4	83.6	87.5	59.1

⟨표 15-28⟩ 봉독액을 짜낸 후 봉독저장기내에 있어서의 히스타민 함량변화
  (일령 10일의 일벌)

		짜낸 후 시간 경과								
	무처리	0	0.5	1	2	5	18	24	36	48	72
평균 히스타민량 (ng)	573	201	174	178	185	188	212	389	430	443	329
편 차	155	118	25.9	54.2	31.5	90.2	62.4	128	116	234	83.3
재보충비 (%) (무처리되비)	100	35.1	30.4	31.1	32.3	32.8	37.0	67.9	75.0	77.3	57.4

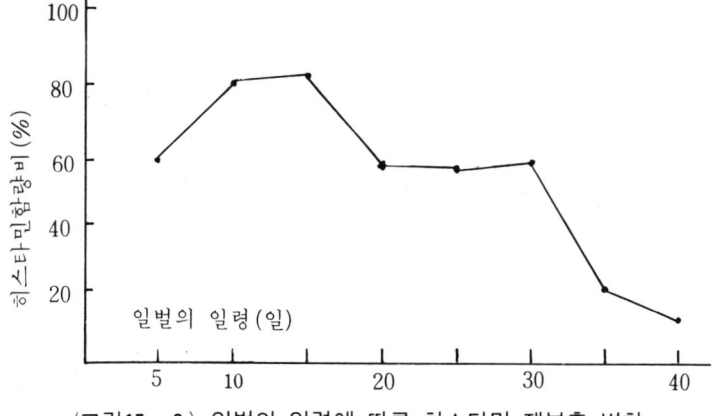

⟨그림 15-3⟩ 일벌의 일령에 따른 히스타민 재보충 변화

그밖에 봉독액의 미네랄 성분으로는 칼슘·마그네슘·인·칼륨·나트륨·염소 등이 알려져 있다.

(2) 봉독액의 품질관리

생산기술을 높이는 연구도 중요하지만 앞으로는 순도 높은 결정물을 생산해야 하고 생산된 결정물의 정제에 관한 연구도 수행되어야 할 것으로 본다. 우선 결정물로 나타난 결정봉독액을 수집하는 과정에서 이물질이 섞이지 않도록 해야 하며 섞인 이물질을 잘 정제하여 유리병에 넣어 음건한 조건하에서 저장, 보관하여 품질의 변화를 막아야 될 것으로 본다.

□ 참고문헌

〈한국판〉

1. 尹 愼 榮, 1917, 實驗養蜂, 中央書舘, 144pp.
2. 高 容 浩, 1962. 養蜂綜典, 英崙社, 351pp.
3. 崔 承 允, 1967. 養蜂學(修正增補), 集賢社, 312pp.
4. 黃 七 星, 1967. 養蜂, 華學社, 235pp.
5. 朴 恒 均·丁 道 榮, 1970. 로얄제리-(王乳)와 健康長壽, 中外 出版社, 223pp.
6. 金 丙 鎬, 1972. 新 養蜂學, 先進文化社, 260pp.
7. 崔 承 允, 1972. 養蜂, 서울大出版部, 137pp.
8. 최 승 윤, 1974. 알기 쉬운 꿀벌치기, 마을문고본부, 191pp.

9. 崔 承 允, 1974. 新制 養蜂學, 集賢社, 439pp.
10. 崔 承 允, 1982. 養蜂學, 韓國放送通信大學 出版部, 342pp.
11. 李 南 信, 1983. 벌의 神秘와 健康, 椿南出版社, 187pp.
12. 農畜産技術資源研究所, 1986. 양봉새기술, 内外出版社, 286p.

〈일본판〉

1. 德田義信, 1958. 新養蜂, 実業図書, 325pp.
2. 井上丹冶, 1965. 新しい養蜂, 誠文堂·新光社, 158pp.
3. 井上丹冶, 1966. ローヤルゼリー 昙牧の 新技術, 泰文館, 145 pp.
4. 井上丹冶, 1971. 新蜜源植物綜説, アヅミ書房, 258pp.
5. 渡辺孝, 1974. ハチミツ特效食, 祥伝社, 232p.
6. 岩波洋造, 1980. 花粉学, 講談社, 212pp. qp
7. 渡辺孝·清水美智子, 1982. ハチミツ健康法, 眞珠書院, 189pp.
8. 井上丹冶, 1983. ローヤルゼリー健康法, ダイヤモンド社, 204pp.

9. 渡辺寛・渡辺孝, 1984. 近代養蜂, 日本養蜂振興会, 726pp.
10. 岡田一次. ミツバチの科学, 玉川大学出版部, 182pp.

〈서양판〉

1. Dadant, C.P. First Lessons in Beekeeping. A Dadant Publication, 127pp.
2. Karl von Frisch, 1950. Bees-Their Vision, Chemical Senses, and Language, Cornell University Press, 119pp.
3. Snodgrass, R.E. 1956. Anatomy of the Honey Bee. Comstock Publishing Associates, 334pp.
4. Dadant Sons, 1975. The Hive and the Honey Bee. Dadant and Sons(American Bee Journal), 740pp.
5. McGregor, S.E., 1976. Insect Pollination of Cultivated Crop Plants, USDA, 411pp.
6. Morse, R.A., 1978. Honey Bee Pests, Predators, and Diseases. Comstock Publishing Associates, 430pp.
7. Crane, E., 1979. Honey(A Comprehensive Survey). Morrison and Gibb Ltd, 608pp.
8. Laidlaw, H.H.Jr., 1979. Contemporary Queen Rearing. Dadant · Sonr Co., 199pp.
9. Gojmerac, W.L., 1980. Bees, Beekeeping, Honey and Pollination. AVI Publishing Co., 192pp.
10. Root, A.I., 1983. The ABC and XYZ of Bee Culture. A.I.Root Co., 712pp.
11. Seeley, T.D., 1985. Honeybee Ecology. Princeton University Press, 201pp.
12. Killion, E.E., Honey in the Comb. A Dadant Publication, 148pp.

〈정기간행물〉
1. 月刊 養蜂界(月刊)(한국), 1967~현재.
2. 韓國養蜂學會誌(年 2 回)(한국), 1986~현재.
3. Honeybee Science(季刊)(日本), 1980~현재.
4. The Bee World(季刊)(英國), 1919~현재.
5. Apicultural Abstracts (季刊)(英國), 1950~현재.
6. Journal of Apicultural Research(季刊)(英國), 1962~현재.
7. Gleaning in Bee Culture(月刊)(美國), 1873~현재.
8. American Bee Journal(月刊)(美國), 1860~현재.
9. Apiacta(季刊)(Apimondia), 1965~현재.

판권
본사
소유

양봉 · 꿀벌과 벌통

2021년 9월 15일 1판 21쇄 발행

편저자 : 최　승　윤
발행인 : 김　중　영
발행처 : 오성출판사

서울시 영등포구 영등포 6가 147-7
TEL : (02) 2635-5667~8
FAX : (02) 835-5550

출판등록 : 1973년 3월 2일 제13-27호
www.osungbook.com

ISBN 978-89-7336-206-6